欧式客厅

活动室

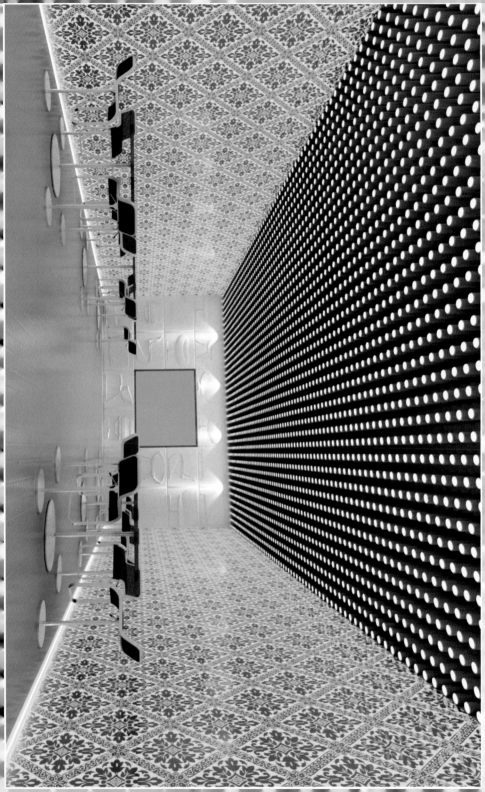

制作过程参见第2章

制作过程参见第3章

制作过程参见第4章

制作过程参见第5章

制作过程参见第6章

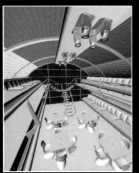

制作过程参见第7章

制作过程参见第9章

制作过程参见第8章

制作过程参见第10章

制作过程参见第11章

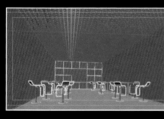  

超级提速

3ds Max/VRay

大空间效果图专业表现技法

纪元创艺/编著

清华大学出版社
北京

内 容 简 介

本书主要讲能快速制作效果图及高效率使用VRay渲染器的方法。通过10个完整的大空间案例讲解了建模与渲染技术的各个知识点，深刻地阐述了如何在建模与渲染的过程中最大限度地提高制作效率。本书还归纳整理了提高效果图制作效率的技术点与知识点，在每个案例后又介绍了后期处理的相关技术，使本书的知识点丰富全面。

本书光盘包含书中案例模型、贴图等源文件以及相关的视频教学文件，适合效果图制作相关行业的初中级读者阅读，也可以作为相关院校的教材或辅导用书。

图书在版编目（CIP）数据

超级提速：3ds Max/VRay大空间效果图专业表现技法/纪元创艺编著.—北京：清华大学出版社，2010.1
ISBN 978-7-302-20894-5

Ⅰ.超… Ⅱ.纪… Ⅲ.建筑设计：计算机辅助设计—图形软件，3DSMax、VRay Ⅳ.TP201.4

中国版本图书馆CIP数据核字（2009）第160966号

责任编辑：陈绿春
责任校对：徐俊伟
责任印制：杨 艳
出版发行：清华大学出版社　　　　　　　　地　　址：北京清华大学学研大厦 A 座
　　　　　http://www.tup.com.cn　　　　 邮　　编：100084
　　　　　社　总　机：010-62770175　　 邮　　购：010-62786544
　　　　　投稿与读者服务：010-62776969，c-service@tup.tsinghua.edu.cn
　　　　　质 量 反 馈：010-62772015，zhiliang@tup.tsinghua.edu.cn
印 刷 者：北京市世界知识印刷厂
装 订 者：三河市金元印装有限公司
经　　销：全国新华书店
开　　本：210×285　印　张：22　插 页：8　字　数：762 千字
　　　　　附 DVD 1 张
版　　次：2010 年 1 月第 1 版　　印　　次：2010 年 1 月第 1 次印刷
印　　数：1～5000
定　　价：79.50 元

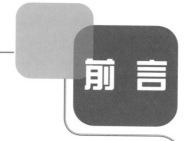

VRay效果图表现技术是当前效果图制作领域里最热门的技术，VRay渲染器上手容易、学习简单、应用广泛、出图快速，最重要的是能够渲染出效果更加真实、精美的室内外表现图。从最初使用MAX默认灯光的灯光阵列到Lightscape技术，再到至今热度持续上升的VRay技术，效果图的渲染技术越来越成熟、操作越来越简单、效果也越来越精美。

从整个效果图制作流程来看，制作步骤包括建模技术与渲染技术，建模技术相对来说比较容易掌握。现在很多模型都可以从模型库中直接导入使用，渲染技术的难度要高一些，因此渲染技术成为相关人员重点学习的内容。

本书中使用大量的案例介绍模型的创建方法与渲染方法，即适合初学者，也适合对效果图制作有一定基础的读者。书中重点讲述如何高效率的制作效果图，研究在不影响效果图基本质量的同时，减少渲染时间和制作效率。

作为一本三维技术类书籍，本书的主要侧重点是效果图制作的提速技巧，这对于从事商业效果图表现的读者非常有帮助。平时我们为了制作高质量的效果图，把渲染参数调节的一高再高，高质量的效果是有了，但是渲染的时间超过了我们预算时间。一张效果图渲染十几个小时，这无疑是在浪费宝贵的时间。本书就是为了解决这类的问题进行一系列的讲解和研究。

此外，考虑到一些读者学习之初会碰到这样或那样的技术问题，我们的一线制作人员经过多年的知识累积，在书中针对很多工作中常见问题做了大量的归纳和整理。本书共有12章的内容，第2章到第11章详细的介绍了精美案例的制作过程，主要以大空间为主。第1章与最后1章的技术点和加速点都有详细的介绍，同时每一章中每一个步骤需要提到的问题解决方法我们都有详细的讲解。相信学习到这些知识点后，能够帮助大家少走弯路，提高学习效率。

本书中不仅讲了渲染技术的快速表现方法，同时也讲到了模型的快速制作方法。在本书中第8章-日光大厅中详细介绍了模型与材质结合的制作方法。这是效果图快速表现的重要因素。只要读者能够循序渐进的学习，就很容易掌握书中的所有知识点。

本书所使用的软件版本是3ds Max 2009英文版和V-Ray Adv 1.50 SP2。希望各位读者在学习时使用相同的软件，以防止出现版本之间的不兼容的问题。

本书由纪元创艺编著，参与编写的还包括隗艳淼、李玉贵、白燕飞、邓小乐、王宏艳、宋艳、李志芳、戈海利、曹鹏、王倩、张利娜、邓兰、王刚、席占龙、王辰、王存宝、郝艳伟、王艳彦、陈志芳、王桂花、杜志江、李卫玮、杜振红、邓志勇、邓桃、宋玉龙、王润清、郝艳青、张振军、郭海桃、吴小燕、李霞、李金、董宪粉、王存江、刘艳九、张润、肖凤英、张小婷、王斌和高鹏飞等。

限于水平，本书在操作步骤、效果表现及各方面知识点有不尽如人意之处，希望各们读者来信指正。交流的邮箱是b0011@126.com。

超级提速：

3ds Max/VRay大空间效果图专业表现技法

目　录

第4章　健身房表现技法

第5章　欧式客厅日光效果表现技法

第11章　印象派展示空间表现技法

第12章　室内效果图制作的流程总结

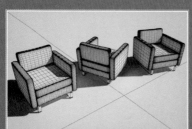

第1章
3ds Max标准面板设置
与VRay渲染器简介

本章学习要点

- 掌握3ds Max 2009通用标准面板设置。
- 掌握快捷键的设置及运用。
- 掌握界面工具的运用。
- 掌握VRay的快速设置方法。

1.1 3ds Max 2009的标准设置

1.1.1 3ds Max 2009简介

　　3ds Max是目前制作效果图的首选软件，它具有强大的建模和动画功能，而且对硬件的要求比其他三维软件低，插件资源丰富。相对于以前的版本，3ds Max 2009大幅度优化了多边形的显示与计算能力，能更有效地分析和计算大型场景，对高面数模型的工作效率更加明显。这一改进，可以帮助我们制作高精度模型的效果图，再不必为场景中大量的面数而过分担忧。

1.1.2 3ds Max 2009制作效果图的常规设置

01 进入3ds Max 2009之后，首先要设置3ds Max 2009的单位，实际工作中应根据实际情况来设置系统的单位。一般情况下把系统单位设置为Millimeters（毫米）。把Display Unit Scale（显示单位）也改为公制毫米。设置如图1-1所示。

提示：

> `☑ Respect System Units in Files` 选项系统默认是勾选，遇到调用的文件单位与场景不匹配的情况时，3ds Max 会及时提醒你，避免不必要的错误。

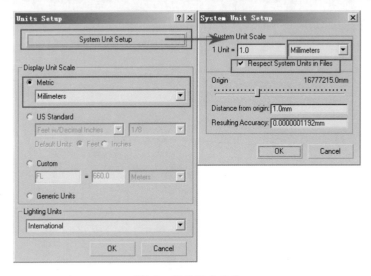

图1-1　设置标准尺寸

02 选择菜单栏 `Customize` 中的 `Preferences...` 命令，在 `General` 面板中，进行以下设置，如图1-2所示。

提示：

- Levels设置高一点可以返回更多以前的操作步聚，根据个人机器配置而定。
- Scene Selection可以像在AutoCAD里一样，从左往右选择物体必须要把物体全部框选中，物体才会被选择，从右往左选择物体则只需要选择物体的一部分就可以将其选中。
- 勾选掉Use Large Toolbar Buttons选项，可以使3ds Max主工具栏以小图标形式来显示。工作中我们一般使用大图标，操作界面看上去会比较舒服。

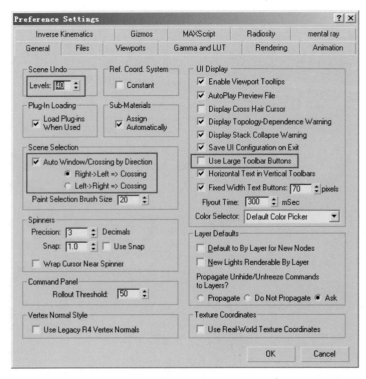

图1-2　设置General面板

03 在 Files 面板中，我们继续设置自动保存文件的时间。一般设置为30分钟。设置的位置如图1-3所示。

提示：

Backup Interval（minutes）会设置自动保存时间，默认值会使3ds Max过于频繁的保存，把它设为30分钟，也可以根据自己的机器配置来设定保存时间。

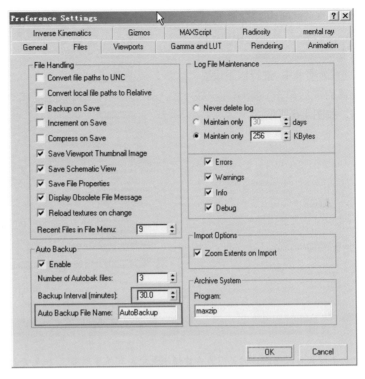

图1-3　设置Files面板

04 在实际工作中，由于各种原因会导致3ds Max无故跳出，那样我们辛辛苦苦做出来的东西会不会需要重新再做呢？在3ds Max跳出时会提示是否保存，单击"是"按钮，再次进入3ds Max 2009，就可以重新回到最后保存的步骤了。当然了最好将文件另存为一份。养成随手保存的好习惯，这样就可以避免重复操作了，如图1-4所示。

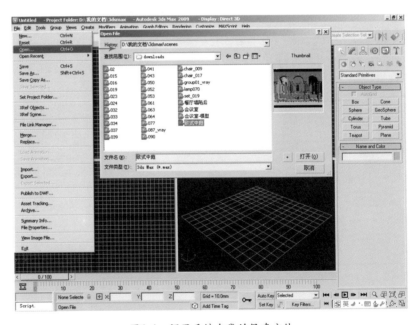

图1-4　调用系统自带的保存文件

05 因为每个人的3ds Max安装路径不同，所以3ds Max自带的默认的保存文件夹的盘符也可能不同，但自动保存都会保存在My document（我的文档）文件夹中，该文件夹中有以前自动保存的3ds Max文件及信息，如图1-5所示。

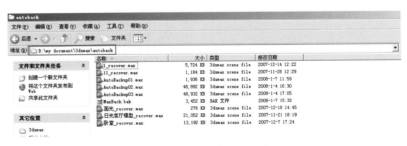

图1-5　默认保存的文件夹

06 设置操作视口背景的颜色。选择菜单栏 `Customize` 中的 `Customize User Interface...` 命令，在 `Colors` 选项卡中,进行以下设置,设置完成后单击 `Apply Colors Now` 按钮，如图1-6所示。

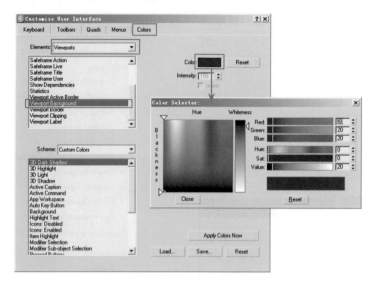

图1-6 设置视口背景颜色

加速点:

将背景色设置为深色的目的是因为在建模场景中会有很多线条，如果背景色过浅，观察起来会不方便，影响工作效率，如图 1-7 所示。

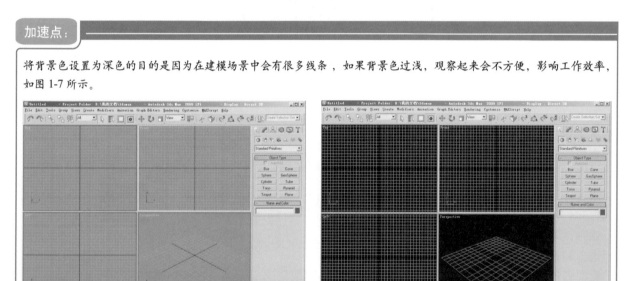

修改前的默认视口背景　　修改后的黑色视口背景

图1-7 设置视口背景颜色

07 设置 `Snaps` （捕捉）面板参数。右击按钮，在弹出的对话框中进行设置，如图1-8所示。

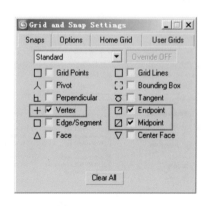

图1-8 设置Snaps

加速点:

在实际工作中，最常用的捕捉设置莫过于顶点、端点和中点的捕捉了，这3项是工作当中必不可少的。养成运用捕捉的习惯，可以提高建模效率，有利于进行精确模型。

08 设置 Options （选项）中的各项
参数，如图1-9所示。

图1-9　设置Options

加速点：

● 在 Options 面板中，Angle的数值为10，意思是当 被激活时，按10°的整倍数进行旋转。读者也可以根据自己的习惯来设置旋转角度。勾选Snap to frozen objects复先框时，捕捉功能也可以捕捉到冻结物体，这对于导入的CAD图形在冻结后进行捕捉很有帮助。

● 勾选 Use Axis Constraints （使用轴约束）复先框，这个命令对于效果图制作十分有用，它表示当约束到某一轴向时，物体只能沿该轴向移动，并可以同时捕捉到另外的一个轴向的捕捉点。如选择X轴，物体只能沿X轴移动，但是它可以捕捉到Y轴的捕捉点，如图1-10所示。

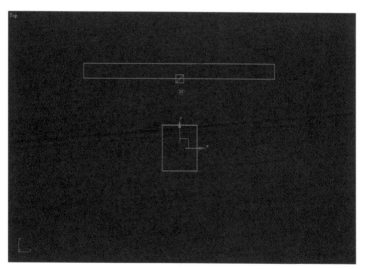

图1-10　使用轴向约束

1.1.3 快捷键的设置与运用

　　运用快捷键是提高制作速度最快捷的方式。3ds Max的默认快捷键种类繁多，几乎所有的命令都可以用快捷键来代替，所以大家可以根据习惯而设定一些常用的快捷键。笔者在这里列举两个自己常用到的快捷键用法，在配套的光盘中，将工作中常用的快捷键一一整理了出来，方便读者参考学习。

加速点：

快捷键的设置应尽量定义在左手能触摸到的按键上，这样操作起来会很方便。同时，还应注意简单易记。

1. Show All Grids Toggle （显示\隐藏所有的网格）的快捷键设定

01 打开3ds Max时，默认状态会在四个操作框内显示灰色网格，它对观察和操作造成一定的不便，如图1-11所示。

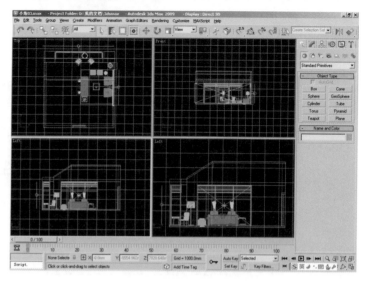

图1-11　网格显示状态下的视图

02 设置一个快捷键让网格全部消失。选择菜单栏 Customize 中的 Customize User Interface... 命令，在对话框中找到 Show All Grids Toggle 命令，在右侧的 Hotkey: 文本框中按一个想要设定的快捷键，例如设定为快捷键Ctrl+1，如图1-12所示。

图1-12　指定快捷键

03 单击 Assign 按钮，此时在 Show All Grids Toggle 选项后面会出现设置的快捷键，如图1-13所示。

图1-13　指定快捷键

04 关闭对话框，此时按快捷键
　　Ctrl+1，会发现整个操作界面
　　的网格同时消失了。再次按快
　　捷键Ctrl+1又会将所有网格显
　　示出来，如图1-14所示。

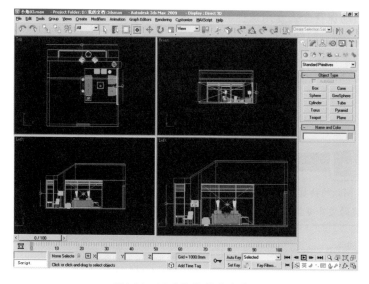

图1-14　运用快捷键后的效果

2．群组与解组的快捷键设定

01 在 Customize User Interface... 对话框中，
　　找到 Ungroup 选项，在 Hotkey:
　　文本框中按下G键，然后单击
　　 Assign 按钮指定快捷键，如
　　图1-15所示。

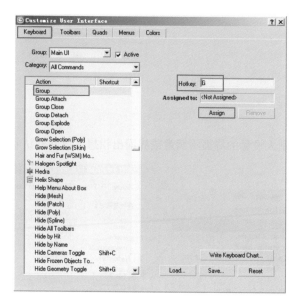

图1-15　设定群组快捷键

02 在 Customize User Interface... 对话框中，
　　找到 Ungroup 选项，在 Hotkey: 文
　　本框中按下U键，最后单击
　　 Assign 按钮指定快捷键，如图
　　1-16所示。

03 此时就设置好了"群组"快捷
　　键和"解组"快捷键。

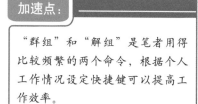

加速点：

"群组"和"解组"是笔者用得
比较频繁的两个命令，根据个人
工作情况设定快捷键可以提高工
作效率。

图1-16　设定解组快捷键

04 自动保存个人专用快捷键。单击 Save... 按钮，保存个人设定的快捷键，方便在其他电脑的 3ds Max 中使用，如图1-17所示。

提示：

3ds Max的快捷键文件是以*kbd为后缀的文件类型。

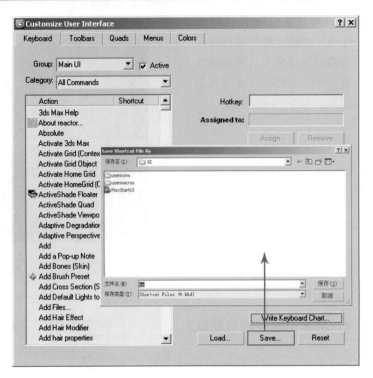

图1-17　调用属于自己的快捷键

05 如果对别人设置的界面不满意或界面出错想要返回默认状态，如图1-18所示。

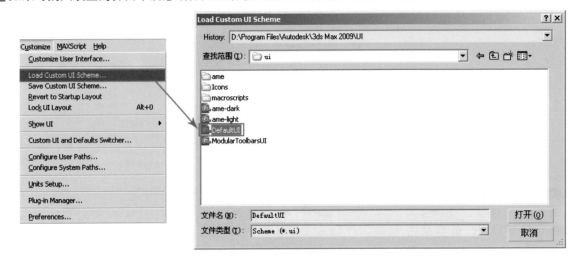

图1-18　调用默认界面

1.2　VRay简介及VRay渲染参数详解

1.2.1　VRay渲染器的载入方式

01 按快捷键F10打开"渲染"对话框，进入Common选项卡中的Assign Renderer卷展栏，单击Production

右侧的 … 按钮，在弹出的对话框中选择V-Ray Adv1.50.SP2渲染器，设置如图1-19所示。

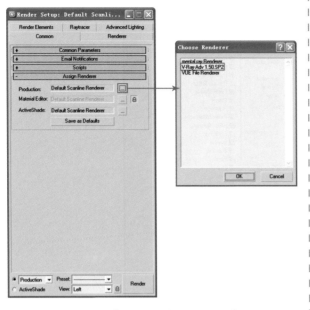

图1-19　指定V-Ray Adv1.50.SP2渲染器

02 这时V-Ray Adv1.50.SP2渲染器对话框的Renderer面板被分成了三大块，分别是VRay、间接照明和设置。在VRay面板中包括全局开头、图像采样、颜色映射等几个卷展栏。如图1-20所示。

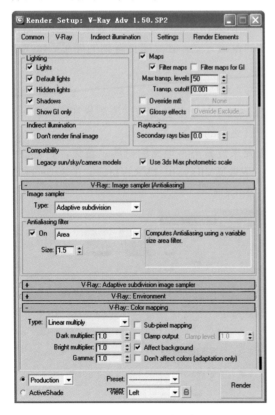

图1-20　VRay渲染面板

03 间接照明面板中包括间接照明与焦散卷展栏，如图1-21所示。

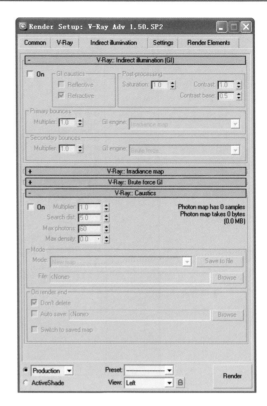

图1-21　间接照明渲染面板

04 在设置面板中包括DMC采样器与系统卷展栏，如图1-22所示。

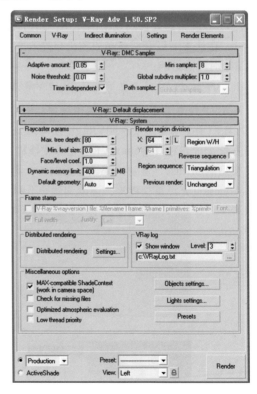

图1-22　设置渲染面板

05 同时在材质编辑器的Material/Map Browser（材质/贴图浏览器）中也会出现VRay自带的材质和贴图，如图1-23所示。

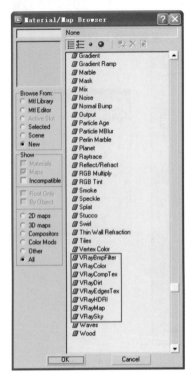

图1-23　VRay材质类型

1.2.2　VRay渲染器的常用提速技巧

现在市面上众多的教程都介绍了VRay渲染器各种参数的具体含义和使用方法，这里就不再重复了。但是关于VRay渲染器如何高效率的使用？如何在保证渲染质量的同时，又能够提高渲染速度？这方面的书并不多见。在这里通过介绍高品质渲染与高效率渲染两套参数的设置方式，让大家更深刻的理解VRay渲染参数对渲染时间的影响。

1．VRay材质对渲染质量和速度的影响

载入VRay渲染器后，材质编辑器里会出现VRayMtl选项，其中一些参数会对渲染质量和速度有一定的影响，我们用个小实例来说明VRay材质与渲染质量、渲染速度之间的关系。

01 打开配套光盘\第1章\max\VRay光泽度模糊.max文件，主要来设置一下地面的材质。首先，将地面和沙发模型的Diffuse（漫射）都设置为白色，再来分别调节一下地面VRayMtl（VRay材质）的Reflect和Refl.glossiness（光泽度模糊），渲染测试一下4种参数，如图1-24所示。

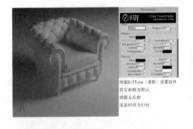

图1-24　模型反射材质

在VRay材质中，无反射的材质渲染速度最快，设置反射后的材质渲染时间会有所增加。一旦在有反射的材质中更改了Refl.glossiness（光泽度模糊）的数值，渲染时间会大幅度的增加，并且会产生光泽度模糊感。Refl.glossiness（光泽度模糊）的值越小，模糊反射感越强烈。模糊反射的强弱与渲染时间长短无直接联系。

通过以上的四组测试，就可以清楚的知道渲染的时间长短与模糊反射值有很大的关系，所以当在实际工作中需要在较短的时间里完成一张作品时，就不要轻易的设置场景中太多的模糊反射。

02 打开配套光盘\第1章\max\VRay反射细分.max文件，设置地面材质的Subdivs（细分）值。首先，保持地面和沙发模型的Diffuse（漫射）颜色为白色，Reflect（反射）设置为灰色，Refl.glossiness（光泽度模糊）值设置为0.85，渲染测试一下四种参数，如图1-25所示。

地面Subdivs（细分值）为8

模糊反射有明显杂点

渲染时间为42秒

地面Subdivs（细分值）为24

模糊反射无明显杂点

渲染时间为1分03秒

地面Subdivs（细分值）为48

模糊反射非常细腻，无杂点。

渲染时间为2分26秒

图1-25　细分材质

当场景中有模糊反射的物体时，可以通过提高Subdivs（细分）值来降低模糊反射时产生的杂点，提升渲染质量。但要注意的是，细分值设置的太高，会大大降低渲染速度。有时，提高细分值会让场景渲染时间由两三个小时，提升到十几个小时。如果时间允许的话，可以为客户渲染出高质量的效果图，但制作时间有限的话，就要考虑Subdivs（细分）值的参数大小了。在实际工作中，最高的细分值最好不要超过24。一般将Subdivs（细分）值控制在16即可。

03 打开配套光盘\第1章\max\VRay折射.max文件。VRay折射里的参数非常丰富，但与渲染速度有关联的参数并不多。这里将沙发前的物体Refract（折射）设置为纯白色和灰色，并同时测试渲染Glossiness（光泽度）的几种不同参数值，如图1-26所示。

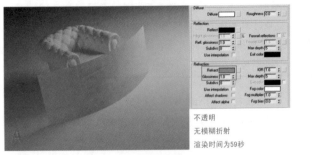

不透明

无模糊折射

渲染时间为59秒

全透明

无模糊折射

渲染时间为45秒

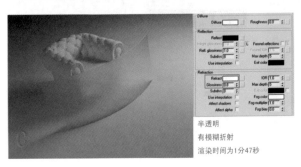

半透明

有模糊折射

渲染时间为1分47秒

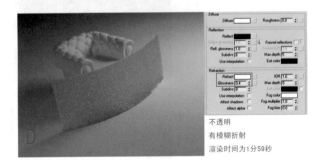

不透明

有模糊折射

渲染时间为1分59秒

图1-26　折射材质

加速点：

在VRay材质中，无折射的材质渲染最快。折射参数一般用来调节玻璃材质。降低光泽度，可以用来模拟真实世界中的磨砂玻璃效果。光泽度越低，模糊感越强，透光性越差。随着光泽度的降低，渲染时间也越来越长。Refract（折射）选项中也有Subdivs（细分）值，它的使用方法跟反射中的细分值用法一样。随着细分值的增大，光泽度模糊的杂点会变少，渲染质量会增加，但渲染时间也会增长，如图1-27所示。

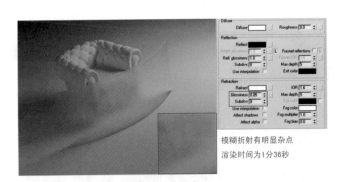

模糊折射有明显杂点

渲染时间为1分36秒

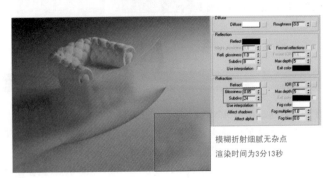

模糊折射细腻无杂点

渲染时间为3分13秒

图1-27　折射细分材质

2．VRay灯光对渲染质量和速度的影响

载入VRay渲染器后，在灯光面板里选择VRay选项，这时会出现三种类型的VRay灯光，VRay灯光中的一些参数会对渲染质量和速度有一定的影响，下面以几个小实例来说明其参数对渲染质量和渲染速度之间的影响。

打开光盘\第1章\max\VRay灯光细分.max文件，设置空间主光源的灯光参数。首先，将地面和模型的Diffuse（漫射）都设置为白色，再来调节一下主光源的Color（颜色）和Multiplier（倍增器），渲染测试一下在相同的主光源Color（颜色）和Multiplier（倍增器）参数条件下，改变Subdivs（细分）值对渲染质量和渲染时间的影响，如图1-28所示。

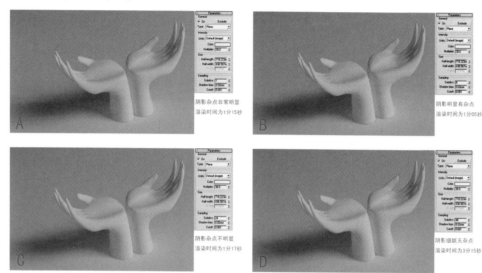

图1-28　灯光细分

加速点：

为了能够更好的表现物体的阴影，一般都需要提高阴影的Subdivs（细分）值，但实际工作中，最多只将Subdivs（细分）值提高到32，普通情况下一般在16—24之间就足够了。Subdivs（细分）值对渲染时间的影响非常大，尤其是在大空间以及VRay灯光数量较多的时候更为明显。所以在工作中，一定要控制VRay灯光的数量以及VRay灯光的Subdivs（细分）值。

在VRay灯光的众多参数中，还有一个比较特殊的参数☐ Store with irradiance map，它能够更有效的提高渲染速度，但会大幅降低渲染质量，如图1-29所示。

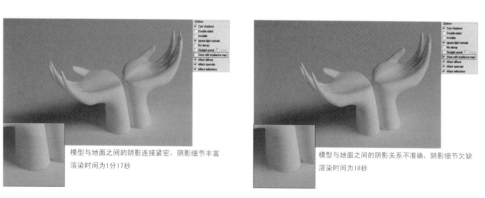

图1-29　Store with irradiance map选项

3．5分钟设置测试渲染面板

所有的场景渲染，都需要经过材质测试、灯光测试。为了更高效，更快捷地进行这两个测试，在设置VRay渲染面板时，也要本着快速、简便的原则。以下就是在进行测试渲染前所要设置的步骤，这些步骤对所有的场景均适用。

01 在进行测试场景材质时，只需设置好材质的 diffuse(漫射)、Reflect（反射）、Refract（折射）、Dump（凹凸）等。各个材质的Subdivs（细分）值，可以等到渲染成图时再增加，这样做的目的就是为了让测试的速度尽可能的快，不要让过多的时间浪费在等待上。

提示：

本书中所讲的材质都是测试完成后的材质，所有的细分值都为成图渲染时的最高设置。这样是为了节省篇幅，没有将测试时的材质细分值写出来。其实测试的时候，一般使用VRay材质默认的细分值8就足够了。

02 同样，VRay灯光的Subdivs（细分）值，在测试时使用VRay默认的8就足够了，等灯光完全确定，正式渲染成图时，再根据需要提高VRay灯光的Subdivs（细分）值。

03 按快捷键F10，进入渲染器设置面板。单击 V-Ray 栏，在 V-Ray:: Global switches 卷展栏里，进行以下设置，如图1-30所示。

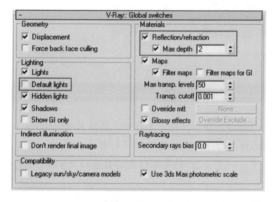

图1-30　全局光面板

加速点：

勾选Max depth（最大深度）复选框后，可以控制场景中光线的反射与折射次数，控制在2次可以加快测试渲染速度，还能够方便对反射物体材质的测试。

取消Default lights（默认灯光）复选框的勾选，可以关闭3ds Max自带的灯光。如果场景中暂时没有创建灯光，但需要测试环境光时，就必须取消Default lights（默认灯光）复选框的勾选。

如果在测试时，不想测试模糊反射，这时就可以取消Glossy effects。不想测试置换贴图，可以取消Displacement复选框的勾选。取消这两个复选框，都可以提高测试的渲染速度。

04 继续设置图像采样。在 V-Ray:: Image sampler (Antialiasing) 卷展栏里，选择图像采样器的类型为Fixed类型，并且关闭Antialiasing filter（抗锯齿类型）选项，

在Fixed image sampler中将Subdivs（细分）值保持默认设置，如图1-31所示。

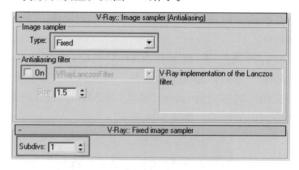

图1-31　图像采样面板

加速点：

默认参数中的Fixed选项是VRay所有采样器渲染中最快的。这也是选择它作为测试渲染采样器的原因。它的好处是高速，缺点是渲染时的锯齿较大，只能作为观察图像大效果的图像采样，如图1-32所示。

图1-32　Fixed采样器

05 V-Ray:: Color mapping 和 V-Ray:: Environment 的设置主要是根据各个不同场景的需要而进行设置，这两项对场景渲染速度的影响不大。

06 继续设置 Indirect illumination （间接照明）栏。首先设置GI，在GI卷展栏中勾选On，并且确定Primary bounces（首次反弹）的GI engine下拉列表为Irradiance map（发光贴图）选项，Secondary bounces（二次反弹）下拉列表为Light cache（灯光缓存）选项，如图1-33所示。

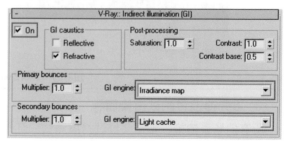

图1-33　间接照明

07 在Irradiance map（发光贴图）卷展栏中，将 Current preset设置为Very low（非常低）选项，如图1-34所示。

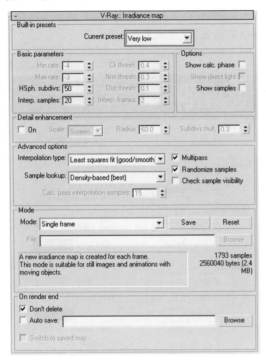

图1-34　发光贴图

加速点：

如果场景空间较大、物品较多，在勾选Very low选项后，测试渲染的速度依然很慢，那就需要再次对Irradiance map（发光贴图）里的参数进行适当的修改。降低HSph.subdivs的值，将50更改为20—30。

08 在Light cache（灯光缓存）卷展栏中，将Subdivs（细分）值设置为200，并且勾选Use light cache for glossy rays（对光泽光线使用灯光缓存）选项，如图1-35所示。

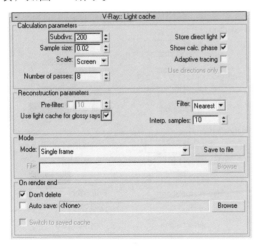

图1-35　灯光缓存

加速点：

降低Subdivs（细分）值可以提高计算Light cache（灯光缓存）所用的时间，提高测试效率。勾选Use light cache for glossy rays（光泽光线使用灯光缓存）同样是为了减少测试渲染的时间。

09 继续设置 Settings （设置）栏。在 Settings 栏里，需要注意的是 V-Ray:: System 卷展栏，设置Region sequence下拉列表，并且取消VRay log选项区域中的Show window选项，如图1-36所示。

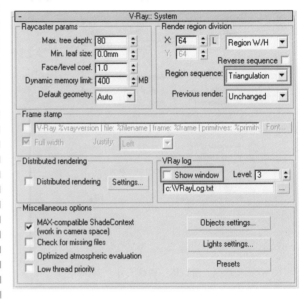

图1-36　设置面板

提示：

Region sequence是指以什么样的渲染方式来确定最终渲染形式。有人喜欢从上到下的渲染，有人喜欢螺旋渲染如图1-37所示。此选项对最终的渲染时间长短无关联。取消VRay log选项区域中的Show window选项，也是个人习惯，取消后每次测试渲染时就看不到VRay渲染提示框了。

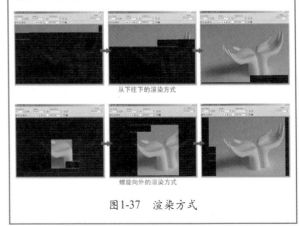

图1-37　渲染方式

⑩ 进入 Common 面板，设置测试输出的尺寸，测试的渲染尺寸不宜太大，width（宽）和Height（高）控制在600像素以内即可，如图1-38所示。

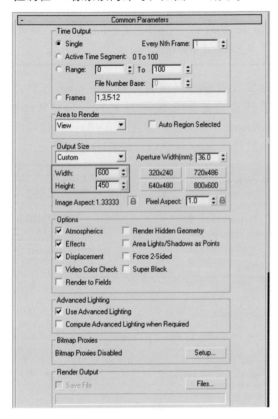

图1-38　图像大小

4．5分钟设置低参数高效率的成图渲染方式

在工作中，对于制作时间较紧张的项目，一般会调整以下参数对场景的VRay面板进行设置。它的优点是时间短、效率高。缺点是成图渲染的品质不会太高，模糊反射时有会一定的噪点，大面积白墙会产生一定的黑斑，阴影不实会让人产生漂浮感。

在国内主流的成图渲染方式是：先进行Irradiance map（发光贴图）和Light cache（灯光缓存）的计算，再利用计算好的发光贴图和灯光缓存进行最终成图的渲染。下面先来介绍一下高效率的发光贴图和灯光缓存计算前的准备。

技术看板：

成图的渲染过程，现在主流的方式为：
1.利用最终成图1/4尺寸的大小来计算发光贴图和灯光缓存。
2.计算完发光贴图和灯光缓存后，导入计算好的发光贴图和灯光缓存文件。
3.利用计算完成的发光贴图和灯光缓存，渲染大尺寸的最终图像。

① 在进行低参数高效率的成图材质设置时，当材质拥有模糊反射、模糊折射或者同时拥有二者时，VRayMtl（VRay材质）主要关注Subdivs（细分）值，让Subdivs（细分）值保持默认即可，不必将默认的数值8改得太大，如图1-39所示。

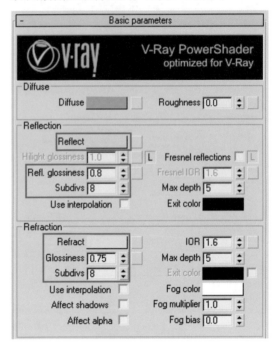

图1-39　VRay材质

② 如果对渲染时间感到不满意，那么就可以对场景中个别不重要的物体以及距离相机较远物体的模糊反射关闭，将Refl.glossiness和glossiness选项都还原为1。前面已经提到，模糊反射的渲染时间长于全反射，如图1-40所示。

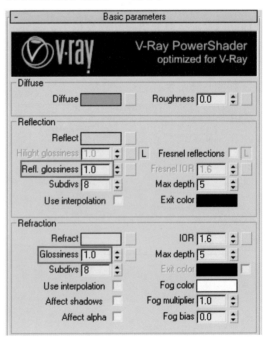

图1-40　VRay模糊反射

提示：

如果将Refl.glossiness和glossiness选项都还原为1，那么Subdivs（细分）值设置的再高也没有用。因为没有了模糊反射，细分值就失去了效果。

加速点：

如果对渲染的时间依然不满意，可以完全关闭部分不重要材质的反射，这时渲染时间最短，但效果太差，不建议这么做。

03 VRay灯光的Subdivs（细分）值，在测试时就使用VRay默认的8。这里为了提高渲染速度，也可以使用默认的8，但如果场景空间较大，适当的提高一下VRay灯光的Subdivs（细分）值，让画面细腻一些也是可以的。为了能够缩短渲染时间，还是将重要的VRay灯光的Subdivs（细分）值设置的16，但要注意是场景中一些重要的VRay灯光。如图1-41所示。

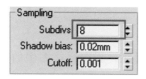

图1-41　VRay灯光细分

04 按快捷键F10，进入渲染器设置面板。单击 V-Ray 栏，在 V-Ray:: Global switches 卷展栏里，进行以下设置，取消Max depth选项，确认Displacement和Glossy effects选项是否被勾选，如图1-42所示。

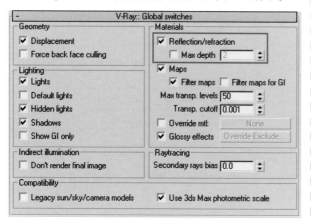

图1-42　最大深度选项

提示：

在计算发光贴图和灯光缓存时，可以勾选Don't render final image选项，这样就可以不渲染最终图像，节约一些时间。

05 设置图像采样。在 V-Ray:: Image sampler (Antialiasing) 卷展栏里，选择图像采样器为Adaptive subdivision类型，并且在Antialiasing filter（抗锯齿类型）选项区域中勾选On（开）选项，再选择VRayLanczosFilter选项，如图1-43所示。

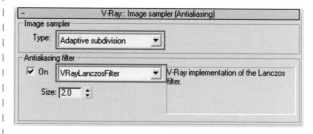

图1-43　采样器与抗锯齿类型

加速点：

Adaptive subdivision类型的图像采样器相对上一种Adaptive DMC采样器，有着速度快、效率高的特点。但渲染的质量不如Adaptive DMC采样器高。

06 V-Ray:: Color mapping 和 V-Ray:: Environment 的设置主要是根据各个不同场景的需要而进行设置，对速度影响不大。

07 继续设置 Indirect illumination （间接照明）栏。首先设置GI，在GI卷展栏中勾选On选项，并且确定Primary bounces（首次反弹）的GI engine设置为Irradiance map（发光贴图）选项，Secondary bounces（二次反弹）设置为Light cache（灯光缓存）选项，如图1-44所示。

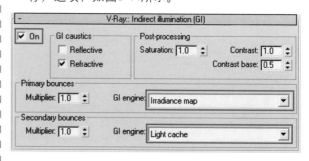

图1-44　间接照明选项

08 继续设置 Indirect illumination （间接光照）栏。在Irradiance map（发光贴图）卷展栏中，将 Current preset设置为Medium（中），勾选Detail enhancement（细节增强）选项区域中的On（开）选项，勾选Auto save（自动保存）和Switch to saved map（转换到保存的贴图）选项，并设置自动保存的路径和文件名，如图1-45所示。

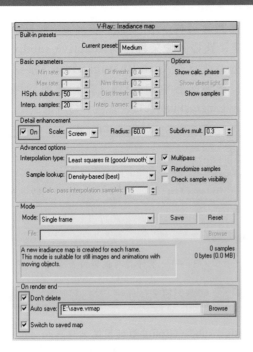

图1-45　发光贴图

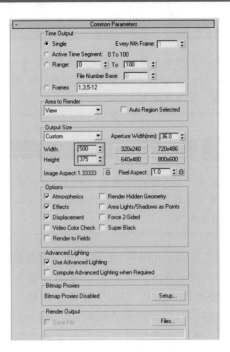

图1-47　发光贴图与灯光缓存的计算图像大小

发光贴图和灯光缓存设置完成后，单击Render按钮就开始进行计算了。计算完成后，就要进行最终成图的渲染，成图的渲染只对几个步骤进行修改即可。

11 进入 Common 面板，设置最终图像的尺寸大小，成图的渲染大小设定在2000像素以内，并设定好自动保存和保存路径，保存格式一般为tga格式，如图1-48所示。

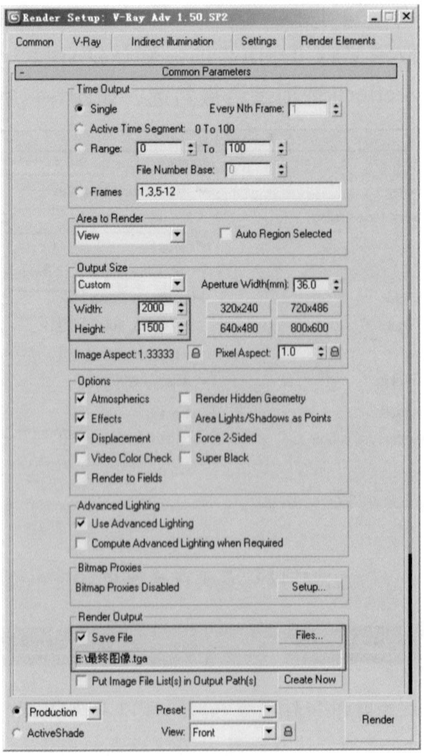

提示：

在 Indirect illumination （间接照明）栏中，依然将Primary bounces（首次反弹）的GI engine设置为Irradiance map（发光贴图），Secondary bounces（二次反弹）设置为Light cache（灯光缓存）。

09 在Light cache（灯光缓存）卷展栏中，自动保存的设置方式与Irradiance map（发光贴图）的设置相同，如图1-46所示。

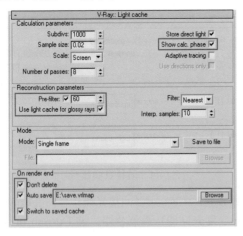

图1-46　灯光缓存

10 进入 Common 面板，设置计算发光贴图和灯光缓存的图像尺寸，测试的渲染尺寸不宜太大，width（宽）和Height（高）控制在最终成图的1/4即可。在这里，成图的渲染大小设定在2000像素，所以发光贴图和灯光缓存的计算大小就设定为500像素左右，如图1-47所示。

图1-48　成图图像大小

⑫ 进入 V-Ray 面板，在 V-Ray:: Global switches 卷展栏里，确认Don`t render final image选项没有被勾选，其他参数如图1-49所示。

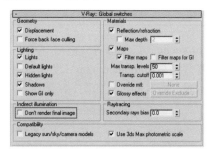

图1-49 取消不渲染最终图像

⑬ 进入 Indirect illumination 面板，观察 V-Ray:: Irradiance map 中的Mode设置是否已经自动转换为form file，是否已载入之前保存的发光贴图，参数如图1-50所示。

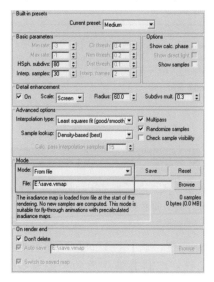

图1-50 发光贴图

⑭ 观察 V-Ray:: Light cache 中的Mode设置是否也已经自动转换为form file，是否已载入之前保存的灯光缓存，参数如图1-51所示。

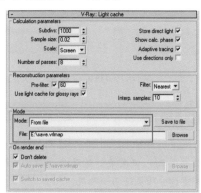

图1-51 灯光缓存

⑮ 确认发光贴图和灯光缓存都设置正确后，单击Render按钮进行成图的计算。

5．5分钟设置高参数高品质的成图渲染方式

在工作中，对于制作时间较宽松的项目，一般会调整以下这些参数对场景的VRay面板进行设置。它的优点是图像质量高，对画片细节的表现非常到位。但它的缺点是渲染时间较长，有时会渲染长达十几个小时。

① 在进行高参数高品质的成图材质设置时，为更好的表现材质的光泽度模糊、模糊折射，主要是提高VRayMtl（VRay材质）的Subdivs（细分）值，把重点表现材质的Subdivs（细分）值提高到16—24。如图1-52所示。

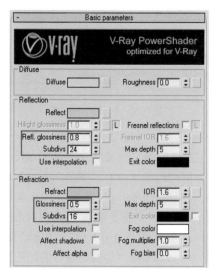

图1-52 提高细分值

> **提示：**
>
> 细分值跟Glossiness、Reflect以及Refract三个参数相关。只有在Reflect或者Refract开启并且设置了Glossiness值时，细分值才会起作用。

② 其他参数设置请参考低参数高效率的成图渲染，这里只讲述与高效率设置的不同之处。

③ 设置图像采样。在 V-Ray:: Image sampler (Antialiasing) 卷展栏里，选择Adaptive DMC类型图像采样器，Adaptive DMC的渲染质量是VRay自带的三种采样器中渲染质量最好的一种。在Antialiasing filter(抗锯齿类型)中选择VRayLanczosFilter选项，如图1-53所示。

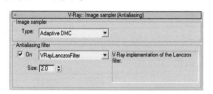

图1-53 采样器与抗锯齿类型

04 V-Ray:: Color mapping 和 V-Ray:: Environment 的设置主要是根据各个不同场景的需要而进行设置，对速度影响不大。

05 继续设置 Indirect illumination （间接光照）栏。首先设置GI，在GI卷展栏中勾选On选项，并且确定Primary bounces（首次反弹）的GI engine设置为Irradiance map（发光贴图），Secondary bounces（二次反弹）设置为Light cache（灯光缓存），如图1-54所示。

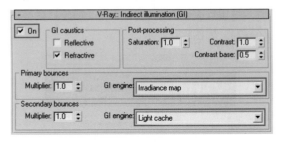

图1-54　间接照明选项

06 设置 Indirect illumination （间接光照）栏。在Irradiance map（发光贴图）卷展栏中，将Current preset设置为Medium（中），将HSph.subdivs提高到80，将Interp.sample设置为30，勾选Detail enhancement（细节增强）选项区域中的On（开）选项，勾选Auto save（自动保存）和Switch to saved map（转换到保存的贴图）选项，并设置自动保存的路径以及自动保存的文件名，如图1-55所示。

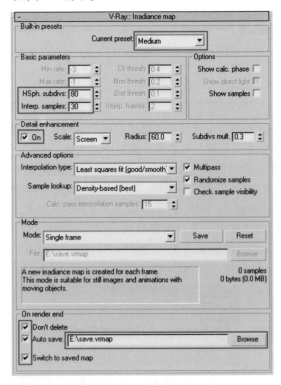

图1-55　发光贴图

加速点：

提高HSph.subdivs的数值可以进一步加强图像细节的渲染，但会增加发光贴图的渲染时间。

07 在Light cache（灯光缓存）卷展栏中，自动保存的设置方式与Irradiance map（发光贴图）的设置方法相同，所有的设置如图1-56所示。

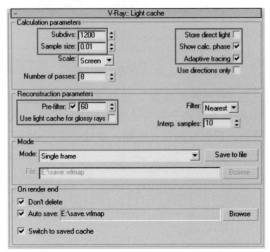

图1-56　灯光缓存

提示：

以上的设置方式，都是为了让灯光缓存设置的品质提高，但对计算时间有影响。

08 进入 Settings 栏，调节 V-Ray:: DMC Sampler 卷展栏，DMC Sampler是控制渲染品质的全局参数，是对反射、折射以及各种模糊参数进行品质的调节，DMC Sampler默认的参数品质一般，如果要渲染高品质的效果图，建议对这个参数进行适当的修改。一般情况下，对这个参数有两套不同的设置方式，但都是为了牺牲一定的渲染速度而提高渲染质量，设置如图1-57所示。

图1-57　DMC采样器

加速点：

Adaptive amount和Noise threshold这两个值越小，图像渲染的质量越高，但渲染的速度会大幅度的降低，所以建议不要过分降低这两个参数。

09 其他的参数设置跟低参数高效率渲染面板的设置一样。到这里，高参数高品质的成图渲染方式已经设置完成。

第2章
休闲餐厅表现技法

本章学习要点

- 掌握VRay材质的设置方法。
- 掌握使用VRay天光来模拟阳光效果的设置方法。
- 掌握Dome（穹顶光源）类型灯光的应用方法。

2.1 休闲餐厅制作简介

2.1.1 快速表现制作思路

01 材质设置阶段：整个场景中全部使用VRay材质，使用VRay材质会比3ds Max标准材质的渲染速度快很多，效果也更理想。

02 渲染阶段：由于空间中有大面积的窗户模型，整个空间主要光源来源于室外的光线，没有必要在每个窗户处都创建面光源，只要在空间中创建一盏VRay灯光，并将灯光的类型设置为Dome（穹顶光源）即可，Dome（穹顶光源）一般用于窗户较多的空间，只要是有窗户的位置都会向室内照射光源。

03 后期阶段、调节图像的原则是先整体后局部，再以局部到整体的步骤进行。主要调节图像的色阶、亮度、对比度、饱和度以及色彩平衡等，修改渲染中留下的瑕疵，最终完成作品。

2.1.2 提速要点分析

本场景共用了46分钟完成，主要用了以下几种方法与技巧：

01 在建模的同时就简单的赋予相对应的材质，这样就不用最后再找模型赋材质了，同样可以节省很多时间。

02 本场景使用Dome（穹顶光源）来模拟室外光线，不仅方便简单，而且渲染的速度也很快。

03 对于局部细节的修改可用局部渲染来弥补，这样不仅节省时间，也不会影响最终效果。

2.2 2分钟完成摄像机的创建

当模型都创建好以后，要为空间创建摄像机，下面将具体介绍本场景中摄像机的创建方法。

01 单击 面板下的 Target 按钮，如图2-1所示。

图2-1　选择摄像机

02 切换到Top（顶）视图中，按住在顶视图中创建一个摄像机，首先来看一下本案例摄像机在顶视图中的位置，如图2-2所示。

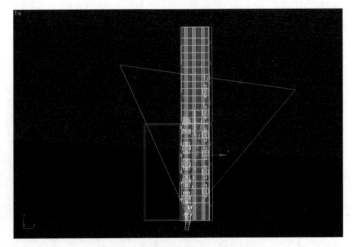

图2-2　摄像机顶视图角度位置

03 在修改器列表中设置摄像机的
参数，具体参数如图2-3所示。

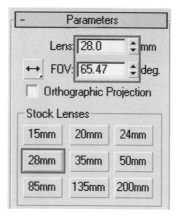

图2-3　摄像机参数

04 切换到Left（左）视图中调整
摄像机位置，如图2-4所示。

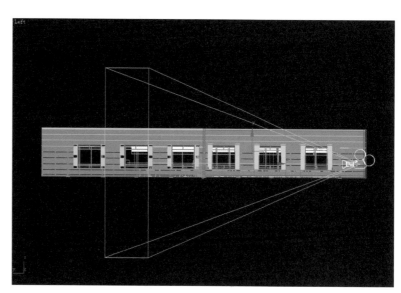

图2-4　左视图摄像机位置

05 切换到Camera（相机）视图，
来观察角度是否满意，如图2-5
所示。

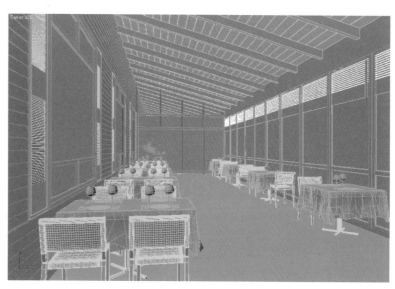

图2-5　摄像机的视点

2.3　22分钟完成休闲餐厅材质的设置

打开配套光盘中第2章\max\休闲餐厅-模型.max文件，这是一个已创建完成的休闲餐厅场景，如图2-6所示。

图2-6　建模完成的休闲餐厅

如图2-7所示为场景中的物体赋予材质后的效果。

图2-7　赋予材质后的休闲餐厅

2.3.1　15分钟完成场景基础材质的设置

休闲餐厅中的基础材质有顶面、地板、黄漆、黑漆、白漆、塑钢、窗帘、黑色塑料、玻璃、白布十种材质，如图2-8所示，下面将说明它们的具体设置方法。

图2-8　基础材质

1．顶面材质的设置及制作思路

首先分析一下顶面的物理属性，然后依据物体的物理特征来调节顶面材质的各项参数。

- 蓝色木纹油漆。
- 表面纹理相对粗糙。
- 反射较弱。
- 有较大面积的高光。

01 在设置材质之前首先要将默认材质球转换为VRay材质球。按快捷键M打开材质编辑器，选中一个未使用的材质球，单击材质面板中的 Standard 按钮，在弹出的Material/Map Browser（材质/贴图浏览器）对话框中选择类型为 VRayMtl （VRay材质），如图2-9所示。

02 在材质编辑器中新建一个 VRayMtl （VRay材质）后，设置顶面的Diffuse（漫射）与Reflect（反射）。在Diffuse（漫射）中添加一张 Bitmap（位图）贴图，为了让渲染出来的墙面纹理更加清晰，把Blur（模糊）值设置为0.1。将Reflect（反射）中的颜色数值设置为R50、G50、B50，墙面具有较强的模糊反射，在这里设定Refl.glossiness（光泽度模糊）值为0.62， Subdivs（细分）值设置为16。参数设置如图2-10所示。

> **提示：**
>
> 将反射选项中的Subdivs（细分）值设置为24，减小模糊反射时产生的噪点，但会增加一定的渲染时间。在Bump（凹凸）中添加一张Bitmap（位图）贴图，并将Blur（模糊）数值设置为0.1可以有效地提高贴图的渲染清晰度。

03 参数设置完成，材质球最终效果如图2-11所示。

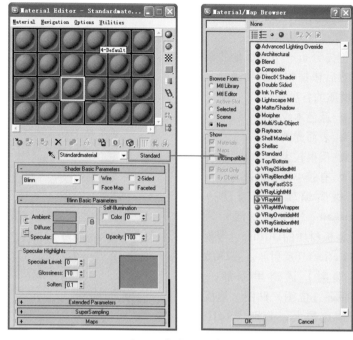

图2-9 转换VRay材质

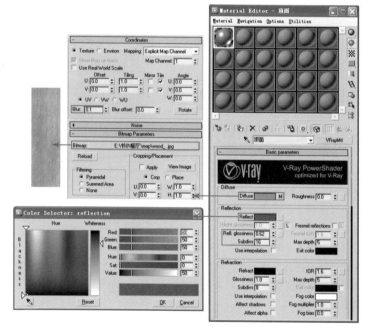

图2-10 设置顶面的漫射与反射

图2-11 顶面材质球

2．地板材质的设置及制作思路

首先分析一下地板的物理属性，然后依据物体的物理特征来调节材质的各项参数。

● 蓝色木纹材质。

● 表面光滑。

● 反射较大。

● 有较小面积的高光。

01 在材质编辑器中新建一个 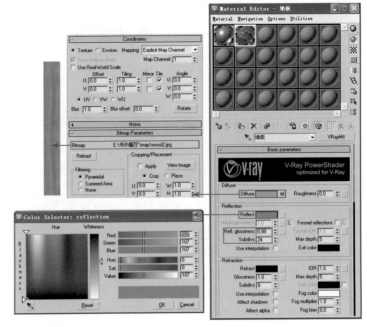 （VRay材质），设置地板材质的Diffuse（漫射）与Reflect（反射）。在Diffuse（漫射）通道里添加一张 Bitmap （位图）贴图。地板的反射比较大，分别将Reflect（反射）通道中的颜色数值设置为R107、G107、B107。设置Refl.glossiness（光泽度模糊）值为0.88，设置Subdivs（细分）值为24。具体参数如图2-12所示。

图2-12　设置地板的漫射与反射

技术热点：

VRay材质中的"光泽度"与"细分"是两个非常重要的参数。

光泽度最大值为1，最小值为0。光泽度越大，物体的反射模糊感就越弱。光泽度越小，物体的反射模糊感就越强。

细分值默认为8，细分值越高，模糊反射的颗粒感就越小越细腻。同时可以减少图像的噪点，以达到提高渲染质量目的。

02 在材质编辑器的Maps（贴图）卷展栏中设置Bump（凹凸）贴图，把Bump（凹凸）数值改为10。在Bump（凹凸）中添加一张 Bitmap （位图）贴图。参数如图2-13所示。

03 参数设置完成，材质球最终效果如图2-14所示。

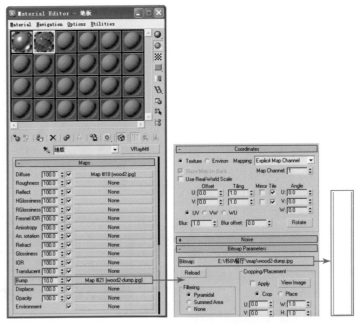

图2-13　设置地板的凹凸

图2-14　地板材质球

3．黄漆材质的设置及制作思路

首先分析一下黄漆的物理属性，然后依据物体的物理特征来调节材质的各项参数。

● 反射相对较小。

● 高光偏大。

01 在材质编辑器中新建一个 （VRay材质），设置黄漆材质的Diffuse（漫射）与Reflect（反射）。将Diffuse（漫射）通道里的颜色数值设置为R227、G168、B49，Reflect（反射）通道里的颜色数值设置为R76、G76、B76，设置Refl.glossiness（光泽度模糊）值为0.65，设置Subdivs（细分）值为24。参数如图2-15所示。

02 参数设置完成，材质球最终效果如图2-16所示。

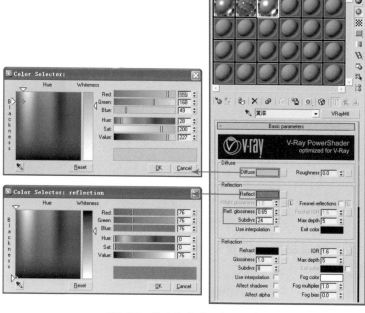

图2-15　设置黄漆的漫射与反射

图2-16　黄漆材质球

4．黑漆材质的设置及制作思路

首先分析一下黑漆的物理属性，然后依据物体的物理特征来调节材质的各项参数。

● 反射相对较小。

● 高光较大。

● 模糊感比较强。

01 在材质编辑器中新建一个 VRayMtl（VRay材质），设置黑漆材质的Diffuse（漫射）与Reflect（反射）。将Diffuse（漫射）通道里的颜色数值设置为R35、G35、B35，Reflect（反射）通道里的颜色数值设置为R70、G70、B70，设置Refl.glossiness（光泽度模糊）值为0.72，设置Subdivs（细分）值为16。参数如图2-17所示。

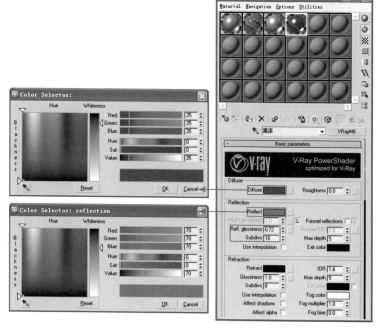

图2-17　设置黑漆的漫射与反射

02 参数设置完成，材质球最终效果如图2-18所示。

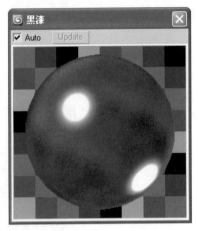

图2-18　黑漆材质球

5．白漆材质的设置及制作思路

首先分析一下白漆的物理属性，然后依据物体的物理特征来调节材质的各项参数。

● 表面纹理相对粗糙。

● 反射较小。

● 高光偏大。

01 在材质编辑器中新建一个 VRayMtl （VRay材质），设置白漆材质的Diffuse（漫射）与Reflect（反射）。将Diffuse（漫射）通道里的颜色数值设置为R205、G205、B205，Reflect（反射）通道里的颜色数值设置为R30、G30、B30，设置Refl.glossiness（光泽度模糊）值为0.68。具体参数如图2-19所示。

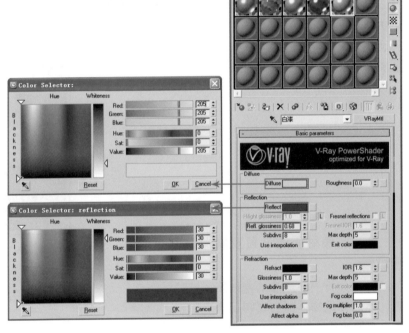

图2-19　设置白漆的漫射与反射

02 参数设置完成，材质球最终效果如图2-20所示。

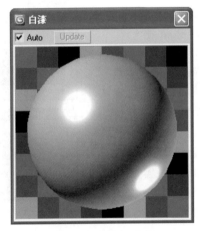

图2-20　白漆材质球

6. 塑钢材质的设置及制作思路

首先分析一下塑钢的物理属性，然后依据物体的物理特征来调节材质的各项参数。

● 漫射为白色。

● 模糊感较大。

● 反射相对较小。

● 高光较大。

01 在材质编辑器中新建一个 VRayMtl（VRay材质），设置塑钢材质的Diffuse（漫射）与Reflect（反射）。将Diffuse（漫射）通道里的颜色数值设置为R223、G223、B223，Reflect（反射）通道里的颜色数值设置为R55、G55、B55，设置Refl.glossiness（光泽度模糊）值为0.8，设置Subdivs（细分）值为16。具体参数如图2-21所示。

02 参数设置完成，材质球最终效果如图2-22所示。

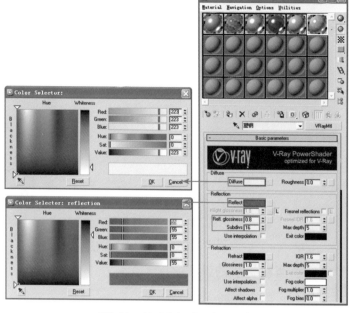

图2-21　设置塑钢的漫射与反射

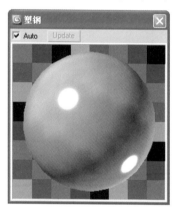

图2-22　塑钢材质球

7. 窗帘材质的设置及制作思路

首先分析一下窗帘的物理属性，然后依据物体的物理特征来调节材质的各项参数。

● 表面纹理粗糙。

● 反射很小。

● 模糊值较大。

01 在材质编辑器中新建一个 VRayMtl（VRay材质），设置窗帘材质的Diffuse（漫射）与Reflect（反射）。将Diffuse（漫射）通道里的颜色数值设置为R57、G57、B57，Reflect（反射）通道里的颜色数值设置为R13、G13、B13，设置Refl.glossiness（光泽度模糊）值为0.6，设置Subdivs（细分）值为16。参数如图2-23所示。

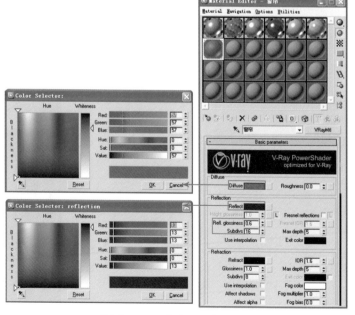

图2-23　设置窗帘的漫射与反射

02 参数设置完成，材质球最终效果如图2-24所示。

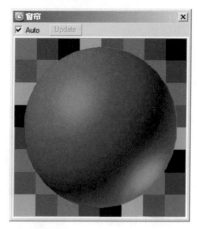

图2-24 窗帘材质球

8. 黑色塑料材质的设置及制作思路

首先分析一下黑色塑料的物理属性，然后依据物体的物理特征来调节材质的各项参数。

● 反射相对较小。

● 高光较大。

01 在材质编辑器中新建一个 **VRayMtl**（VRay材质），设置黑色塑料材质的Diffuse（漫射）与Reflect（反射）。将Diffuse（漫射）通道里的颜色数值设置为R20、G20、B20，Reflect（反射）通道里的颜色数值设置为R27、G27、B27，设置Refl.glossiness（光泽度模糊）值为0.58。具体参数如图2-25所示。

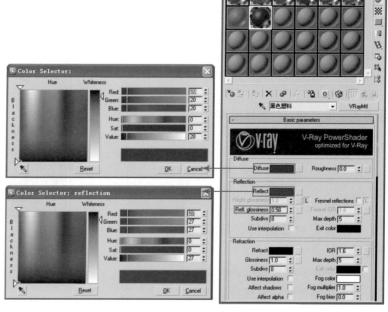

图2-25 设置黑色塑料的漫射与反射

02 参数设置完成，材质球最终效果如图2-26所示。

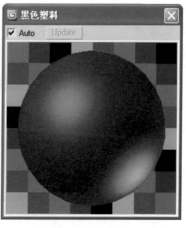

图2-26 黑色塑料材质球

9．玻璃材质的设置及制作思路

首先分析一下玻璃的物理属性，然后依据物体的物理特征来调节材质的各项参数。

- 表面很光滑。
- 反射非常大。
- 高光很小。
- 全透明。
- 有菲涅尔反射。

01 在材质编辑器中新建一个 VRayMtl（VRay材质），设置玻璃材质的Diffuse（漫射）、Reflect（反射）与Refract（折射）。将Diffuse（漫射）通道里的颜色数值设置为R226、G226、B226，Reflect（反射）通道里的颜色数值设置为R223、G223、B223，把Hilight glossiness（高光光泽度）设置为0.95，勾选Fresnel reflections（菲涅尔反射）选项。将Refract（折射）通道里的颜色数值设置为R225、G225、B225，把IOR（折射率）的数值改为1.5，勾选Affect shadows（影响阴影）、Affect alpha（影响Alpha）选项。具体参数如图2-27所示。

02 参数设置完成，材质球最终效果如图2-28所示。

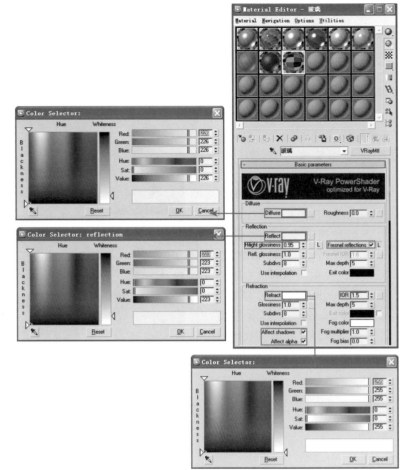

图2-27 设置玻璃的漫射、反射与折射

图2-28 玻璃材质球

技术点评：

在勾选"菲涅尔反射"后，反射物体的反射效果随着物体曲面与视点夹角变化而发生变化。当反射物体表现与视点的夹角越小时，反射效果越明显。当反射物体表现与视点的夹角呈90°时，反射效果最弱。勾选"菲涅尔反射"后，可用来模拟水晶、玻璃、瓷器或油漆材质。

10．白布材质的设置及制作思路

首先分析一下白布的物理属性，然后依据物体的物理特征来调节材质的各项参数。

- 没有反射。
- 高光面积较大。

01 在材质编辑器中新建一个 VRayMtl（VRay材质），设置白布材质的Diffuse（漫射）与Reflect（反射）。将Diffuse（漫射）通道里的颜色数值设置为R245、G241、B235，Reflect（反射）通道里的颜色数值设置为R20、G20、B20，设置Refl.glossiness（光泽度模糊）值为0.55。具体参数如图2-29所示。

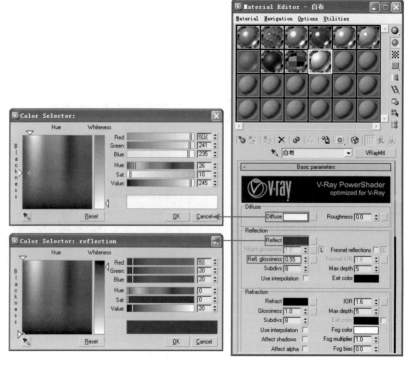

图2-29　设置白布的漫射与反射

> 提示：
>
> 在现实世界里，没有绝对的白色，所以在设置纯白色的物体时，可以将Diffuse（漫射）颜色设置为白色偏灰一点点即可。

02 在Options（选项）中勾选掉Trace reflections（跟踪反射）选项，这样会让白布能渲染出高光，而没有反射。如图2-30所示。

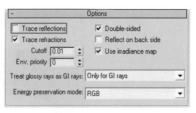

图2-30　取消跟踪反射

> 加速点：
>
> 毛巾的面积不大，而且最终效果对空间的影响很小，所以在不影响效果的前提下，尽量的提高渲染的速度，取消跟踪反射，让毛巾不参与反射，而其他选项保持不变。

03 参数设置完成，材质球最终效果如图2-31所示。

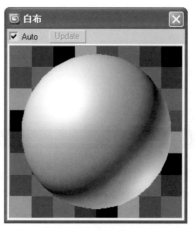

图2-31　白布材质球

到这里，场景的基础材质已经设置完毕，查看基础材质渲染效果，如图2-32所示。

图2-32 基础材质的渲染效果

2.3.2 4分钟完成家具材质的设置

本场景中家具包括椅子和桌子。

1. 椅子材质的设置及制作思路

椅子材质包括两部分：椅子面和椅子腿。如图2-33所示。

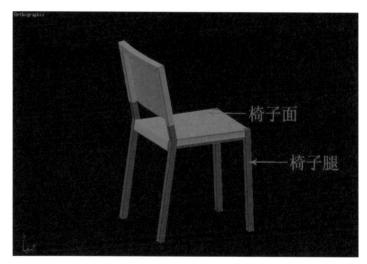

图2-33 椅子材质

设置椅子面材质。首先分析一下椅子面的物理属性，然后依据物体的物理特征来调节材质的各项参数。

● 表面光滑。

● 反射很小。

● 高光较小。

01 在材质编辑器中新建一个 VRayMtl（VRay材质），设置椅子面材质的Diffuse（漫射）与Reflect（反射）。将Diffuse（漫射）通道里的颜色数值设置为R153、G82、B5，Reflect（反射）通道里的颜色数值设置为R30、G30、B30，设置Refl.glossiness（光泽度模糊）值为0.82，设置Subdivs（细分）值为16。具体参数如图2-34所示。

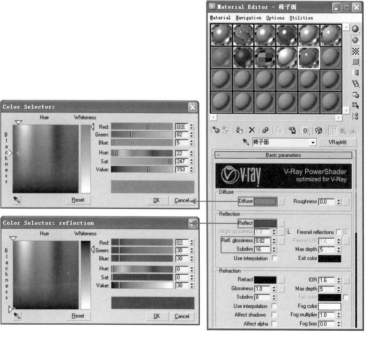

图2-34 设置椅子面的漫射与反射

02 参数设置完成，材质球最终效果如图2-35所示。

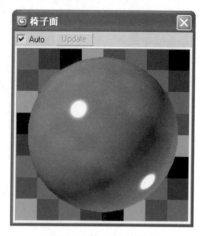

图2-35　椅子面材质球

设置椅子腿材质。首先分析一下椅子腿的物理属性，然后依据物体的物理特征来调节材质的各项参数。

● 反射较小。

● 高光较大。

01 在材质编辑器中新建一个
　　● VRayMtl （VRay材质），设置
　　椅子腿材质的Diffuse（漫射）
　　与Reflect（反射）。将Diffuse
　　（漫射）通道里的颜色数值设
　　置为R51、G27、B15，Reflect
　　（反射）通道里的颜色数值设
　　置为R32、G32、B32，设置
　　Refl.glossiness（光泽度模糊）
　　值为0.65，设置Subdivs（细
　　分）值为16。具体参数如图
　　2-36所示。

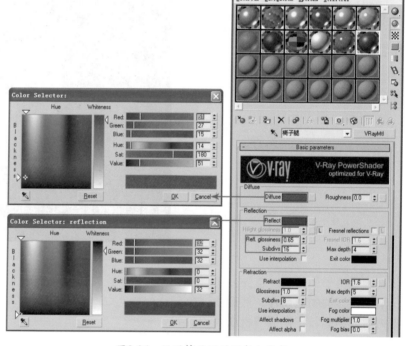

图2-36　设置椅子腿的漫射与反射

02 参数设置完成，材质球最终效果如图2-37所示。

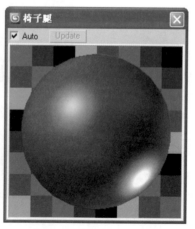

图2-37　椅子腿材质球

椅子的材质设置完毕。查看材质渲染效果，如图2-38所示。

图2-38　椅子材质的渲染效果

2．桌子材质的设置及制作思路

桌子材质包括两部分：桌子面和桌子腿，桌子腿是不锈钢材质的。如图2-39所示。

图2-39　桌子材质

桌子面的材质与基础材质中白布的材质一样，下面我们来讲解桌子腿（不锈钢）材质的设置及制作思路。

● 反射相对较大。

● 高光相对较小。

01 在材质编辑器中新建一个 VRayMtl（VRay材质），设置桌子腿材质的Diffuse（漫射）与Reflect（反射）。将Diffuse（漫射）通道里的颜色数值设置为R124、G124、B124，Reflect（反射）通道里的颜色数值设置为R168、G168、B168，设置Refl.glossiness（光泽度模糊）值为0.8，设置Subdivs（细分）值为16。具体参数如图2-40所示。

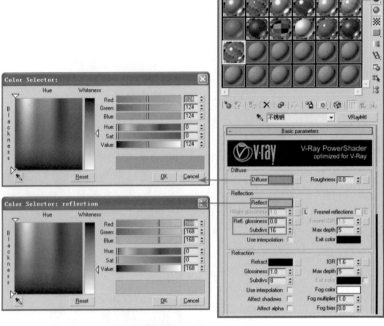

图2-40 设置桌子腿的漫射与反射

02 参数设置完成，材质球最终效果如图2-41所示。

图2-41 桌子腿材质球

桌子的材质已经设置完毕。查看材质渲染效果，如图2-42所示。

图2-42 桌子材质的渲染效果

2.3.3　3分钟完成餐具材质的设置

餐具的材质如图2-43所示。

图2-43　餐具材质

杂子的材质和上面基础中的玻璃的材质一样，叉子的材质和桌子腿的材质一样，下面我们只讲解盘子材质的设置及制作思路。

● 表面光滑。

● 反射很小。

● 有非常小的高光。

01 在材质编辑器中新建一个 VRayMtl（VRay材质），设置盘子材质的Diffuse（漫射）与Reflect（反射）。将Diffuse（漫射）通道里的颜色数值设置为R205、G205、B205，Reflect（反射）通道里的颜色数值设置为R15、G15、B15，设置Refl.glossiness（光泽度模糊）值为0.9。具体参数如图2-44所示。

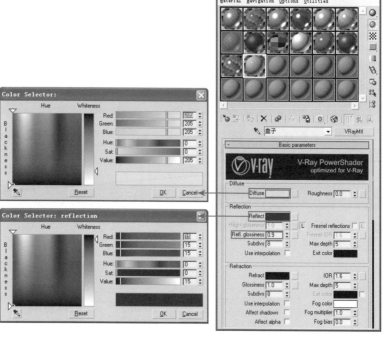

图2-44　设置盘子的漫射与反射

02 参数设置完成，材质球最终效果如图2-45所示。

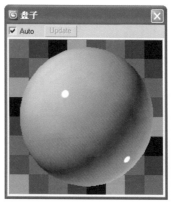

图2-45　盘子材质球

餐具的材质已经设置完毕，查看材质渲染效果，如图2-46所示。

图2-46　场景装饰物材质的渲染效果

2.4　6分钟完成灯光测试及参数面板设定

材质设置完成以后，接下来讲叙如何为场景创建灯光，以及VRay参数面板中各项参数的设置，在渲染成图之前，先将VRay面板中的参数设置得低一点，从而提高测试渲染的速度。

2.4.1　2分钟完成测试渲染参数的设定

01 在 V-Ray:: Color mapping （颜色映射）卷展栏中设置曝光模式为Exponential（指数）类型，其他参数设置如图2-47所示。

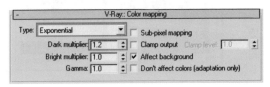

图2-47　设置颜色映射

02 打开 Reflection/refraction environment override （反射/折射环境）选项，设置颜色参数并设置Multiplier大小为2.5，参数设置如图2-48所示。

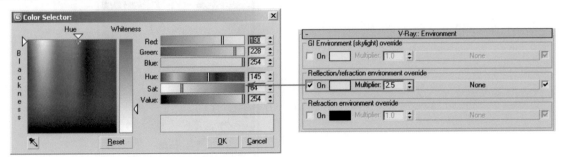

图2-48　设置环境贴图

03 设置测试渲染图像的大小，把
测试图像大小设置为 600+360。
如图 2-49 所示。

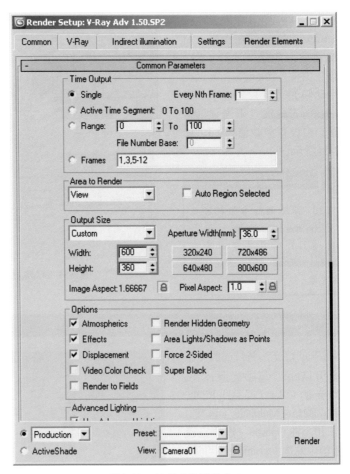

图2-49　设置渲染图像大小

2.4.2　2分钟完成室外VRay天光的创建

01 按快捷键8打开环境和效果面
板。在环境贴图面板中添加
VRaySky（VRay天光）贴图，
如图2-50所示。

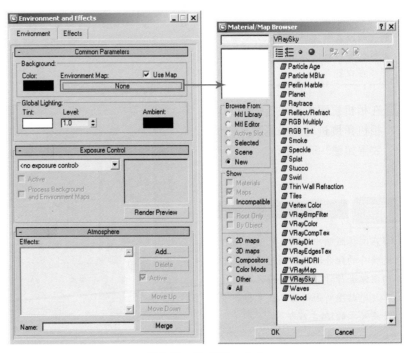

图2-50　创建VRay天光

02 将VRay Sky（VRay天光）按
Instance（实例）方式拖入材
质编辑器。勾选"VRay Sky
参数"中的"manual sun node
（手动阳光节点）"选项，在
sun intensity multiplier（阳光强度倍
增器）中设置参数值为0.3，如
图2-51所示。

提示：

当使用3ds Max的标准相机后，
在设置 sun intensity multiplier（阳光
强度倍增器）时就要适当降低
sun intensity multiplier（阳光强度倍增
器）的参数。

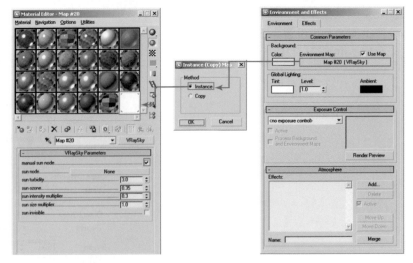

图2-51 以实例方式复制VRay天光到材质编辑器

2.4.3 2分钟完成空间中穹顶光源的创建

01 创建 VRay 灯光。将灯光的类型
设置为 Dome（穹顶光源），设
置灯光的 Color（颜色）R230、
G248、B255，Multiplier（强度）
值为10，在 Optison（选项）设
置面板中勾选 Invisible（不可见）
选项，为了不让灯光参加反射，
勾选掉 Affect reflections（影响
反射）选项，设置 Subdivs（细分）
值为24，参数设置如图2-52所示。

提示：

VRay的穹顶灯光是没有方向性
的，所以在创建的时候不需要考虑
光线的方线性，只需要考虑光线从
哪些窗口射入。

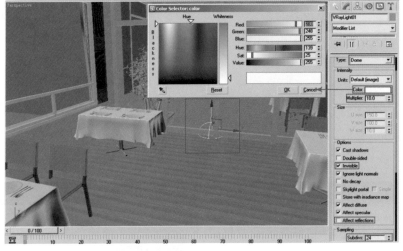

图2-52 设置窗口VRay灯光参数

02 在相机视图中按快捷键F9，对
相机角度进行渲染测试，测试
效果如图2-53所示。

提示：

当在间接照明中使用发光贴图与灯
光缓存的组合时，必须先用小尺寸
的图像进行计算。一般情况下，计
算发光贴图所用的图像尺寸为最终
渲染尺寸的1/4左右即可。

图2-53 最终测试渲染效果

使用渲染测试的图像大小进行发光贴图与灯光缓存的计算。设置完毕后，在相机视图按快捷F9进行发光贴图与灯光缓存的计算，计算完毕后即可进行成图的渲染。成图的渲染设置方法请参见第一章中的讲解。这是本场景的最终渲染效果，如图2-54所示。

图2-54　最终渲染效果

2.5　1分钟完成色彩通道的制作

加速点：

运用 插件可以非常快的渲染出颜色通道供后期使用，能为工作节省非常多的时间，提高制作效率。

01 将文件另存一份，然后删除场景中所有的灯光，运行beforeRender.mse插件，如图2-55所示。

图2-55　选择插件

02 进入VRay的渲染面板，按快捷键F10选择Render，在 `V-Ray:: Global switches` （全局开关）中取消所有选项的勾选，并在Indirect illumination（间接照明）中将GI关闭。如图2-56所示。

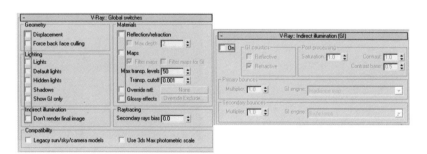

图2-56　颜色通道面板设置

加速点：

去掉所有选项的勾选是为了让通道渲染得更快。色彩通道用途是为了在后期处理中方便选择不同材质的各个部分，所以无须带有反射、贴图以及进行GI计算。

03 勾选插件面板中"转换所有材质"选项，单击 转换为通道渲染场景 按钮，将所有材质已经转化为3ds Max标准材质的自发光材质，如图2-57所示。

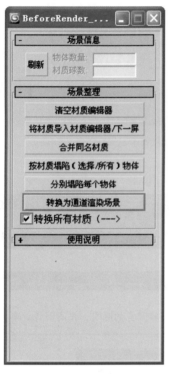

图2-57 转换所有材质

04 勾选插件面板中"转换所有材质"选项，单击 转换为通道渲染场景 按钮后，所有材质已经转化为3ds Max标准材质的自发光材质，如图2-58所示。

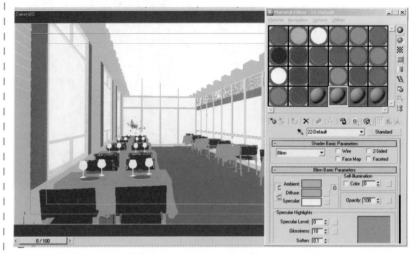

图2-58 色彩通道

加速点：

1. "转换所有材质"的意思是在执行命令时，将场景中所有非标准材质转换为标准材质。也就是说在之前设置的所有VRay材质都将转换为3ds Max的标准材质，方便正确的制作色彩通道。

2. 去掉所有选项的勾选是为了让通道渲染得更快。色彩通道用途是为了在后期处理中方便选择不同材质的各个部分，所以无须带有反射、贴图以及进行GI计算。

05 渲染色彩通道的尺寸一定要与成图的渲染尺寸保持一致，起名为"餐厅td.tga"渲染通道，如图2-59所示。

图2-59 色彩通道图

2.6 15分钟完成Photoshop后期处理

最后，使用Photoshop软件为渲染的图像进行亮度、对比度、色彩饱和度、色阶等参数的调节。

01 在Photoshop里，将渲染出来的最终图像和色彩通道打开，如图2-60所示。

图2-60　色彩通道图

02 使用工具箱中的▶️移动工具，按住Shift键，将"休闲餐厅td.tga"拖入"休闲餐厅.tga"，并调整餐厅图层关系，如图2-61所示。

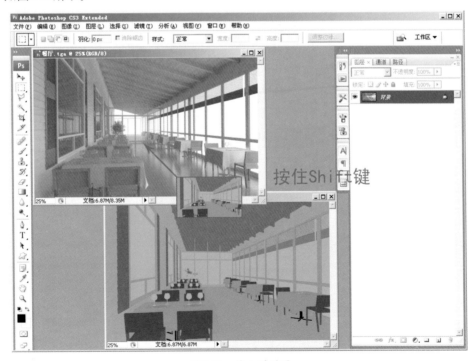

图2-61　拖入通道图

提示：

选择移动工具，按住Shift键，将两个大小一样的图片相互拖放时，可以保证图片完全对齐。

03 单击右侧图层面板下的 按
钮，在弹出的下拉菜单里选择
"曲线"，并调整曲线参数，
然后单击"确定"按钮，如图
2-62所示。

技术点评：

这里在最上层中添加一个色阶的
调节图层，而不直接在图层1上调
节，为了最大限度的保留最终渲染
图像的效果，如果色阶图层调节的
不满意，还可以双击色阶修改层
中的 图标，再次进行色阶的调
节。这样做同样是为了提高工作效
率，降低因工作失误导致的损失。
要让添加的修改图层要对所有的图
层有起作用，那么就需要将修改图
层放置在所有图层之上。

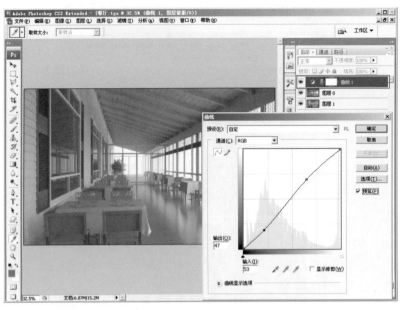

图2-62　曲线命令

04 按以上操作步骤，再添加一个
"色彩平衡"调节图层，并
调节色彩平衡中的高光参数，
设置，使高光偏蓝青色，如图
2-63所示。

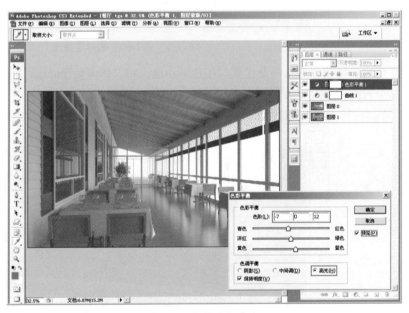

图2-63　色彩平衡命令

05 利用色彩通道调整局部单个物
体的明暗关系，色彩关系。单
击色彩通道图层，按快捷键W
选择 魔棒工具。把容差值调
为10。在蓝色顶面上单击鼠标，
当选区出现时，选择图层0，按
快捷键Ctrl+J，将蓝色顶面复制
一个图层，如图2-64所示。

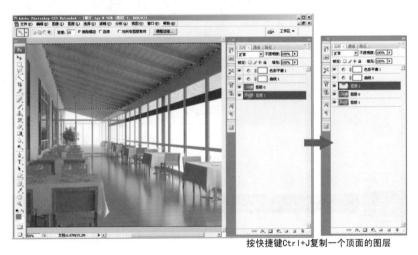

按快捷键Ctrl+J复制一个顶面的图层

图2-64　复制图层

06 按快捷键Ctrl+J复制一个蓝色顶面图层后，再按快捷键Ctrl+L，调整蓝色顶面图层的色阶，蓝色顶面显得明亮一些，如图2-65所示。

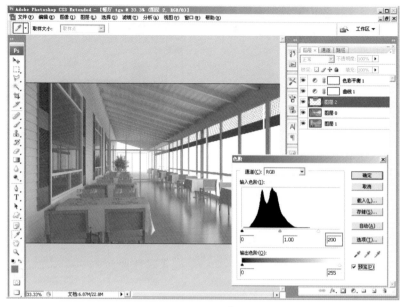

图2-65　色阶命令

07 按照相同的方法依次调整地面、窗户、墙面、桌布等。再对整个空间进行整体的调整，如图2-66所示。

提示：

调节各个物体的方法有很多，一般常用的工具有：色阶、曲线、色彩平衡、亮度/对比度、色相/饱和度。这些调节在实际工作中是没有规律可言的，更多的是一种主观的调节和客户对图面的要求，希望读者能够灵活掌握。

图2-66　调整其他

08 修改完成确认后，最终效果如图2-67所示。

图2-67　修改后的最终效果

09 接下来，我们来添加室外背景环境。打开光盘中的背景图，如图2-68所示。

图2-68　拖入背景图层

10 利用 "移动" 工具 将背景图拖放到会客厅中，并将背景图放置在色彩通道图层之上，如图2-69所示。

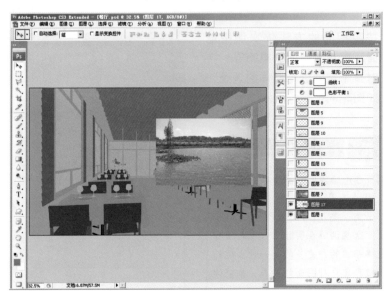

图2-69　图层位置

11 先选择休闲餐厅图层。进入通道面板，按住Ctrl键，再单击通道面板里的Alpha1通道。这时，会出现选区，如图2-70所示。按快捷键Ctrl+Shift+I，将其反选，选中的区域正是玻璃的区域。

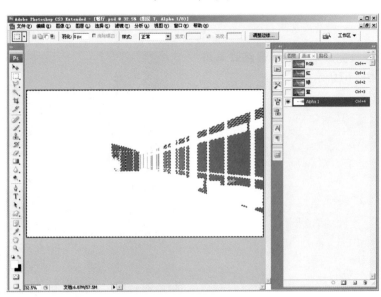

图2-70　选择Alpha1通道图层

12 回到图层面板中，选择渲染会客厅的图层，按Delete键，删除玻璃区域，并按快捷键Ctrl+d取消选区，如图2-71所示。

图2-71 选择玻璃区域

13 再次选择室外背景图层，按Ctrl+t将背影图层扩大到整个玻璃区域，并适当调整背景的大小以及位置，如图2-72所示。

图2-72 调整背景图层

14 按快捷键Ctrl+m，调节曲线，让室外的背景看起来更亮一些，如图2-73所示。

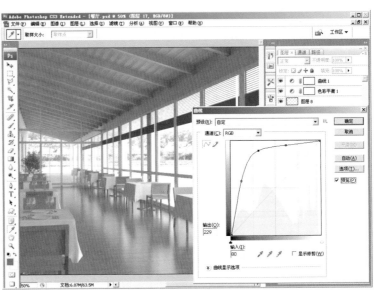

图2-73 曲线命令

15 修改完成后，最终效果如图
2-74所示。

提示：

本场景的视频讲解教程，请参看
光盘\视频教学\餐厅中的内容。

图2-74 最终效果

第3章
中庭夜景效果表现技法

本章学习要点

- 掌握VRay天光夜景的参数设置方法。
- 掌握VRay渲染器面板的参数设置方法。

3.1 中庭制作简介

3.1.1 快速表现制作思路

01 材质阶级：主背景墙的分缝快速制作。在石材质背景墙前直接创建分缝线，创建样条线，然后设置为可渲染线并赋予黑色的材质，快捷方便又不影响效果。

02 布光阶段：本场景中要表现的是射灯光源效果，空间中的射灯光源比较多，可以以由近到远的方式创建筒灯光源，逐一设置灯光的参数。然后同样的灯光属性一定要以实例的方式复制，这样容易把握整体的效果又便于修改。

03 后期阶段：调节图像的原则是先整体后局部，再以局部到整体的步骤进行。主要调节图像的色阶、亮度、对比度、饱和度以及色彩平衡等，修改渲染中留下的瑕疵，最终完成作品。

3.1.2 提速要点分析

本场景共用了53分钟完成材质灯光部分，方要用了以下几种方法与技巧：

01 主背景墙的分缝快速制作。在石材质背景墙前直接创建分缝线，并赋予黑色的材质。使用这样的建模方式渲染效果好，且制作快捷方便。

02 整个场景中全部使用VRay标准材质，比使用3ds Max标准材质的渲染速度快很多，效果也更理想。

03 空间中的射灯光源比较多，不要一下将所有的光源全部创建出来，先根据主光源与辅光源的关系一处一处地测试各类灯光参数，这样容易把握整体的效果。

04 对于局部细节的修改可用局部渲染来弥补，这样不仅节省时间，也不会影响最终效果。

3.2 2分钟完成摄像机创建

01 单击 面板下的 Target 按钮，如图3-1所示。

图3-1 选择摄像机

02 切换到Top（顶）视图中，按住鼠标在顶视图中创建一个摄像机，摄像机的创建能带来非凡的视觉效果，所以在创建摄像机时，一定要多角度地去调

试，才能达到理想效果。首先来看一下本案例摄像机在顶视图中的位置。如图3-2所示。

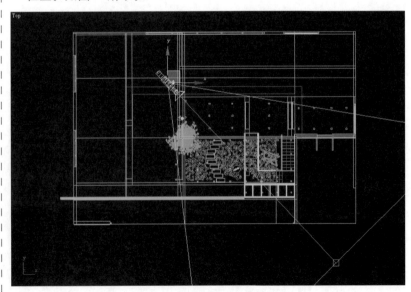

图3-2 摄像机顶视图角度位置

03 切换到Left（左）视图中调整摄像机位置如图3-3所示。

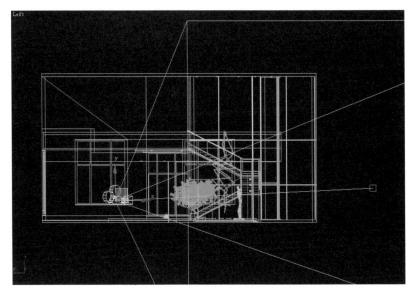

图3-3 左视图摄像机位置

04 在Front（前）视图中调整摄像机，并施加一个相机校正，位置如图3-4所示。

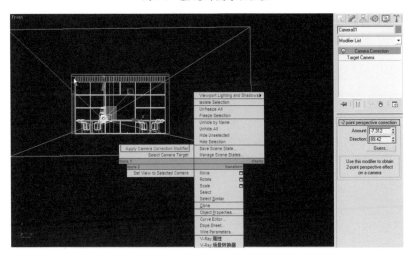

图3-4 设置相机校正

加速点：

相机校正可以在不移动相机高度的情况下，看到相应的场景区域。以下，利用两种操作界面截图展示相机校正的方便之处，对比效果如图3-5所示。

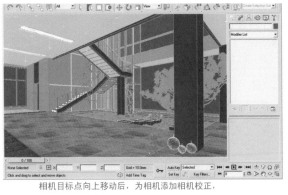

相机目标点向上移动后，视口垂直方向发生透视变化。

相机目标点向上移动后，为相机添加相机校正，视口垂直方向未发生透视变化。

图3-5 相机校正对比

05 切换到相机视图,来观察角度
是否满意,如图3-6所示。

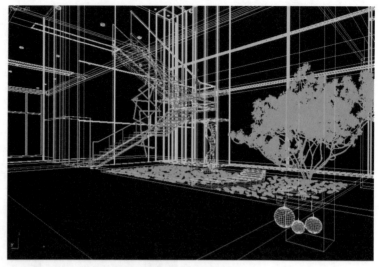

图3-6 相机视图位置

06 在修改器列表中设置摄像机的
参数,设置参数如图3-7所示。

图3-7 摄像机参数

3.3 25分钟完成中庭材质的设置

打开配套光盘中第3章
\max\中庭-模型.max文件,这是一
个已创建完成的中庭场景,如图
3-8所示。

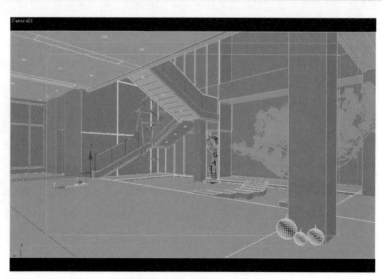

图3-8 建模完成的大厅

以下是场景中的物体赋予材质后的效果，如图3-9所示。

图3-9   赋予材质后的大厅

3.3.1 20分钟完成场景基础材质的设置

中庭中的基础材质有墙面、墙面2、木材、地面、镜子等材质，如图3-10所示，下面将说明它们的具体设置方法。

图3-10   基础材质

1．顶面材质设置及制作思路

在设置材质之前首先要将默认的材质球转换为VRay材质球。

01 按快捷键M打开材质编辑器，选择一个未使用的材质球，单击材质面板中的 Standard 按钮，在弹出的Material/Map Browser（材质/贴图浏览器）对话框中选择类型为 VRayMtl （VRay材质），如图3-11所示。

提示：

一般情况下，使用VRay渲染器时，使用VRayMtl材质以取代3ds Max的标准材质，使用VRayMtl材质不仅可以更加完美的表现模糊反射、拆射等效果，而且能提高渲染速度和渲染质量。

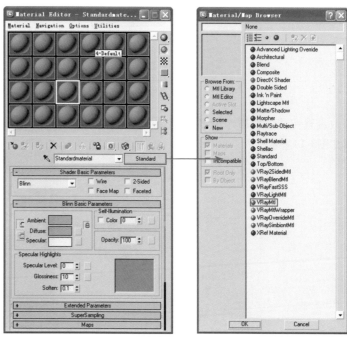

图3-11   转换VRay材质

首先分析一下顶面的物理属性，然后依据物体的物理特征来调节材质的各项参数。

● 比较白还很干净。

● 较大的高光。

01 在材质编辑器中新建一个 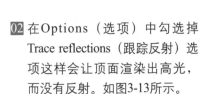（VRay材质），设置顶面的Diffuse（漫射）与Reflect（反射），设置漫射的颜色为R235、G235、B235，作为顶面表面颜色，并设置顶面的反射颜色为R23、G23、B23，顶面具有较强的模糊反射，设定Refl.glossiness（光泽度模糊）值为0.6，具体参数如图3-12所示。

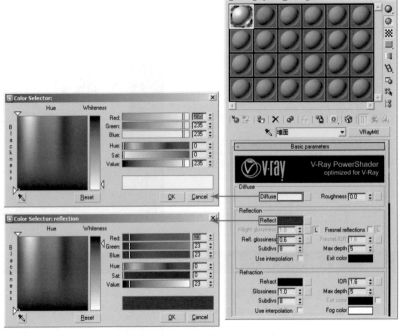

图3-12　设置顶面的漫射与反射

02 在Options（选项）中勾选掉Trace reflections（跟踪反射）选项这样会让顶面渲染出高光，而没有反射。如图3-13所示。

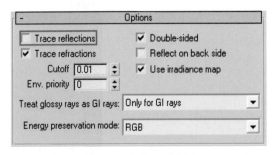

图3-13　去掉跟踪反射

技术点评:

取消跟踪反射选项，让墙面不参与反射计算，但是仍然保留光泽度。一般情况下对于不是表现重点的材质可以取消跟踪反射选项，从而提高渲染速度。

03 参数设置完成，材质球最终效果如图3-14所示。

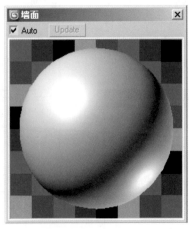

图3-14　顶面材质球

2．地面1材质的设置及制作思路

首先分析一下地面1的特性。然后依据物体的物理特征来调节材质的各项参数。

● 表面相对粗糙。
● 反射比较大。
● 光泽度模糊较小。

01 在材质编辑器中新建一个 VRayMtl（VRay材质），设置地面1的漫射贴图与反射，首先在Diffuse（漫射）通道里添加一张地面贴图，分别将Reflect（反射）颜色数值设置为R80、G80、B80。并设置Refl. glossiness（光泽度模糊）值为0.88，具体参数如图3-15所示。

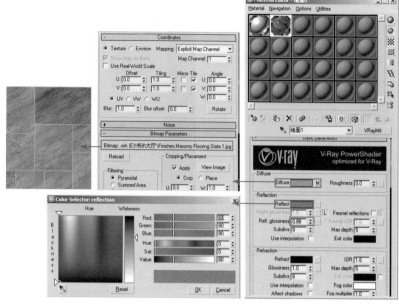

图3-15　设置地面1的漫射与反射

02 因为地面会有一些凹凸不平的地方，展开Maps（贴图）卷展栏，在Bump（凹凸）通道中加载一张作为纹理的贴图，设置Bump的值设置为10，让它有凹凸效果，具体参数如图3-16所示。

提示：

添加石材纹理凹凸贴图，渲染时可以增加石材的纹理感。一般在凹凸中添加的贴图为黑白贴图，这样能更好的表现纹理感。

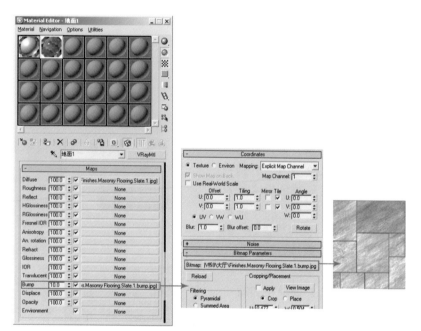

图3-16　设置凹凸贴图

03 参数设置完成，材质球最终效果如图3-17所示。

图3-17　地面1材质球

04 设置地面的UVW Mapping，选中地面物体在修改器中添加UVW Mapping（贴图坐标）修改器。在Parameters（参数）面板中更改为Box的贴图方式，设置Length 2000mm，Width 2000mm，Height 2000mm，如图3-18所示。

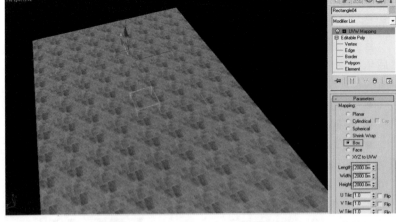

图3-18　设置地面1的UVW Mapping

3．石材材质的设置及制作思路

首先来分析一下石材的特性。然后依据物体的物理特征来调节材质的各项参数。

● 表面相对粗糙。

● 反射比较大。

● 模糊度较小。

01 在材质编辑器中新建一个 VRayMtl（VRay材质），设置石材的漫射贴图与反射，首先在Diffuse（漫射）通道里添加一张作为石材的贴图，分别将Reflect（反射）颜色数值设置为R119、G119、B119。并设置Refl.glossiness（光泽度模糊）值为0.92，具体参数如图3-19所示。

02 展开Maps（贴图）卷展栏，在Bump（凹凸）通道中加载一张贴图，设置Bump的值设置为15，参数如图3-20所示。

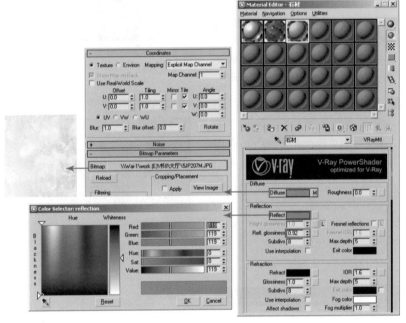

图3-19　设置石材的漫射与反射

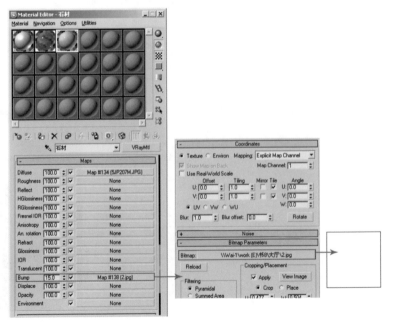

图3-20　设置凹凸贴图

03 参数设置完成，材质球最终效
果如图3-21所示。

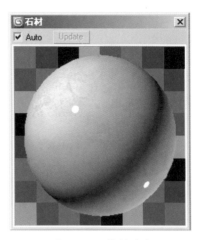

图3-21 石材材质球

04 设置墙面的UVW Mapping，
选中墙面物体在修改器中添加
UVW Mapping（贴图坐标）
修改器。在Parameters（参
数）面板中更改为Box的贴图
方式，设置Length 2000mm，
Width 2000mm，Height
2000mm，如图3-22所示。

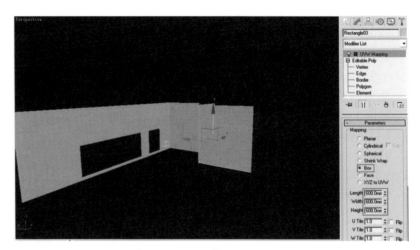

图3-22 设置石材UVW Mapping

4．墙面材质的设置及制
作思路

首先来分析一下墙面的特
性。然后依据物体的物理特征来
调节材质的各项参数。

● 表面较光滑。
● 模糊度较小。

01 在材质编辑器中新建一个
VRayMtl（VRay材质），设置
墙面的漫射与反射，首先在
Diffuse（漫射）中设置颜色数
值为R255、G217、B116，将
Reflect（反射）颜色数值设置为
R81、G81、B81。并设置Refl.
glossiness（光泽度模糊）值为
0.95，设置Subdivs（细分）值为
24，具体参数如图3-23所示。

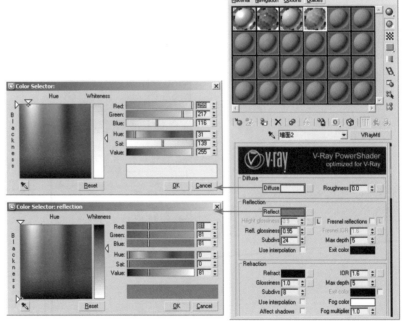

图3-23 设置墙面的漫射与反射

02 参数设置完成，材质球最终效果如图3-24所示。

5．地面材质的设置及制作思路

首先分析一下地面的物理属性，然后依据物体的物理特征来调节材质的各项参数。

● 表面较光滑。

● 反射比较小。

● 模糊度较小。

01 在材质编辑器中新建一个 VRayMtl（VRay材质），设置地面的漫射贴图与反射，首先在Diffuse（漫射）通道里添加一张石材图片作为地面贴图，地面的反射比较小，分别将Reflect（反射）颜色数值设置为R47、G47、B47。并设置Refl. glossiness（光泽度模糊）值为0.86，设置Subdivs（细分）值为16，具体参数如图3-25所示。

图3-24　墙面材质球

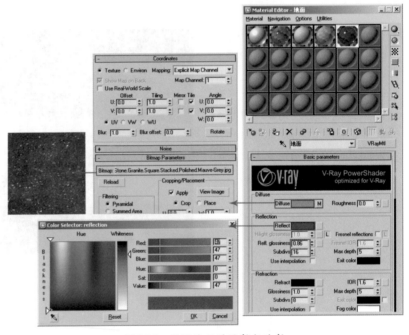

图3-25　设置地面的漫射与反射

02 展开Maps（贴图）卷展栏，在Bump（凹凸）通道中加载一张贴图，设置Bump的值设置为15，参数如图3-26所示。

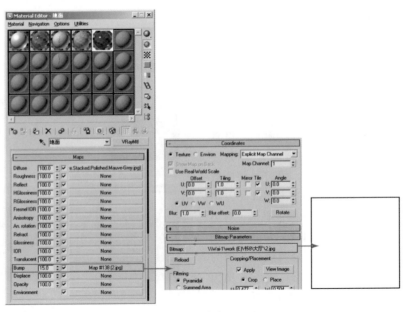

图3-26　设置地面凹凸

03 参数设置完成，材质球最终
效果如图3-27所示。

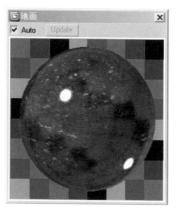

图3-27　地面材质球

04 设置地面的 UVW Mapping，
选中地面物体在修改器中添
加 UVW Mapping（贴图坐
标）修改器。在 Parameters
（参数）面板中更改为 Box
的贴图方式，设置 Length
800mm，Width 800mm，
Height 800mm，如图 3-28
所示。

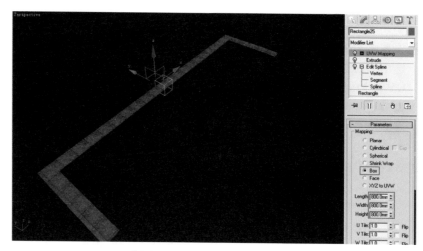

图3-28　设置地面的UVW Mapping

6．木材材质的设置及制作思路

首先分析一下木材的物理
属性，然后依据物体的物理特
征来调节材质的各项参数。

● 表面较光滑。

● 反射比较小。

● 模糊度较小。

01 在材质编辑器中新建一个
VRayMtl（VRay材质），设
置木材的漫射贴图与反射，
首先在Diffuse（漫射）通
道里添加一张木材图片作
为地面贴图，木材的反射
比较小，分别将Reflect（反
射）颜色数值设置为R87、
G87、B87。并设置Refl.
glossiness（光泽度模糊）
值为0.88，设置Subdivs（细
分）值为16，具体参数如图
3-29所示。

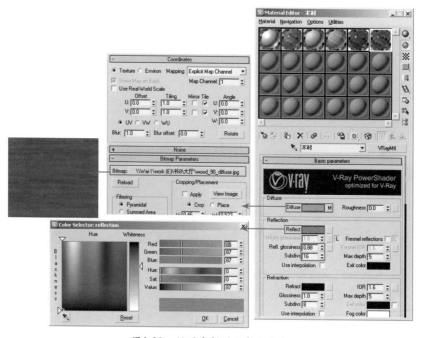

图3-29　设置木材的漫射与反射

02 参数设置完成，材质球最终效果如图3-30所示。

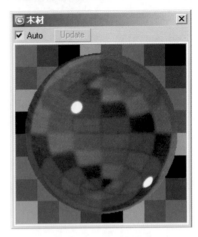

图3-30　木材材质球

03 设置木材的UVW Mapping，选中地面物体在修改器中添加UVW Mapping（贴图坐标）修改器。在Parameters（参数）面板中更改为Box的贴图方式，设置Length 500mm，Width 500mm，Height 500mm，如图3-31所示。

图3-31　设置木材的UVW Mapping

7．铝板材质的设置及制作思路

首先分析一下铝板的物理属性，然后依据物体的物理特征来调节材质的各项参数。

● 表面很光滑。

● 表面的反射很大。

● 较小的高光。

01 在材质编辑器中新建一个 VRayMtl（VRay）材质，设置铝板的漫射与反射，在Diffuse（漫射）里将漫射颜色分别设置铝板的表面颜色为R22、G30、B43，由于铝板的反射很大，分别将Reflect（反射）颜色数值设置铝板的反射为R163、G163、B163，并设置Refl.glossiness（光泽度模糊）值为0.87，设置Subdivs（细分）值为32，具体参数如图3-32所示。

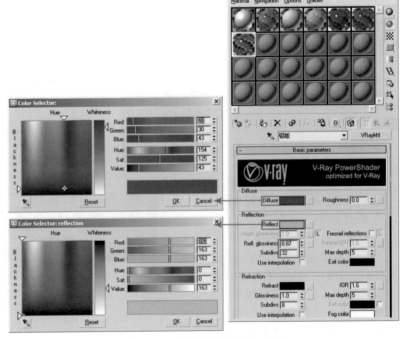

图3-32　设置铝板的漫射与反射

02 参数设置完成，材质球最
终效果如图3-33所示。

图3-33　铝板材质球

8. 台面材质的设置及制作思路

首先分析一下台面的物理属性，然后依据物体的物理特征来调节材质的各项参数。

● 表面较光滑。

● 反射比较小。

● 模糊度较小。

01 在材质编辑器中新建一个 VRayMtl （VRay材质），设置台面的漫射贴图与反射，首先在Diffuse（漫射）通道里添加一张石材图片作为台面贴图，台面的反射比较小，分别将Reflect（反射）颜色数值设置为R79、G79、B79。并设置Refl.glossiness（光泽度模糊）值为0.88，具体参数如图3-34所示。

02 参数设置完成，材质球显示效果如图3-35所示。

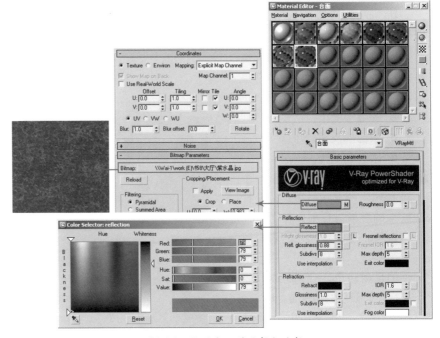

图3-34　设置台面的漫射与反射

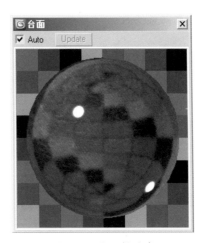

图3-35　台面材质球

03 设置台面的UVW Mapping，选中地面物体在修改器中添加UVW Mapping（贴图坐标）修改器。在Parameters（参数）面板中更改为Box的贴图方式，设置Length 800mm，Width 800mm，Height 800mm，如图3-36所示。

图3-36　设置台面的UVW Mapping

9．扶手材质的设置及制作思路

首先分析一下扶手的物理属性，然后依据物体的物理特征来调节材质的各项参数。

- 表面很光滑。
- 表面的反射较小。
- 较大的高光。

01 在材质编辑器中新建一个 VRayMtl （VRay材质），设置扶手的漫射与反射，在Diffuse（漫射）里设置扶手的表面颜色为R40、G40、B40，由于扶手的反射较小，分别将Reflect（反射）颜色数值设置为R72、G72、B72，并设置Refl.glossiness（光泽度模糊）值为0.68，设置Subdivs（细分）值为24，具体参数如图3-37所示。

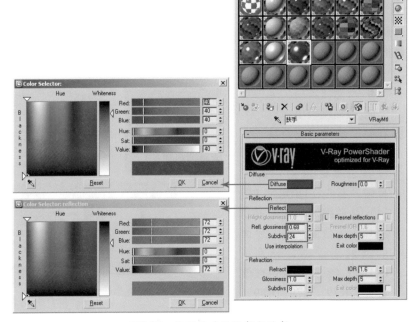

图3-37　设置扶手的漫射与反射

02 参数设置完成，材质球最终效果如图3-38所示。

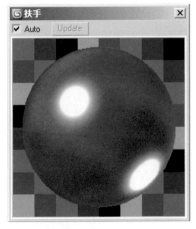

图3-38　扶手材质球

10．石头材质的设置及制作思路

首先分析一下石头的物理属性，然后依据物体的物理特征来调节材质的各项参数。

● 表面较光滑。

● 反射比较小。

● 模糊反射较小。

01 在材质编辑器中新建一个 VRayMtl（VRay材质），设置石头的漫射贴图与反射，首先在Diffuse（漫射）通道里添加一张石头贴图，石头的反射比较小，分别将Reflect（反射）颜色数值设置为R42、G42、B42。并设置Refl.glossiness（光泽度模糊）值为0.82，具体参数如图3-39所示。

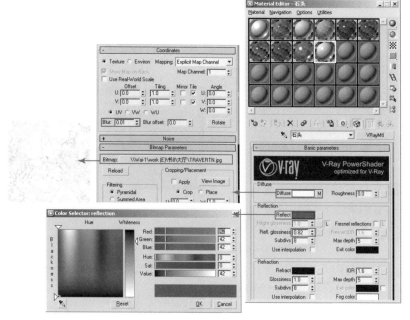

图3-39　设置石头的漫射与反射

02 参数设置完成，材质球最终效果如图3-40所示。

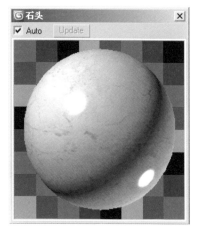

图3-40　石头材质球

03 设置石头的UVW Mapping，选中地面物体在修改器中添加UVW Mapping（贴图坐标）修改器。在Parameters（参数）面板中更改为Box的贴图方式，设置Length 80mm，Width 80mm，Height 80mm，如图3-41所示。

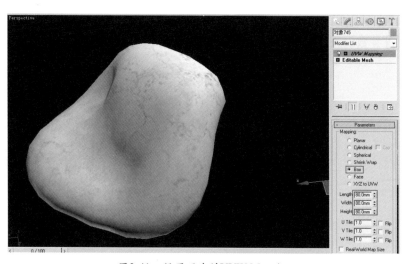

图3-41　设置石头的UVW Mapping

11. 玻璃窗材质的设置及制作思路

首先分析一下玻璃窗的物理属性，然后依据物体的物理特征来调节材质的各项参数。

- 表面很光滑。
- 自身带有反射。
- 高光很强。

01 在材质编辑器中新建一个 ⬤VRayMtl （VRay材质），设置玻璃窗材质Diffuse（漫射）、Reflect（反射）与Refract（折射），在Diffuse（漫射）颜色中设置参数为R255、G255、B255，Refract（折射）R72、G72、B72，在Refraction(折射)中勾选Affec shadows（影响阴影）与Affec alpha（影响Alpha）选项，并设置玻璃窗的折射率为1.55，其他参数如图3-42所示。

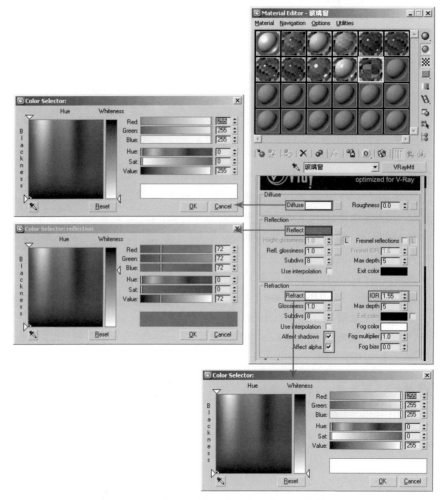

图3-42　设置玻璃窗的漫射、反射与折射

提示：

勾选折射中的Affect shadows（影响阴影）选项，可以使光线穿过半透明物体，并影响阴影的颜色。勾选折射中的Affect alpha（影响Alpha通道）选项后，在最终渲染的图像中会影响透明物体的Alpha通道。

02 参数设置完成，材质球最终效果如图3-43所示。

图3-43　玻璃窗材质球

12．楼梯玻璃材质的设置及制作思路

首先分析一下楼梯的物理属性，然后依据物体的物理特征来调节材质的各项参数。

● 表面很光滑。
● 自身带有反射。
● 高光很强。
● 有菲涅尔反射。

01 在材质编辑器中新建一个 VRayMtl （VRay材质），设置玻璃材质Diffuse（漫射）、Reflect（反射）与Refract（折射），在Diffuse（漫射）颜色中设置参数为R179、G198、B138，Refract（折射）R245、G245、B245，在Refraction(折射)中勾选Affec shadows（影响阴影）与Affec alpha（影响Alpha）选项，并设置玻璃的折射率为1.55，并勾选 Fresnel reflections （菲涅尔反射）选项，其他参数如图3-44所示。

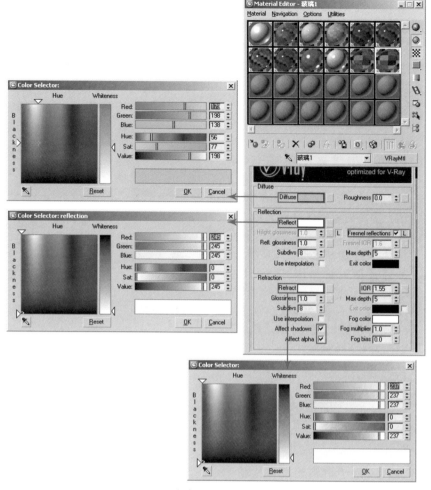

图3-44　设置楼梯玻璃的漫射、反射与折射

技术点评：

在勾选"菲涅尔反射"后，反射物体的反射效果随着物体曲面变化而发生变化。当反射物体表现与视点的夹角越来越小时，反射效果越明显。当反射物体表现与视点的夹角呈90°时，反射效果最弱。勾选"菲涅尔反射"后，可用来模拟玻璃、瓷器和油漆材质。

02 参数设置完成，材质球最终效果如图3-45所示。

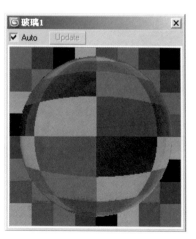

图3-45　楼梯玻璃材质球

13．不锈钢材质的设置及制作思路

首先分析一下不锈钢的物理属性，然后依据物体的物理特征来调节材质的各项参数。

● 表面很光滑。

● 表面的反射很大。

● 较小的高光。

01 在材质编辑器中新建一个 VRayMtl （VRay材质），设置不锈钢漫射与反射，在Diffuse（漫射）里将漫射颜色设置为R42、G49、B56，由于不锈钢的反射很大，分别将Reflect（反射）颜色数值设置为R181、G181、B181，并设置Refl.glossiness（光泽度模糊）值为0.82，设置Subdivs（细分）值为24，具体参数如图3-46所示。

02 参数设置完成，材质球最终效果如图3-47所示。

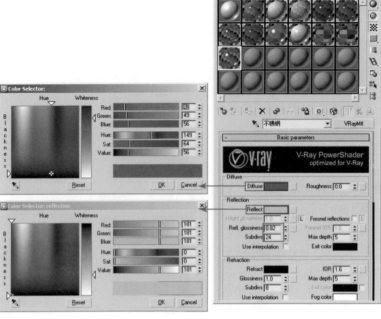

图3-46　设置不锈钢的漫射与反射

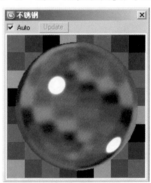

图3-47　不锈钢材质球

14．镜子材质的设置及制作思路

首先分析一下镜子的物理属性，然后依据物体的物理特征来调节材质的各项参数。

● 表面很光滑。

● 表面的反射很大。

01 在材质编辑器中新建一个 VRayMtl （VRay材质），设置镜子的漫射与反射，在Diffuse（漫射）里将漫射颜色设置为R191、G191、B191，由于镜子的反射很大，分别将Reflect（反射）颜色数值设置为R255、G255、B255，具体参数如图3-48所示。

提示：

光泽度是控制物体光泽度模糊的关键参数。光泽度最大为1，此时为镜面反射。参数小于1时，就会产生模糊反射，值越小，模糊反射感越强。

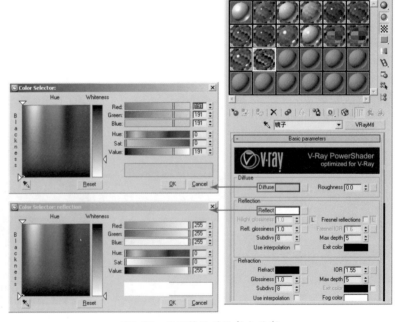

图3-48　设置镜子的漫射与反射

02 参数设置完成，材质球最终效果如图3-49所示。

图3-49 镜子材质球

15. 白色灯片材质的设置及制作思路

首先分析一下白色灯片的物理属性，然后依据物体的物理特征来调节材质的各项参数。

- 颜色为白色。
- 自身发出白色的光。

01 在材质编辑器中新建一个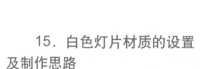（VRay灯光材质），单击 Color:（颜色）设置为R255、G255、B255，设置颜色倍数为8，参数如图3-50所示。

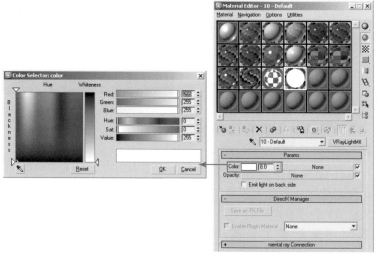

图3-50 设置自发光灯片材质球

02 参数设置完成，材质球最终效果如图3-51所示。

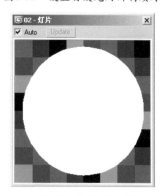

图3-51 灯片材质球

到这里，场景的基础材质已经设置完毕，查看基础材质渲染效果，如图3-52所示。

图3-52 基础材质的渲染效果

3.3.2 5分钟完成装饰物材质的设置

赋予材质后的植物效果如图3-53所示。

图3-53 植物材质

1．花的材质设置及制作思路

首先分析一下花的物理属性，然后依据物体的物理特征来调节材质的各项参数。

01 在材质编辑器中新建一个 VRayMtl （VRay材质），设置花的漫射，在Diffuse（漫射）通道中添加一个渐变坡度，设置w角度为－90°，双击图中标记按纽，分别设置红色和白色，如图3-54所示。

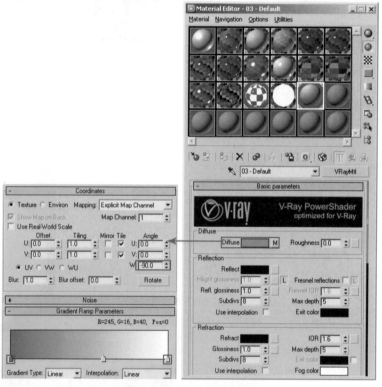

图3-54 设置花的漫射与反射

02 参数设置完成，材质球最终效果如图3-55所示。

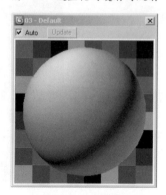

图3-55 花材质球

2．树干材质的设置及制作思路

首先分析一下树干的物理属性，然后依据物体的物理特征来调节材质的各项参数。

- 表面粗糙。
- 反射比较小。
- 模糊反射较小。

01 在材质编辑器中新建一个 VRayMtl（VRay材质），设置树干的漫射贴图与反射。首先在Diffuse（漫射）通道里添加一张树干贴图，树干的反射比较小，分别将Reflect（反射）颜色数值设置为R22、G22、B22。并设置Refl.glossiness（光泽度模糊）值为0.75，具体参数如图3-56所示。

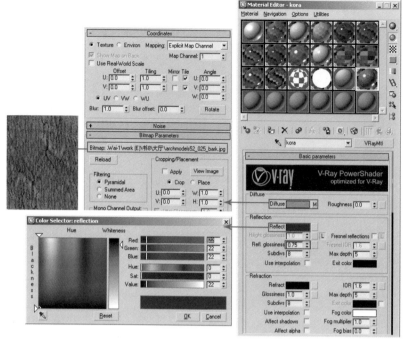

图3-56　设置树干的漫射与反射

02 树干有一些凹凸不平的地方，需要添加凹凸纹理。展开Maps（贴图）卷展栏，在 Bump（凹凸）通道中加载一张作为纹理的贴图，设置Bump的值设置为30，使其呈现凹凸效果，参数如图3-57所示。

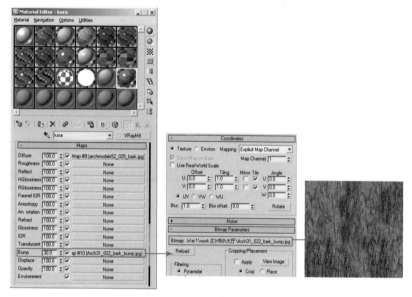

图3-57　设置树干凹凸材质

03 参数设置完成，材质球显示效果如图3-58所示。

图3-58　树干材质球

植物的材质已经设置完毕，查看植物材质渲染效果，如图3-59所示。

图3-59　植物材质的渲染效果

3．陶罐材质的设置及制作思路

赋予材质后陶罐的材质效果如图3-60所示。

图3-60　陶瓷罐材质

首先分析一下陶罐的物理属性，然后依据物体的物理特征来调节材质的各项参数。

- 表面很光滑。
- 表面的反射较小。
- 模糊反射相对较大。

01 在材质编辑器中新建一个 VRayMtl（VRay材质），设置陶罐的漫射与反射，在Diffuse（漫射）里设置颜色为R27、G27、B27，在Reflect（反射）里设置颜色为R52、G52、B52，并设置Refl.glossiness（光泽度模糊）值为0.8，Subdivs（细分）值设置16，如图3-61所示。

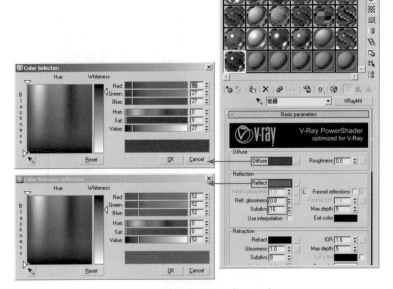

图3-61　设置陶罐的漫射与反射

02 参数设置完成，材质球最终效果如图3-62所示。

图3-62　陶罐材质球

陶罐的材质已经设置完毕，查看陶罐材质渲染效果，如图3-63所示。

图3-63 陶罐材质的渲染效果

4．装饰物材质的设置及制作思路

赋予材质后装饰物的材质效果如图3-64所示。

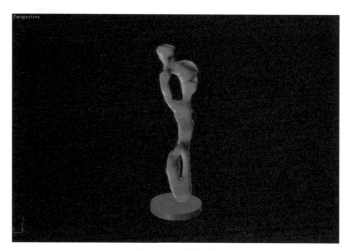

图3-64 装饰物材质

首先分析一下装饰物的物理属性，然后依据物体的物理特征来调节材质的各项参数。

● 表面很光滑。

● 表面的反射很大。

● 较小的高光。

01 在材质编辑器中新建一个 VRayMtl（VRay材质），设置装饰物的漫射与反射，在Diffuse（漫射）里将漫射颜色设置为R255、G70、B20，分别将金属的Reflect（反射）颜色数值设置为R91、G91、B91，并设置Refl.glossiness（光泽度模糊）值为0.78，设置Subdivs（细分）值为16，具体参数如图3-65所示。

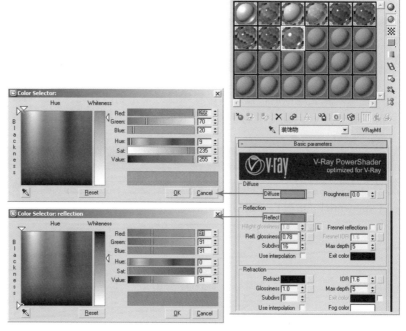

图3-65 设置装饰物材质

02 参数设置完成，材质球显示效
果如图3-66所示。

图3-66 装饰物材质球

装饰物的材质已V经设置完
毕，查看材质渲染效果，如图
3-67所示。

图3-67 装饰物材质的渲染效果

3.4 10分钟完成灯光的创建与测试

材质设置完成以后，接下来讲叙如何为场景创建灯光，以及VRay参数面板中的各项设置，在渲染成图之前，要先将VRay面板中的参数设置低一点，从而提高测试渲染的速度。

3.4.1 2分钟完成测试渲染参数的设定

01 在 （颜色映射）卷展栏中设置图像采样类型为
Exponential（指数），如图3-68所示。

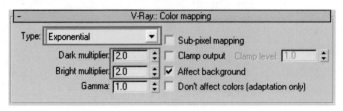

图3-68 设置颜色映射

02 设置测试渲染图像的大小，调
整图像大小设置为600×336。
如图3-69所示。

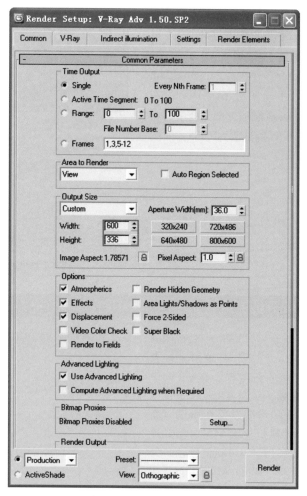

图3-69 设置渲染图像大小

3.4.2 4分钟完成室外VRay天光的创建

01 按快捷键8，打开环境和效果
面板。在环境贴图面板中添加
VRaySky （VRay天光）贴图，
如图3-70所示。

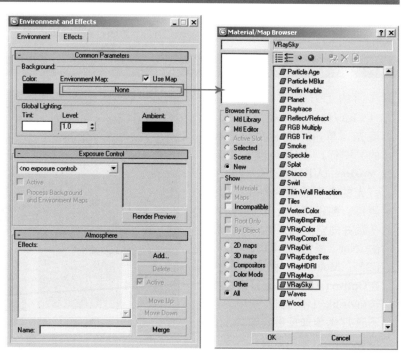

图3-70 创建VRay阳光

02 将VRay Sky（VRay天光）按Instance（实例）方式拖入材质编辑器。勾选"VRay Sky Parameters"中的"manual sun node（手动阳光节点）"，在 sun intensity multiplier（阳光强度倍增器）中设置参数值为0.005，如图3-71所示。

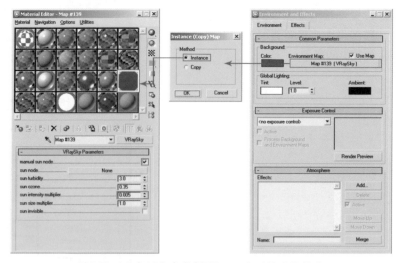

图3-71 以实例方式复制VRay天光到材质编辑器

3.4.3 2分钟完成创建白色灯片下的VRay灯光

在白色发光灯片下方创建VRay Light（VRay灯光），单击创建命令面板中的图标，在VRay类型中单击 VRayLight（VRay灯光）按钮，将灯光的类型设置为Plane（面光源），创建灯光大小与白色灯片一致，设置灯光的Color（颜色）为R255、G193、B96，Multiplier（强度）值为10，在Optison（选项）设置面板中勾选Invisible（不可见）选项，为了不让灯光参加反射勾选掉Affect reflections（影响反射）选项，参数设置如图3-72所示

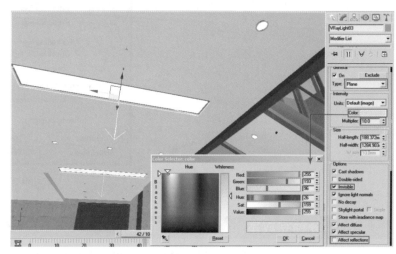

图3-72 设置白色灯片的VRay灯光参数

3.4.4 2分钟完成创建VRay补光源

01 在门的上方创建VRay Light（VRay灯光）来模拟室内的环境光，单击创建命令面板中的图标，在VRay类型中单击 VRayLight（VRay灯光）按钮，将灯光的类型设置为Plane（面光源），创建灯光大小与空间大小一致并向空间内照射，设置灯光的Color（颜色）为R181、G207、B255，Multiplier（强度）值为6，在Optison（选项）设置面板中勾选Invisible（不可见）选项，为了不让灯光参加反射勾选掉Affect reflections（影响反射）选项，参数设置如图3-73所示。

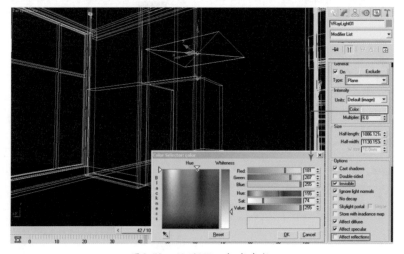

图3-73 设置VRay灯光参数

02 在相机视图中按快捷键F9，对相机角度进行渲染测试，测试效果如图3-74所示。

图3-74　测试渲染效果

3.4.5 4分钟完成创建VRay光域网

01 单击 创建命令面板中的 图标，在VRay类型中单击 VRayIES （光域网）按钮，在左视图中射灯模型位置创建灯光，在V-Ray Adv1.50.SP2渲染器中自带VRay光域网。设置灯光的Color（颜色）为R190、G239、B255，Power设置为5000，如图3-75所示。

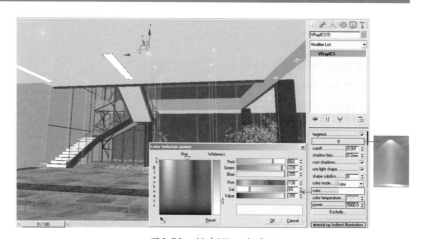

图3-75　创建VRay光域网

提示：

光域网是灯光的一种物理性质，用来确定光在空气中发散的方式。不同的灯光，在空气中的发散方式是不一样的。在效果图表现中，为了得到美丽的光晕就需要用到光域网文件。一般光域网文件是以.ies为文件后缀，所以又称之为Ies文件。

02 单击 创建命令面板中的 图标，在VRay类型中单击 VRayIES （光域网）按钮，在左视图中射灯模型位置创建灯光，在V-Ray Adv1.50.SP2渲染器中自带VRay光域网。设置灯光的Color（颜色）为R255、G159、B57，参数设置为1200，如图3-76所示。

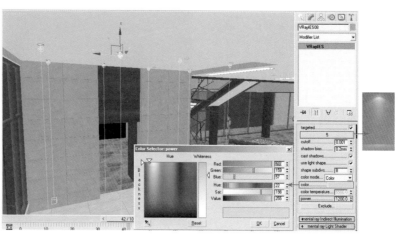

图3-76　创建VRay光域网

03 单击 创建命令面板中的 图标，在VRay类型中单击 **VRaylES** （光域网）按钮，在左视图中射灯模型位置创建灯光，创建灯光时使用V-Ray Adv1.50.SP2渲染器中自带VRay光域网。设置灯光的Color（颜色）为R255、G237、B205，参数设置为4000，如图3-77所示。

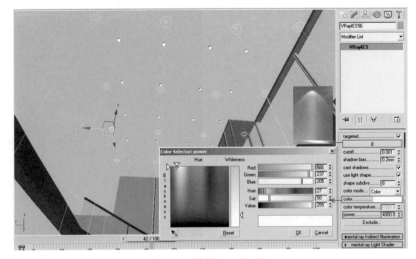

图3-77 创建VRay光域网

04 继续设置楼梯顶部的射灯。设置灯光的Color（颜色）为R255、G192、B82，设置参数为7000，如图3-78所示。

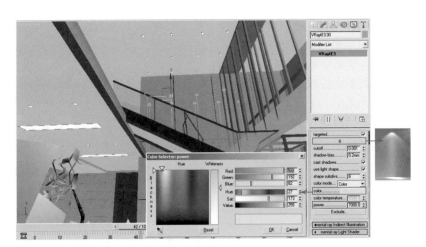

图3-78 创建VRay光域网

05 在相机视图中按快捷键F9，对相机角度进行渲染测试，测试效果如图3-79所示。

图3-79 最终测试渲染效果

06 使用渲染测试的图像大小进行
发光贴图与灯光缓存的计算。
设置完毕后，在相机视图按快
捷F9进行发光贴图与灯光缓存
的计算，计算完毕后进行成图
的渲染。成图的渲染设置方法
请参见第一章中的讲解。如图
3-80所示为本场景的最终渲染
效果。

图3-80　最终渲染效果

3.5　1分钟完成色彩通道的制作

将文件另存一份，然后删除
场景中所有的灯光，单击菜单栏
MAXScript ，单击 Run Script... ，
运行beforeRender.mse插件，制作
与成图的渲染尺寸一致的色彩通
道，如图3-81所示。

图3-81　色彩通道图

> 提示：
>
> 彩色通道的详细制作方法，请参考本书第2章日光大厅中的相关章节。

3.6　15分钟完成Photoshop后期处理

最后，使用Photoshop软件为渲染的图像进行亮度、对比度、色彩饱和度、色阶等参数的调节，以下是
场景后期步骤。

01 在Photoshop里,将渲染出来的最终图像和色彩通道打开,如图3-82所示。

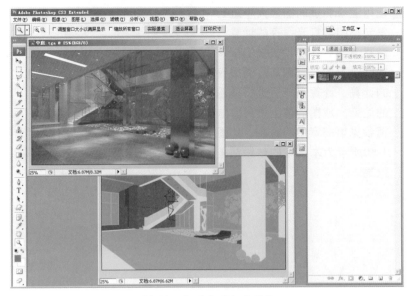

图3-82　打开成图与通道图

02 使用工具箱中的移动工具,按住Shift键,将"中庭td.tga"拖入"中庭.tga", 并调整餐厅图层关系,如图3-83所示。

图3-83　拖入通道图

03 单击右侧图层面板下的按钮,在弹出的下拉菜单里选择"色阶"选项,并调整色阶参数,提高画面对比度。然后单击"确定"按钮,如图3-84所示。

图3-84　色阶命令

04 按以上操作步骤，再添加一个"色彩平衡"调节图层，并调节色彩平衡中的高光参数和阴影让高光偏蓝青色，阴影暗部偏暖黄色，如图3-85所示。

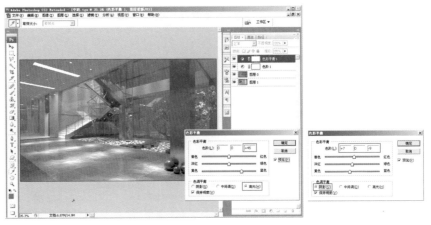

图3-85 色彩平衡命令

05 利用色彩通道调整局部单个物体的明暗关系，色彩关系。单击色彩通道图层，按快捷键W选择魔棒工具。把容差值调为10，勾选掉"连续"选项。在白色顶面上单击鼠标，当选区出现时，选择图层0，再按快捷键Ctrl+J，将白色顶面复制一个图层，如图3-86所示。

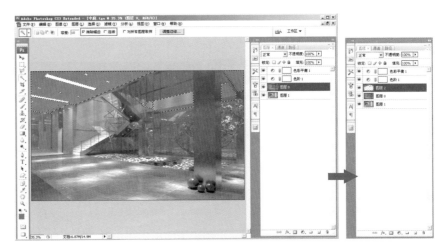

图3-86 复制顶面图层

06 按快捷键Ctrl+J复制一个蓝色顶面图层后，再按快捷键Ctrl+L，调整白色顶面图层的色阶，让白色顶面显得明亮洁净一些，如图3-87所示。

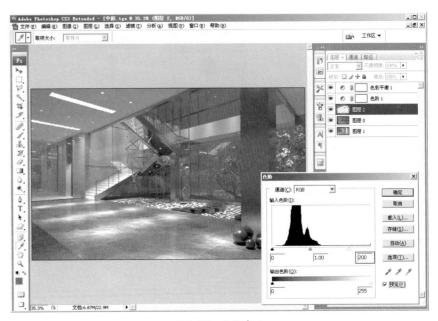

图3-87 色阶命令

07 按照相同的方法依次调整地面、窗户、玻璃墙、植物等。再对整个空间进行整体的调整，如图3-88所示。

图3-88　调整其他

提示:

在调节各个物体时，一定要根据空间色彩关系调节各个物体的明暗关系。在本空间中，将顶面、墙面都调节的比较干净亮丽，但地面调节的比较暗。这样做为了增加空间的层次感。

08 修改完成确认后，可以按照以往的方式细微调节每个图层，中庭最终效果图3-89所示。

图3-89　最终效果

提示:

本场景的视频讲解教程，请参看光盘\视频教学\中庭夜景中的内容。

第4章
健身房表现技法

本章学习要点

■ 掌握使用VRay天光来模拟阳光效果的设置
　 方法。

■ 利用VRayLight制作发光灯槽的制作方法。

■ 掌握VRay材质的设置方法。

4.1 健身房制作简介

4.1.1 快速表现制作思路

01 材质设置阶段：整个场景中全部使用VRay材质，使用VRay材质会比3ds Max标准材质的渲染速度快很多，效果也更理想。

02 渲染阶段：首先是灯光的定义，只需要按照实际灯光、灯槽的位置和类型进行布置。并调整灯光的参数以及对空间进行测试渲染，测试渲染的过程中修改不满意的材质及灯光的参数，最后渲染输出，包括颜色通道的渲染。

03 后期阶段：调节图像的原则是先整体后局部，再以局部到整体的步骤进行。主要调节图像的色阶、亮度、对比度、饱和度以及色彩平衡等，修改渲染中留下的瑕疵，最终完成作品。

4.1.2 提速要点分析

本场景共用了53分钟完成的，方要用了以下几种方法与技巧：

01 材质阶段，最好在创建模型的时候就赋予相应的材质，并且调整好UVW Map贴图坐标。这样做的目的是为了提高赋材质的效率，同时避免出现未赋材质的模型在空间中出现。一开始赋材质的时候，可以大体的设置一下相应的VRay材质参数，最后在测试时如有某个材质不满意，再做相应的调整。

02 空间中的主要光源来源于顶面发光灯光处，在发光灯片的位置创建灯光，不要一下将所有的光源全部创建出来，先创建一处测试一下灯光参数的大小以及颜色，然后同样的灯光属性以实例的方式复制，实例的方式复制可以很方便的修改灯光的参数大小，这样也容易把握整体的效果。

03 对于局部细节的修改可用局部渲染来弥补，这样不仅节省时间，也不会影响最终效果。

4.2 2分钟完成摄像机的创建

当模型都创建好以后，要为空间创建摄像机。在本场景中使用的是标准摄像机。下面将具体介绍本场景中的摄像机创建方法。

像机，摄像机的创建能带来非凡的视觉效果，在创建摄像机时，一定要多角度地去调试，才能达到理想效果。首先来看一下本案例摄像机在顶视图中的位置。如图4-2所示。

01 单击面板下的 Target 按钮，如图4-1所示。

图4-1 选择摄像机

02 切换到Top（顶）视图中，按住鼠标在顶视图中创建一个摄

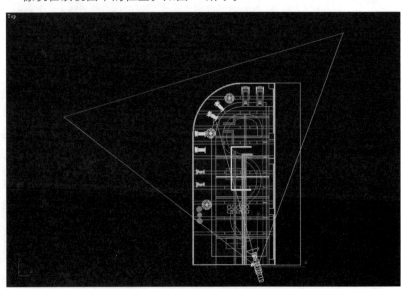

图4-2 摄像机顶视图角度位置

03 切换到Left（左）视图中调整
摄像机位置如图4-3所示。

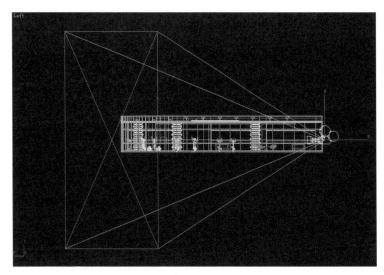

图4-3　前视图摄像机位置

04 切换到相机视图，来观察角度
是否满意，满意后释放鼠标，
如图4-4所示。

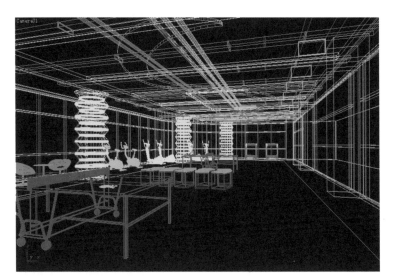

图4-4　前视图摄像机位置

05 在修改器列表中设置摄像机的
参数，参数如图4-5所示。

图4-5　摄像机参数

提示：

为了让空间看起来更宽敞，必须
把相机放置在空间以外。所以为
了让相机看到室内的物体，需要
设置Clipping Planes（剪切平面）
功能。首先勾选Clip Manually（手
动剪切）选项，并设置好Near Clip
（近距剪切）和Far Clip（远距剪
切）参数，在图上可以看到相机上
有两个红色十字框，表示相机的可
视范围只在两个红色十字框内。

4.3 22分钟完成健身房材质的设置

打开配套光盘中第4章\max\健身房-模型.max文件，这是一个已创建完成的健身房场景，如图4-6所示。

图4-6 建模完成的健身房

以下是场景中的物体赋予材质后的效果，如图4-7所示。

继续设置健身房中的一些主要材质。

图4-7 赋予材质后的健身房

4.3.1 12分钟完成场景基础材质的设置

健身房中的基础材质有白天花、底胶、木纹石、红漆等材质，如图4-8所示，下面将说明它们的具体设置方法。

图4-8 基础材质

1．顶面天花材质设置及制作思路

首先分析一下顶面白色天花的物理属性，然后依据物体的物理特征来调节材质的各项参数。

- 比较白还很干净。
- 反射很小。
- 表面比较粗糙。

01 在设置材质之前首先要将默认的材质球转换为 VRay 材质球。按快捷键 M 打开材质编辑器，选择一个未使用的材质球，单击材质面板中的 Standard 按钮，在弹出的 Material/Map Browser（材质/贴图浏览器）对话框中选择类型为 VRayMtl（VRay 材质），如图4-9所示。

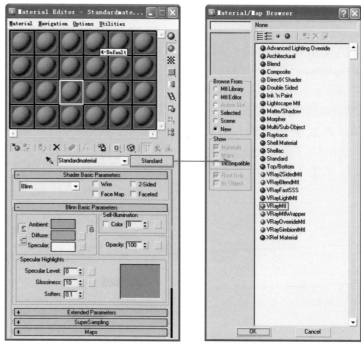

图4-9　转换VRay材质

02 在材质编辑器中新建一个 VRayMtl（VRay 材质），设置顶面白色天花的 Diffuse（漫射）和 Reflect（反射），设置漫射右侧的颜色为 R238、G238、B238，作为顶面表面颜色，并设置顶面的反射颜色为 R20、G20、B20，顶面具有较强的模糊反射，设置 Refl.glossiness（光泽度模糊）值为 0.56，设置 Subdivs（细分）值为 16，具体参数如图 4-10 所示。

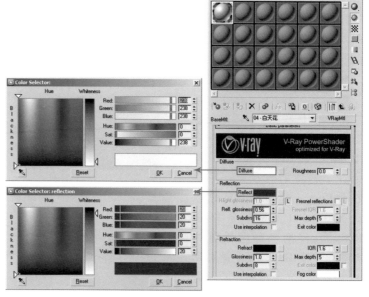

图4-10　设置顶面白色天花的漫射与反射

03 参数设置完成，材质球最终效果如图4-11所示。

图4-11　顶面材质球

04 在之后的场景测试中如果发现顶面很灰，可以在原有的顶面材质基础上再施加 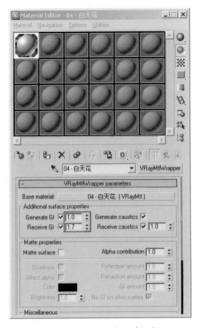VRayMtlWrapper（VRay 包裹材质），在 Additional surface properties（附近曲面属性）设置 Generate GI（产生全局照明）为 1.0，ReceiveGI（接受全局照明）为 1.7，如图 4-12 所示。

技术点评：

VR包裹材质是一个控制VRay溢色的工具，可以在VRaymtl上添加也可以用于3D默认材质添加，若模型场景中有大面积颜色重的物体，比如红的墙，黑色的木地板等等材质的时候，可以给这些材质添加一个VR包裹，就可以自由的调控材质的吸收GI和反射GI，从而达到这些材质不会影响其他材质，特别是白色墙体的颜色计算不正常的问题。提高ReceiveGI（接受全局照明）参数，可以让被包裹的材质显的明亮洁白。

图4-12 设置包裹材质

2. 天花2材质设置及制作思路

首先分析一下天花2的物理属性，然后依据物体的物理特征来调节材质的各项参数。

- 反射很小。
- 高光比较大。
- 表面比较粗糙。

01 在材质编辑器中新建一个 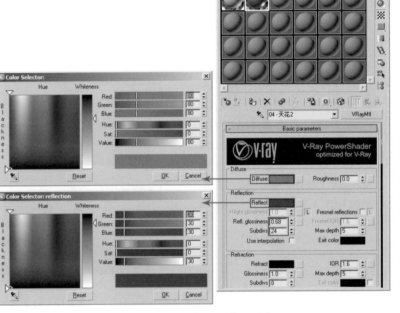VRayMtl（VRay 材质），设置天花 2 的漫射与反射，首先在 Diffuse（漫射）颜色设置为 R80、G80、B80，分别将 Reflect（反射）颜色设置为 R30、G30、B30。并设置 Refl. glossiness（光泽度模糊）值为 0.68，设置 Subdivs（细分）值为 24，具体参数如图 4-13 所示。

图4-13 设置天花2的漫射与反射

02 参数设置完成，材质球最终效果如图 4-14 所示。

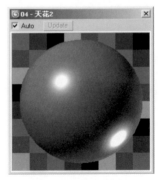

图4-14 天花2材质球

3．白色发光灯片材质设置及制作思路

首先分析一下发光灯片的特性。然后依据物体的物理特征来调节材质的各项参数。

● 自身发出白色的光。

01 在材质编辑器中新建一个 ⬤VRayMtl ，并转换为 ⬤VRayLightMtl（VR灯光材质），单击 Color:（颜色）并设置为R255、G255、B255，具体参数如图4-15所示。

02 参数设置完成，材质球最终效果如图4-16所示。

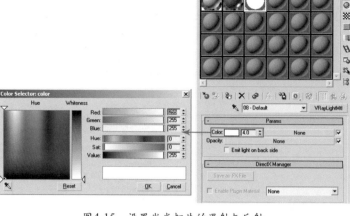

图4-15　设置发光灯片的漫射与反射

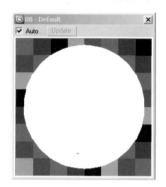

图4-16　发光灯片材质球

4．红漆材质设置及制作思路

首先分析一下红漆的特性。然后依据物体的物理特征来调节材质的各项参数。

● 颜色为红色。

● 表面较光滑。

● 有凹凸纹理。

01 在材质编辑器中新建一个 ⬤VRayMtl （VRay材质），设置红漆的漫射与反射，在Diffuse（漫射）里将颜色设置为R166、G12、B12，由于红漆的反射较小，分别将Reflect（反射）颜色设置为R34、G34、B34，并设置Refl.glossiness（光泽度模糊）值为0.86，设置Subdivs（细分）值为24，具体参数如图4-17所示。

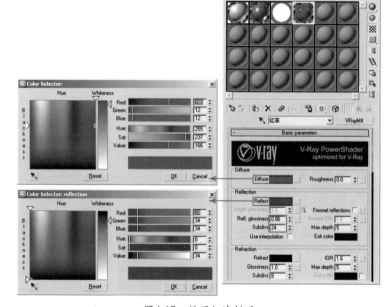

图4-17　设置红漆材质

> **提示：**
>
> 在本书中，模糊反射的细分值最高只能设置为24。如果设置大于24，那么渲染的速度就会大幅降低，不利于提高工作效率。

02 展开Maps（贴图）卷展栏，在Bump（凹凸）通道中加载一张贴图，设置Bump的值设置为30，使其有凹凸效果，设置平铺U V 为4.0，具体参数如图4-18所示。

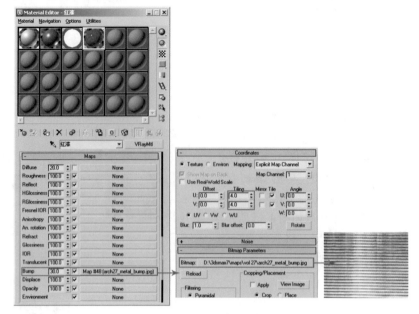

图4-18　设置红漆凹凸材质

03 参数设置完成，材质球最终效果如图4-19所示。

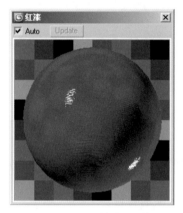

图4-19　红漆材质球

5．底胶材质的设置及制作思路

首先分析一下底胶的特性。然后依据物体的物理特征来调节材质的各项参数。

● 表面较光滑。

● 模糊反射较小。

● 有菲涅尔反射。

01 在材质编辑器中新建一个 VRayMtl （VRay 材质），设置底胶的漫射贴图与反射，首先在Diffuse（漫射）通道里添加一张底胶贴图，分别将 Reflect（反射）颜色设置为R180、G180、B180。并勾选 Fresnel reflections（菲涅尔反射），设置 Refl.glossiness（光泽度模糊）值为0.84，设置Subdivs（细分）值为24，具体参数如图 4-20 所示。

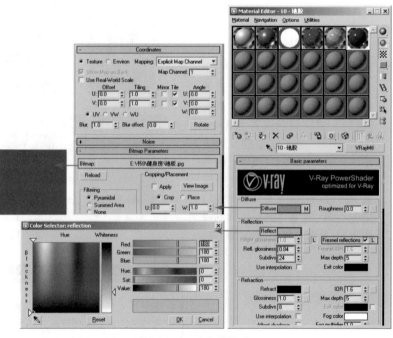

图4-20　设置底胶材质

02 设置底胶的 UVW Mapping，选中底胶物体，在修改器中添加 UVW Mapping（贴图坐标）修改器。在 Parameters（参数）面板中更改为 Planar 的贴图方式，设置 Length 400mm，Width 400mm，如图 4-21 所示。

03 参数设置完成，材质球最终效果如图4-22所示。

图4-21 设置地面的UVW Mapping　　　　图4-22 底胶材质球

6. 木纹石材质的设置及制作思路

首先分析一下木纹石材的特性。然后依据物体的物理特征来调节材质的各项参数。

● 表面较光滑。

● 反射比较小。

● 模糊反射较小。

01 在材质编辑器中新建一个 VRayMtl（VRay材质），设置木纹石的漫射贴图与反射，首先在Diffuse（漫射）通道里添加一张木纹石贴图，木纹石的反射比较小，分别将Reflect（反射）颜色设置为R65、G65、B65。并设置Refl. glossiness（光泽度模糊）值为0.87，设置Subdivs（细分）值为24，参数如图4-23所示。

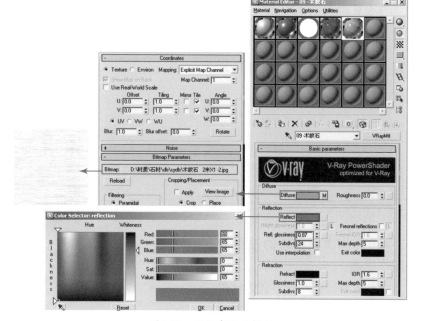

图4-23 设置木纹石材质

02 设置木纹石的UVW Mapping，选中木纹石物体，在修改器中添加UVW Mapping（贴图坐标）修改器。在Parameters（参数）面板中更改为Box的贴图方式，设置Length 800mm，Width 800mm，Height 800mm，如图4-24所示。

03 参数设置完成，材质球最终效果如图4-25所示。

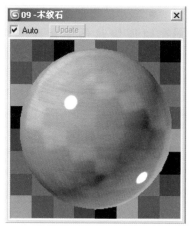

图4-24 设置底胶的UVW Mapping　　　　图4-25 木纹石材质球

7.玻璃框材质的设置及制作思路

首先来分析一下玻璃框材质的特性。然后依据物体的物理特征来调节材质的各项参数。

- 表面较光滑。
- 反射比较大。
- 模糊反射较小。

01 在材质编辑器中新建一个 （VRay材质），设置玻璃框的漫射与反射，首先将Diffuse（漫射）颜色设置为R111、G111、B111，玻璃框的反射比较大，分别将Reflect（反射）颜色设置为R75、G75、B75。并设置Refl.glossiness（光泽度模糊）值为0.88，设置Subdivs（细分）值为24,参数如图4-26所示。

02 参数设置完成，材质球最终效果如图4-27所示。

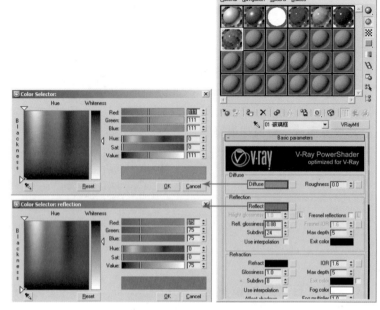

图4-26　设置玻璃框材质

图4-27　玻璃框材质球

8.不锈钢材质的设置及制作思路

首先来分析一下不锈钢材质的特性。然后依据物体的物理特征来调节材质的各项参数。

- 表面很光滑。
- 表面的反射很大。
- 较小的高光。

01 在材质编辑器中新建一个 VRayMtl（VRay材质），设置不锈钢漫射与反射，在Diffuse（漫射）里将颜色设置为R124、G124、B124，由于不锈钢的反射很大，分别将Reflect（反射）颜色数值设置为R155、G155、B155,并设置Refl.glossiness（光泽度模糊）值为0.82，设置Subdivs（细分）值为16，参数如图4-28所示。

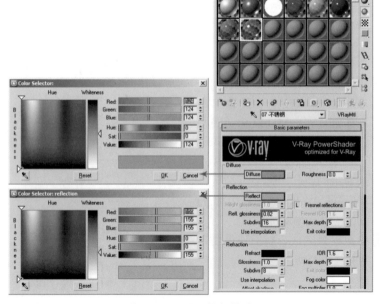

图4-28　设置不锈钢材质

02 参数设置完成，材质球最终效果如图4-29所示。

图4-29　不锈钢材质球

9．玻璃材质的设置及制作思路

首先来分析一下玻璃材质的特性。然后依据物体的物理特征来调节材质的各项参数。

- 表面很光滑。
- 自身带有反射。
- 高光很强。
- 有菲涅尔反射。

01 在材质编辑器中新建一个 VRayMtl（VRay 材质），设置玻璃材质 Diffuse（漫射）、Reflect(反射)与Refract(折射)，在 Diffuse（漫射）中设置颜色参数为 R237、G253、B232，在 Reflect（反射）中设置颜色参数为 R228、G228、B228，勾选 Fresnel reflections（菲涅尔反射），在 Refraction（折射）中勾选 Affec shadows（影响阴影）与 Affec alpha（影响 Alpha）选项，并设置玻璃的折射率为 1.5，其他参数如图 4-30 所示。

02 参数设置完成，材质球最终效果如图4-31所示。

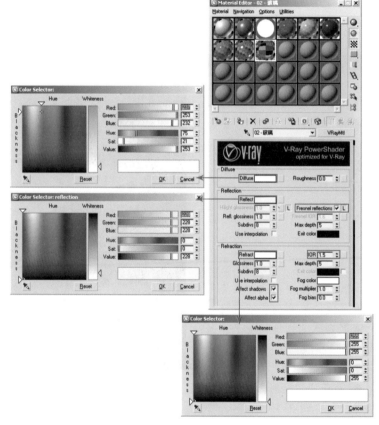

图4-30　设置玻璃材质

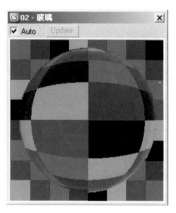

图4-31　玻璃材质球

到这里，场景的基础材质已经设置完毕，查看基础材质渲染效果，如图和图4-32所示。

图4-32　基础材质的渲染效果

10分钟完成场景家具材质的设置

1．乒乓球桌子材质的设置及制作思路

乒乓球桌子材质包括：蓝色桌面、金属腿、黑色轮子等材质，如图4-33所示。

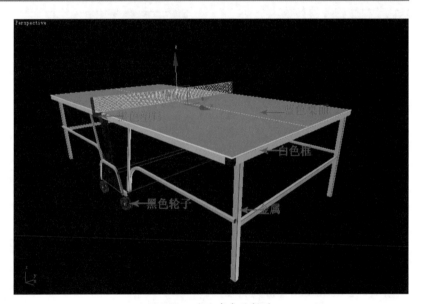

设置蓝色桌面材质。首先来分析一下蓝色桌面材质的特性。然后依据物体的物理特征来调节材质的各项参数。

● 表面很光滑。

● 有菲涅尔反射。

01 在材质编辑器中新建一个 VRayMtl （VRay材质），设置蓝色桌面的漫射贴图与反射，在Diffuse（漫射）通道里添加一个Falloff（衰减）程序纹理贴图，Falloff的类型为Fresnel，衰减通道中的颜色分别为R60、G123、B200与R84、G127、B179，在Reflect（反射）中设置颜色为R60、G60、B60，并设置它的Refl. glossiness（光泽度模糊）值为0.7，设置Subdivs（细分）值为24，如图4-34所示。

图4-33　乒乓球桌子材质

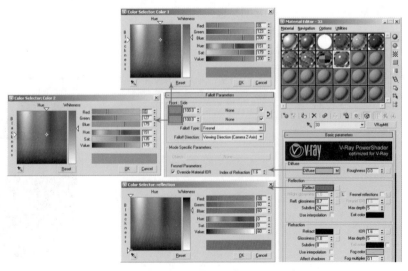

图4-34　设置蓝色桌面漫射贴图与反射

02 参数设置完成，材质球最终效果如图4-35所示。

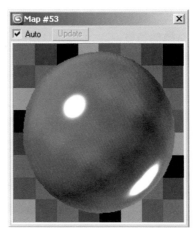

图4-35　蓝色桌面材质球

设置白色框材质。首先来分析一下白色框材质的特性。然后依据物体的物理特征来调节材质的各项参数。

● 表面很光滑。

● 反射相对较小。

01 在材质编辑器中新建一个 VRayMtl（VRay材质），设置白色框的漫射与反射，在Diffuse（漫射）中设置颜色为R247、G247、B247，在Reflect（反射）中设置颜色为R27、G27、B27，并设置它的Refl.glossiness（光泽度模糊）值为0.7，设置Subdivs（细分）值为16，如图4-36所示。

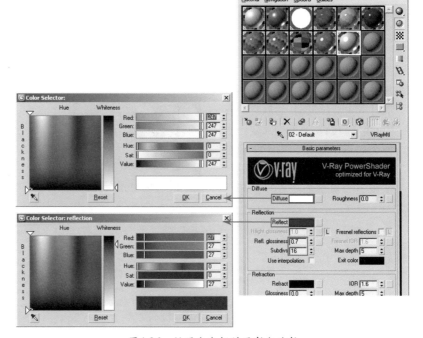

图4-36　设置白色框的漫射与反射

02 参数设置完成，材质球最终效果如图4-37所示。

图4-37　白色框材质球

设置黑色塑料材质。首先来分析一下黑色塑料材质的特性。然后依据物体的物理特征来调节材质的各项参数。

● 反射相对较小。

● 有凹凸肌理。

01 在材质编辑器中新建一个 VRayMtl （VRay材质），设置黑色塑料的漫射与反射，在Diffuse（漫射）中设置颜色为R7、G7、B7，在Reflect（反射）中设置颜色为R86、G86、B86，并设置它的Refl.glossiness（光泽度模糊）值为0.75，设置Subdivs（细分）值为16，如图4-38所示。

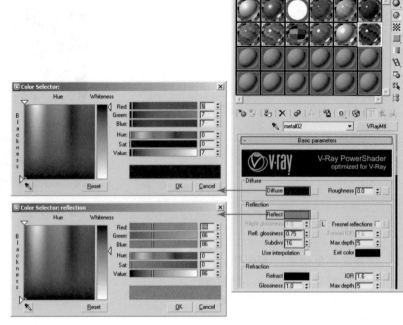

图4-38 设置黑色塑料的漫射与反射

02 黑色塑料具有较强的纹理感，展开Maps（贴图）卷展栏，在Bump（凹凸）通道中加载一张作为纹理的贴图，由于纹理感觉很强烈，设置Bump（强度）值为30，参数如图4-39所示。

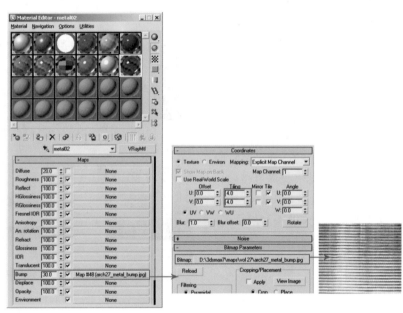

图4-39 设置黑色塑料的凹凸材质

03 参数设置完成，材质球最终效果如图4-40所示。

图4-40 黑色塑料材质球

设置轮子材质。首先来分析一下轮子材质的特性。然后依据物体的物理特征来调节材质的各项参数。

● 表面很光滑。

● 有菲涅尔反射。

● 模糊反射较大。

01 在材质编辑器中新建一个 ⊚VRayMtl（VRay材质），设置轮子的漫射贴图与反射，在Diffuse（漫射）通道里添加一个Falloff（衰减）程序纹理贴图，Falloff的类型为Fresnel，衰减通道中的颜色分别为R27、G27、B27与R2、G17、B33，在Reflect（反射）中设置颜色为R60、G60、B60，并设置它的Refl.glossiness（光泽度模糊）值为0.6，并勾选 Fresnel reflections（菲涅尔反射），如图4-41所示。

02 参数设置完成，材质球最终效果如图4-42所示。

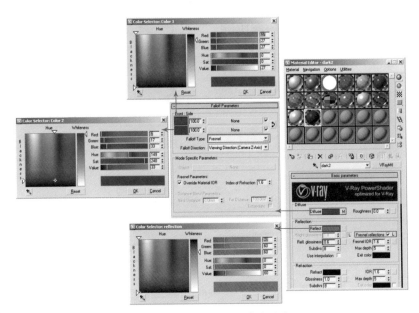

图4-41 设置轮子的漫射与反射

图4-42 轮子材质球

设置轮子轴材质。首先来分析一下轮子轴材质的特性。然后依据物体的物理特征来调节材质的各项参数。

● 表面很光滑。

● 有菲涅尔反射。

● 模糊反射较大。

01 在材质编辑器中新建一个 ⊚VRayMtl（VRay材质），设置轮子轴的漫射贴图与反射，在Diffuse（漫射）通道里添加一个Falloff（衰减）程序纹理贴图，Falloff的类型为Fresnel，衰减通道中的颜色分别为R215、G217、B218与R206、G209、B212，在Reflect（反射）中设置颜色为R60、G60、B60，并设置它的Refl.glossiness（光泽度模糊）值为0.6，并勾选 Fresnel reflections（菲涅尔反射）选项，如图4-43所示。

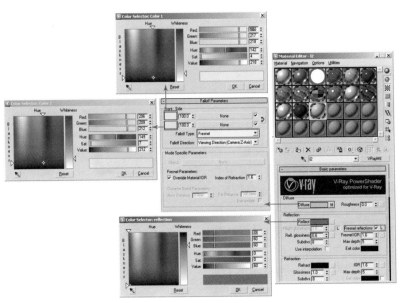

图4-43 设置轮子轴的漫射与反射

02 展开Maps（贴图）卷展栏，在 Bump（凹凸）中添加 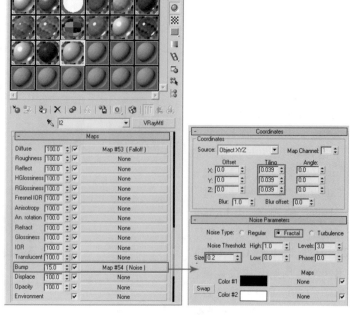 Noise（噪波），并设置Size（大小）为0.2，这里设置Bump（强度）值为15，具体参数如图4-44所示。

图4-44 设置轮子的噪波

03 参数设置完成，材质球最终效果如图4-45所示。

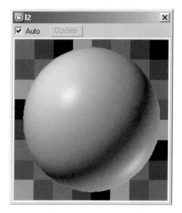

图4-45 轮子材质球

设置不锈钢材质。首先来分析一下不锈钢材质的特性。然后依据物体的物理特征来调节材质的各项参数。

● 表面很光滑。
● 表面的反射很大。
● 较小的高光。

01 在材质编辑器中新建一个 VRayMtl（VRay材质），设置不锈钢的漫射与反射，在Diffuse（漫射）里将漫射颜色分别设置为R178、G178、B178，由于不锈钢的反射很大，分别将Reflect（反射）颜色设置为R102、G102、B102，并设置Refl.glossiness（光泽度模糊）值为0.78，细分为16，具体参数如图4-46所示。

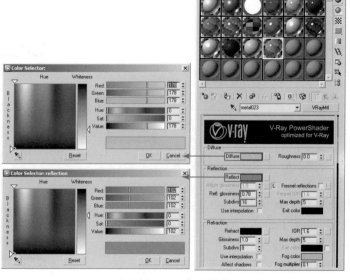

图4-46 设置金属材质

02 金属具有较强的纹理感，展开 Maps（贴图）卷展栏，在 Bump（凹凸）通道中加载一张作为纹理的贴图，由于纹理感觉很强烈，设置 Bump（强度）值为 30，参数如图 4-47 所示。

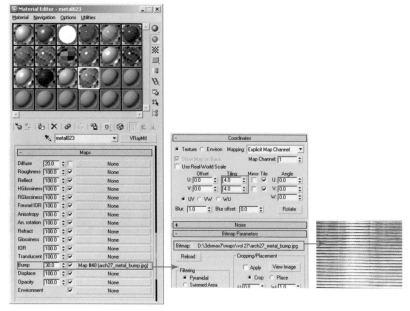

图4-47　设置金属的凹凸材质

03 参数设置完成，材质球最终效果如图4-48所示。

图4-48　金属材质球

乒乓球桌面的材质已经设置完毕，查看乒乓球桌面材质渲染效果，如图4-49所示。

图4-49　沙发材质的渲染效果

2．乒乓球拍材质的设置及制作思路

乒乓球拍的材质包括，红色胶、黄色把、乒乓球。如图4-50所示。

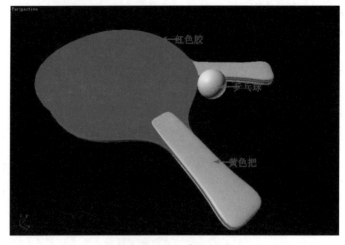

图4-50 乒乓球拍材质

设置黄色把材质。首先来分析一下黄色把材质的特性。然后依据物体的物理特征来调节材质的各项参数。

- 表面很光滑，但有一定的凹凸纹理。
- 表面的反射较小。
- 模糊反射相对较大。
- 有菲涅尔反射。

01 在材质编辑器中新建一个 VRayMtl（VRay材质），设置黄色把的漫射贴图与反射，在Diffuse（漫射）通道里添加一个Falloff（衰减）程序纹理贴图，设置Falloff的类型为Fresnel，衰减通道中的颜色分别为R232、G160、B34与R47、G43、B34，在Reflect（反射）中设置颜色为R60、G60、B60，并设置它的Refl.glossiness（光泽度模糊）值为0.6，并勾选 Fresnel reflections（菲涅尔反射）选项，如图4-51所示。

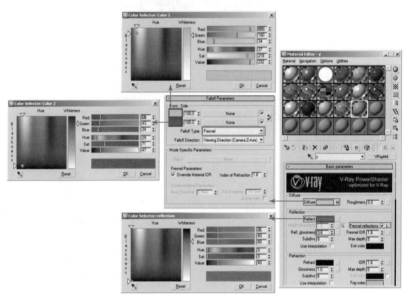

图4-51 设置黄色把漫射与反射

02 展开Maps（贴图）卷展栏，在Bump（凹凸）中添加 Noise（噪波）选项，并设置Size（大小）为0.2，这里设置Bump（强度）值为15，具体参数如图4-52所示。

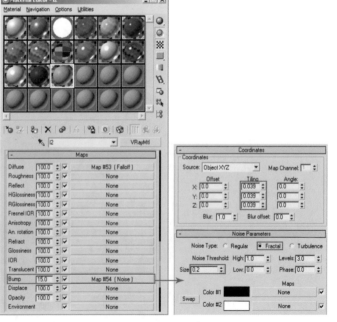

图4-52 设置黄色把的噪波

03 参数设置完成，材质球最终效
果如图4-53所示。

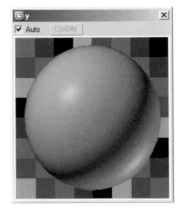

图4-53　黄色把材质球

设置红色胶材质。首先来分
析一下红色胶材质的特性。然后
依据物体的物理特征来调节材质
的各项参数。

● 表面很光滑。

● 表面的反射较小。

● 模糊反射相对较小。

01 设置红色胶，在材质编辑器
中新建一个 ◉VRayMtl （VRay材
质），设置红色胶的漫射与
反射，在Diffuse（漫射）中
设置颜色数值为R193、G12、
B12，将Reflect（反射）中的
颜色数值设置为R30、G30、
B30。并设置Refl.glossiness
（光泽度模糊）值0.75，具体
参数如图4-54所示。

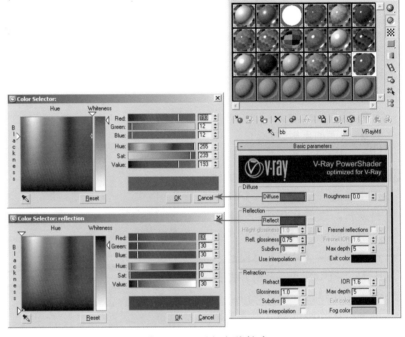

图4-54　设置红色胶材质

02 展开Maps（贴图）卷展栏，在
Bump（凹凸）通道中加载一
张作为纹理的贴图，由于纹理
感觉很强烈，设置Bump（强
度）值为30，具体参数如图
4-55所示。

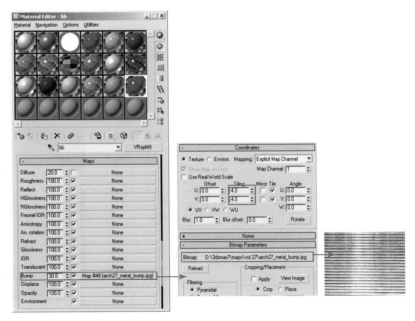

图4-55　设置红色胶的凹凸材质

03 参数设置完成，材质球最终效果如图4-56所示。

图4-56 红色胶材质球

设置乒乓球材质。首先来分析一下乒乓球材质的特性。然后依据物体的物理特征来调节材质的各项参数。

● 表面很光滑。
● 表面的反射较小。
● 模糊反射相对较小。

01 设置乒乓球材质，在材质编辑器中新建一个 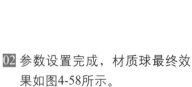（VRay材质），设置乒乓球的漫射与反射，在Diffuse（漫射）中设置颜色数值为R235、G235、B235，将Reflect（反射）颜色设置为R34、G34、B34。并设置Refl.glossiness（光泽度模糊）值0.7，设置Subdivs（细分）值为16，具体参数如图4-57所示。

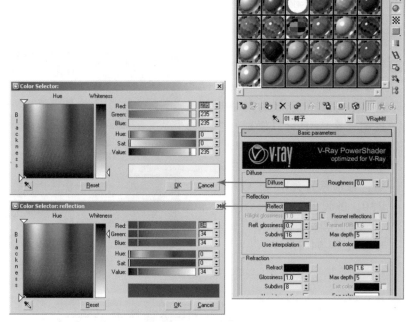

图4-57 设置乒乓球材质

02 参数设置完成，材质球最终效果如图4-58所示。

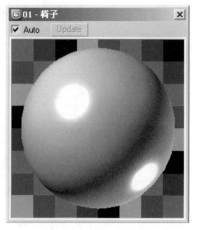

图4-58 乒乓球材质球

乒乓球拍的材质已经设置完毕，查看材质渲染效果，如图4-59所示。

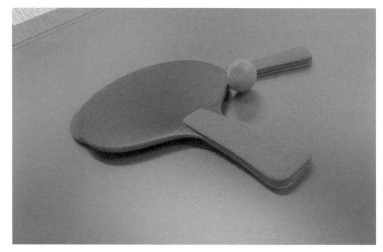

图4-59 乒乓球拍材质的渲染效果

3．凳子材质的设置及制作思路

凳子的材质包括两部分，坐垫与黄色枫木，如图4-60所示。

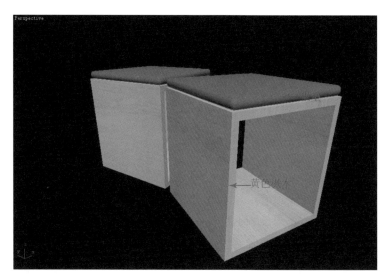

图4-60 凳子材质

设置枫木材质。首先来分析一下枫木质的特性。然后依据物体的物理特征来调节材质的各项参数。

● 表面较光滑。

● 反射比较小。

● 模糊反射较小。

01 在材质编辑器中新建一个 VRayMtl（VRay材质），设置枫木的漫射贴图与反射，首先在Diffuse（漫射）通道里添加一张木纹贴图，分别将Reflect（反射）颜色数值设置为R55、G55、B55。并设置Refl. glossiness（光泽度模糊）值为0.91，设置Subdivs（细分）值为16，参数如图4-61所示。

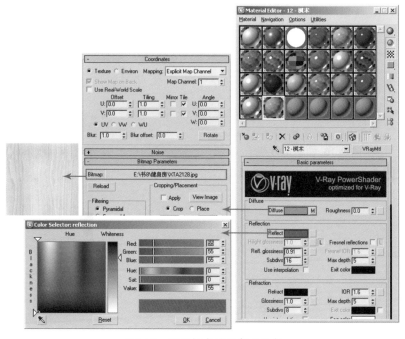

图4-61 设置枫木的漫射与反射

02 参数设置完成，材质球最
终效果如图4-62所示。

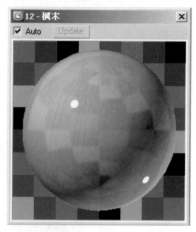

图4-62　枫木材质球

设置坐垫材质。首先来分析一下坐垫材质的特性。然后依据物体的物理特征来调节材质的各项参数。

● 表面相对粗糙。

● 表面的反射较小。

● 模糊反射相对较大。

01 在材质编辑器中新建一个 VRayMtl（VRay 材质），设置坐垫的漫射贴图与反射，在 Diffuse（漫射）通道里添加一个 Falloff（衰减）程序纹理贴图，设置 Falloff 的类型为 Fresnel，设置衰减通道中的颜色分别为 R106、G39、B39 与 R152、G106、B106，在 Reflect（反射）中设置颜色为 R32、G32、B32，并设置它的 Refl.glossiness（光泽度模糊）值为 0.6，设置 Subdivs（细分）值为 16，如图 4-63 所示。

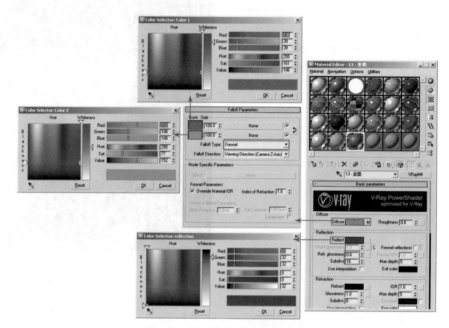

图4-63　设置坐垫的漫射与反射

02 参数设置完成，材质球最终效果如图4-64所示。

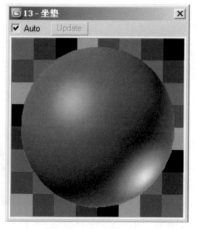

图4-64　坐垫材质

凳子的材质已经设置完毕，查看材质渲染效果，如图4-65所示。

图4-65 凳子材质的渲染效果

4．健身器材质的设置及制作思路

健身器的材质包括，蓝色屏幕、蓝色金属、白色金属、黑色塑料等，如图4-66所示。

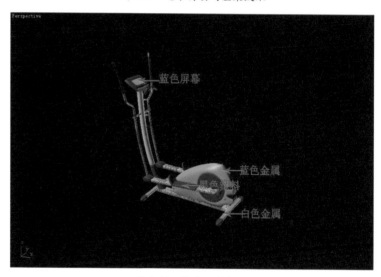

图4-66 健身器材材质

设置蓝色金属材质。首先来分析一下蓝色金属材质的特性。然后依据物体的物理特征来调节材质的各项参数。

● 表面很光滑。

● 表面的反射很大。

● 较小的高光。

01 在材质编辑器中新建一个 VRayMtl（VRay材质），设置蓝色金属的漫射与反射，在Diffuse（漫射）里将颜色设置为R120、G136、B152，由于不锈钢的反射很大，将Reflect（反射）颜色数值设置为R97、G97、B97，并设置Refl.glossiness（光泽度模糊）值为0.72，具体参数如图4-67所示。

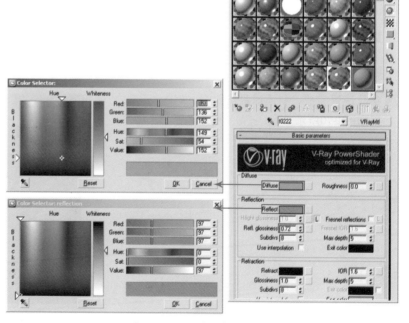

图4-67 设置蓝色金属石材质

02 参数设置完成,材质球最终效果如图4-68所示。

图4-68 蓝色金属材质球

设置蓝色屏幕材质。首先来分析一下蓝色屏幕材质的特性。然后依据物体的物理特征来调节材质的各项参数。

- 表面较光滑。
- 反射比较小。
- 有菲涅尔反射。

01 在材质编辑器中新建一个 VRayMtl (VRay材质),设置屏幕的漫射贴图与反射,首先在Diffuse(漫射)通道里添加一张贴图,分别将Reflect(反射)颜色数值设置为R22、G22、B22。并设置Refl. glossiness(光泽度模糊)值为0.7,同时勾选 Fresnel reflections (菲涅尔反射)选项,具体参数如图4-69所示。

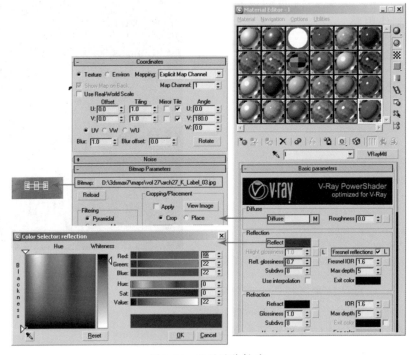

图4-69 设置屏幕材质

02 参数设置完成,材质球最终效果如图4-70所示。

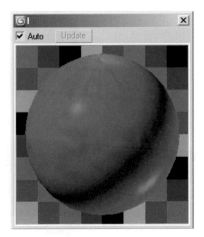

图4-70 屏幕材质球

健身器材的白色金属材质与乒乓球桌面的金属材质是同一个材质，黑色塑料与乒乓球桌面的黑色塑料也是同一个材质，在这里就不作讲解了。健身器的材质已经设置完毕，查看材质渲染效果，如图4-71所示。

图4-71 健身器材质的渲染效果

4.4 10分钟完成灯光的创建与测试渲染

材质设置完成以后，接下来讲叙如何为场景创建灯光，以及VRay参数面板中的各项设置，在渲染成图之前，要先将VRay面板中的参数设置低一点，从而提高测试渲染的速度。

4.4.1 2分钟完成测试渲染参数的设定

01 在 V-Ray:: Color mapping （颜色映射）卷展栏中设置曝光模式为Exponential（指数）类型，其他参数设置如图4-72所示。

图4-72 设置颜色映射

02 勾选 Reflection/refraction environment override （反射/折射环境）选项区域中的On(开)选项，设置颜色设置为R161、G216、B255，并设置Multiplier参数为3，参数设置如图4-73所示。

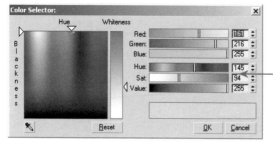
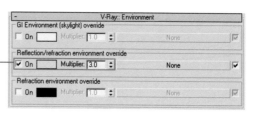

图4-73 设置环境贴图

03 设置测试渲染图像的大
小,把测试图像大小设
置为600×376。如图
4-74所示。

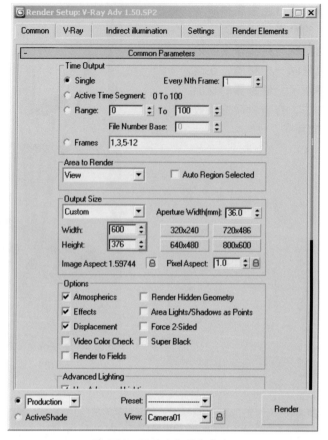

图4-74 设置渲染图像大小

4.4.2 4分钟完成室外VRay天光的创建

01 按快捷键8,打开环境
和效果面板。在环境贴
图面板中添加 VRaySky
(VRay天光)贴图,
如图4-75所示。

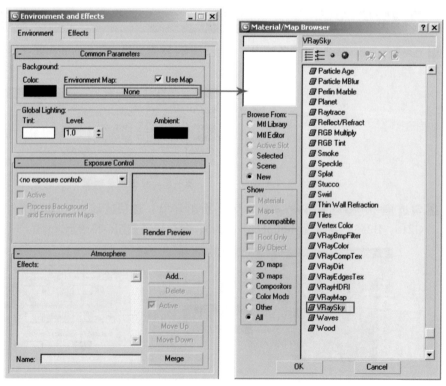

图4-75 创建VRay阳光

02 将VRay Sky（VRay天光）按copy方式拖入材质编辑器。勾选"VRay Sky参数"中的"manual sun node（手动阳光节点）"选项，在 sun intensity multiplier （阳光强度倍增器）中设置参数值为0.04，如图4-76所示。

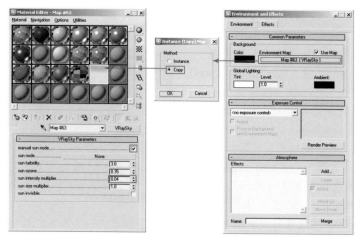

图4-76 以实例方式复制VRay天光到材质编辑器

4.4.3 4分钟完成顶面发光灯片光源的创建

在发光灯片下创建 VRay Light（VRay 灯光），单击 创建命令面板中的 图标，在 VRay 类型中单击 VRayLight （VRay 灯光）按钮，将灯光的类型设置为 Plane（面光源），设置灯光的 Color（颜色）为 R255、G211、B181，Multiplier（强度）值为 18，在 Optison（选项）设置面板中勾选 Invisible（不可见）选项，为了不让灯光参加反射，勾选掉 Affect reflections （影响反射）选项，设置 Subdivs（细分）值为 16，以实例的方式关联复制到其他灯片下，参数设置如图 4-77 所示。

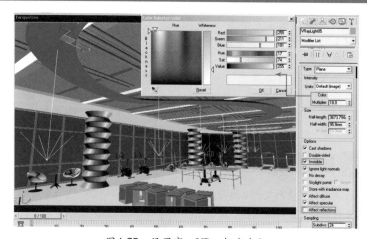

图4-77 设置窗口VRay灯光参数

> **提示：**
>
> 设置 VRay Light（VRay 灯光）中的 Subdivs（细分）值，可以提高灯光的光影效果，降低阴影噪点。但过高的细分值会降低渲染速度。勾选 VR 灯光的 Invisible（不可见）选项，可以让相机看不见 VR 灯光，但 VR 灯光对室内还是照明。勾选掉 VR 灯光的 Affect reflections （影响反射）选项，可以让室内有反射的物体反射室外的天光。

在相机视图中按快捷键F9，对相机角度进行渲染测试，渲染效果如图4-78所示。

图4-78 测试渲染效果

4.4.4 4分钟完成顶面灯槽光源的创建

01 在吊顶与天花2交接处灯槽的位置创建 VRay Light（VRay灯光），单击创建命令面板中的图标，在 VRay 类型中单击 VRayLight（VRay 灯光）按钮，将灯光的类型设置为 Plane（面光源），设置灯光的 Color（颜色）为 R255、G183、B94，Multiplier（强度）值为9，在 Optison（选项）设置面板中勾选 Invisible（不可见）选项，为了不让灯光参加反射，勾选掉 Affect reflections（影响反射）选项，以实例的方式关联复制到其他灯槽上，参数设置如图 4-79 所示。

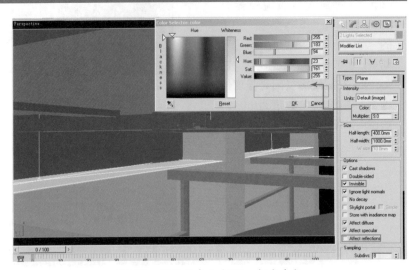

图4-79 设置餐桌上方VRay灯光参数

02 在相机视图中按快捷键F9，对相机角度进行渲染测试，测试渲染效果如图4-80所示。

提示：

当在间接照明中使用发光贴图与灯光缓存的组合时，必须先用小尺寸的图像进行计算。一般情况下，计算发光贴图所用的图像尺寸为最终渲染尺寸的1/4左右即可。

图4-80 最终测试渲染效果

03 使用渲染测试的图像大小进行发光贴图与灯光缓存的计算。设置完毕后，在相机视图按快捷F9进行发光贴图与灯光缓存的计算，计算完毕后进行成图的渲染。成图的渲染设置方法请参见第一章中讲解。这是本场景的最终渲染效果，如图4-81所示。

图4-81 最终渲染效果

4.5 1分钟完成色彩通道的制作

将文件另存为一份，然后删除场景中所有的灯光，单击菜单栏 MAXScript ，单击 Run Script... ，运行beforeRender.mse插件，制作与成图的渲染尺寸一致的色彩通道，如图4-82所示。

> **提示：**
>
> 彩色通道的详细制作方法，请参考本书第2章餐厅的相关章节。

图4-82 色彩通道图

4.6 18分钟完成Photoshop后期处理

最后，使用Photoshop软件为渲染的图像进行亮度、对比度、色彩饱和度、色阶等参数的调节，以下是场景后期步骤。

01 在Photoshop里，将渲染的最终图像和色彩通道打开，使用Photoshop CS3进行后期的制作，如图4-83所示。

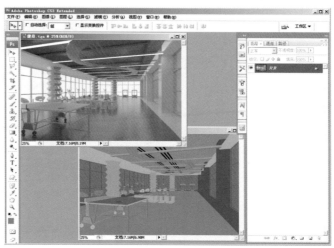

图4-83 打开成图与通道图

02 使用工具箱里的 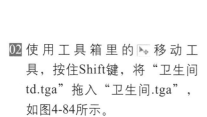 移动工具，按住Shift键，将"卫生间td.tga"拖入"卫生间.tga"，如图4-84所示。

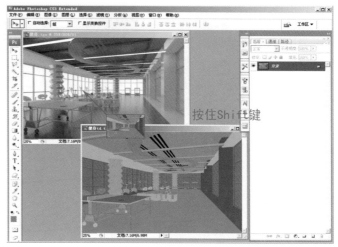

图4-84 通道图拖入到成图中

03 单击右侧图层面板下的 ，在弹出的下拉菜单里选择"色阶"选项，并调整色阶参数，然后单击"确定"按钮，如图4-85所示。

图4-85 色阶命令

04 再次单击右侧图层面板的 按钮，在弹出的下拉菜单里选择"色彩平衡"选项，并调整色彩平衡参数中的高光参数，然后单击"确定"按钮，如图4-86所示。

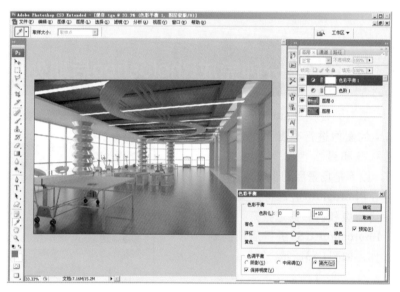

图4-86 色彩平衡命令

05 利用色彩通道调整局部单个物体的明暗关系，色彩关系。单击色彩通道图层，按快捷键W选择魔棒工具。把容差值调为10，勾选掉"连续"选项。在黑色顶面上单击鼠标，当选区出现时，选择图层0，再按快捷键Ctrl+J，将黑色顶面复制一个图层，如图4-87所示。

图4-87 复制顶面图层

06 按快捷键Ctrl+J复制一个蓝色顶面图层后，再按快捷键Ctrl+L，调整蓝色顶面图层的色阶，让黑色顶面显得层次感更丰富一些，如图4-88所示。

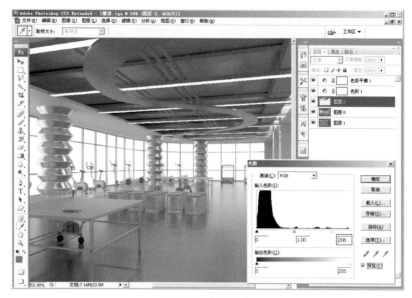

图4-88 色阶命令

07 按照相同的方法依次调整地面、柱子、墙面、运动设施等。再对整个空间进行整体的调整，如图4-89所示。

图4-89 调整其他

08 修改完成确认后，最终效果如图4-90所示。

图4-90 修改好后的效果

09 接下来，添加室外背景环境。打开光盘中的背景图，如图4-91所示。

图4-91 打开背景图层

10 利用 ☩ 移动工具将背景图拖放到健身房文件中，并将背景图放置在色彩通道图层之上，如图4-92所示。

图4-92 放入到通道图上

11 先选择健身房图层。进入通道面板，按住Ctrl，再单击通道面板里的Alpha1选项。这时，读出该通道的选区。再按快捷键Ctrl+Shift+i，将其反转，选中的区域正是玻璃室外的区域，如图4-93所示。

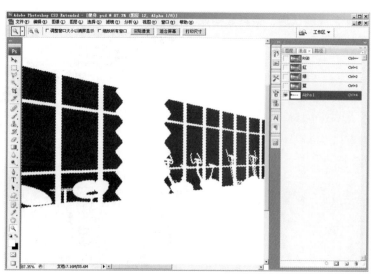

图4-93 选择Alpha1通道层

12 回到图层面板中，选择健身房的图层，再按Delete键，删除玻璃区域，并按快捷键Ctrl+D取消选区，如图4-94所示。

图4-94 删除玻璃图层

13 再次选择室外背景图层，按快捷键Ctrl+T将背影图层扩大到整个玻璃区域，并适当调整背景的大小和位置，注意透视角度，如图4-95所示。

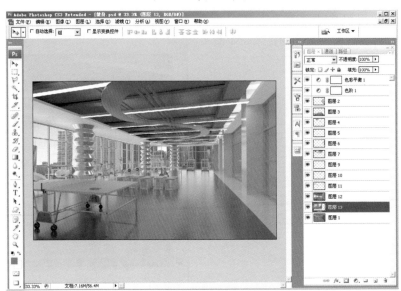

图4-95 调整外景图层

14 按快捷键Ctrl+L，调节色阶，让室外的背景看起来更亮一些，如图4-96所示。

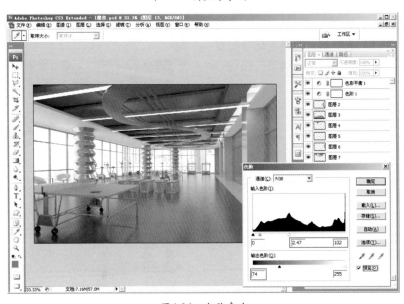

图4-96 色阶命令

15 修改完成确认后，感觉窗口的光感不够，可以利用矢量蒙版的提高窗口光感。如图4-97所示。

图4-97 提高窗口光感

16 利用 多边形套索工具，选出窗口需要提亮的区域。如图4-98所示。

图4-98 选择区域

17 将选区进行羽化。按快捷键Ctrl+Alt+D，并将羽化半径设置为80，单击"确定"按钮，如图4-99所示。

图4-99 羽化命令

18 使用羽化后的效果。选择区域
变为圆滑状态,如图4-100所示。

图4-100 羽化后的效果

19 保持选区的选中状态,选中色
阶调节图层,单击图层面板的
⊘.按钮,在弹出的下拉菜单
里选择"亮度/对比度"选项,
调整"亮度/对比度"参数,
然后单击"确定"按钮,如图
4-101所示。

图4-101 "亮度/对比度"命令

20 对比修改前后的窗口处的光感
变化,如图4-102所示。

修改前窗口处的效果

修改后窗口处的效果

图4-102 对比效果

21 修改完成确认后，可以按照以往的方式细微调节每个图层，健身房最终效果如图 4-103 所示。

提示：

本场景的视频讲解教程，请参看光盘\视频教学\健身房中的内容。

图4-103　最终效果

第5章
欧式客厅日光效果表现技法

本章学习要点

- 掌握欧式空间的布光特点。
- 利用VRayLight创建冷暖对比的灯光效果。
- 掌握VRay包裹材质的设置方法。
- 掌握光域网的使用方法。

5.1 客厅制作简介

5.1.1 快速表现制作思路

01 材质设置阶段：整个场景中全部使用VRay材质，使用VRay材质会比3ds Max标准材质的渲染速度快很多，效果也更理想。

02 渲染阶段：首先是灯光的定义，只需要按照实际灯光的位置和类型进行布置。并调整灯光的参数以及对空间进行测试渲染，当然还可以根据空间的实际情况来进行灯光的布置，对于相机看不到的位置就不需要创建灯光了。测试渲染的过程中修改不满意的材质及灯光的参数最后渲染输出，包括颜色通道的渲染。

03 后期阶段：调节图像的原则是先整体后局部，再以局部到整体的步骤进行。主要调节图像的色阶、亮度、对比度、饱和度以及色彩平衡等，修改渲染中留下的瑕疵，最终完成作品。

5.1.2 提速要点分析

本场景共用了48分钟完成，主要用了以下几种方法与技巧：

01 材质阶段，最好在创建模型的时候就赋予相应的材质，并且调整好UVW Map贴图坐标。这样做的目的是为了提高赋予材质的效率，同时避免出现未赋予材质的模型在空间出现。一开始赋予材质的时候，可以大体的设置一下相应的VRay材质参数，最后在测试时如有某个材质不满意，再做相应的调整。

02 空间中的主要光源来源于室外光与筒灯光源，在创建灯光的时候，不要一下将所有的光源全部创建出来，先创建一处测试一下灯光参数的大小以及颜色，然后同样的灯光属性以实例的方式复制，实例的方式复制可以很方便的修改灯光参数大小，这样也容易把握整体的效果。

03 对于局部细节的修改可用局部渲染来弥补，这样不仅节省时间，也不会影响最终效果。

5.2 2分钟完成摄像机的创建

当模型都创建好以后，要为空间创建摄像机。在本场景中使用的是标准摄像机。下面将具体介绍本场景中的摄像机创建方法。

01 单击■选项中的 Target 按钮，如图5-1所示。

图5-1　选择摄像机

02 切换到Top（顶）视图中，按住鼠标在顶视图中创建一个摄像机，摄像机的创建能带来非

凡的视觉效果，所以在创建摄像机时，一定要多角度去调试，才能达到理想效果。首先来看一下本案例摄像机在顶视图中的位置。如图5-2所示。

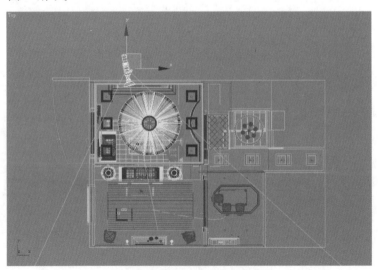

图5-2　摄像机顶视图角度位置

03 切换到Left（左）视图中调整摄像机位置，由于摄像机在垂直方向调整了一定的角度，场景中的物体看起来会发生倾斜，所以要为摄像机添加一个Camera Correction（摄像机校正）修改器。选择摄像机，单击鼠标右键，选择Apply Camera Correction Modifier（适用于相机校正调节器）选项。如图5-3所示。

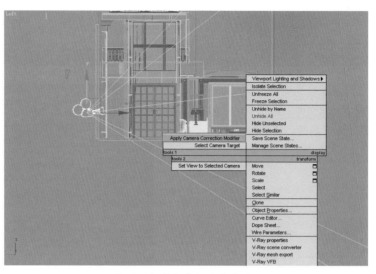

图5-3　摄像机左视图角度位置

04 切换到相机视图，来观察角度是否满意，如图5-4所示。

图5-4　相机视图摄像机位置

05 在修改器列表中设置摄像机的参数，具体参数如图5-5所示。

提示：

为了让空间看起来更宽敞，必须把相机放置在空间以外。所以为了让相机看到室内的物体，需要设置Clipping Planes（剪切平面）功能。首先勾选Clip Manually（手动剪切）选项，并设置好Near Clip（近距剪切）和Far Clip（远距剪切），在图上可以看到相机上有两个红色十字框，表示为相机的可视范围只在两个红色十字框内。

图5-5　摄像机参数

5.3 25分钟完成客厅材质的设置

打开配套光盘中第5章\max\客厅-模型.max文件，这是一个已创建完成的客厅场景，如图5-6所示。

图5-6 建模完成的客厅

以下是场景中的物体赋予材质后的效果，如图5-7所示。

继续设置客厅中的一些主要材质。

图5-7 赋予材质后的客厅

5.3.1 15分钟完成场景基础材质的设置

客厅中的基础材质有乳胶漆、地面、墙纸、石材等材质，如图5-8所示，下面将说明它们的具体设置方法。

图5-8 基础材质

1．乳胶漆材质设置及制作思路

首先分析一下面乳胶漆的物理属性，然后依据物体的物理特征来调节材质的各项参数。

● 白色胶漆。

● 反射很小。

● 表面比较粗糙。

01 在材质编辑器中新建一个 ⊙VRayMtl （VRay材质），设置乳胶漆的Diffuse（漫射）和Reflect（反射），设置漫射的颜色为R243、G243、B243，并设置顶面的反射颜色为R20、G20、B20，顶面具有较强的模糊反射，设定Refl.glossiness（光泽度模糊）值为0.55，参数如图5-9所示。

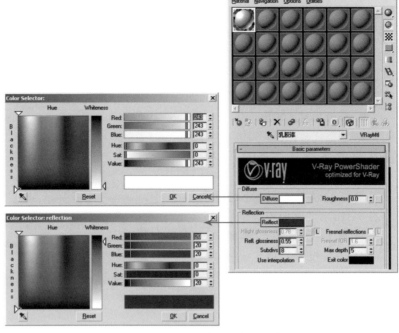

图5-9　设置乳胶漆的漫射与反射

02 在选项卷展栏中勾选掉Trace reflections（跟踪反射）选项，如图5-10所示。

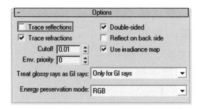

图5-10　取消跟踪反射

加速点：

为了提高渲染的速度，在本场景中勾选掉Trace reflections（跟踪反射）选项，让乳胶漆不参与反射，而其他选项保持不变。这样渲染出来的最终图像是没有什么反射效果，但会保留物体高光。

03 参数设置完成，材质球最终效果如图5-11所示。

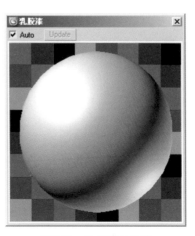

图5-11　乳胶漆材质球

2．墙纸材质设置及制作思路

首先分析一下墙纸的物理属性，然后依据物体的物理特征来调节材质的各项参数。

- 反射很小。
- 高光相对比较小。
- 表面比较粗糙。

01 在材质编辑器中新建一个 VRayMtl（VRay材质），设置墙纸的漫射与反射，首先在Diffuse（漫射）通道中添加一张位置贴图，分别将Reflect（反射）颜色设置为R49、G49、B49，并设置Refl. glossiness（光泽度模糊）值为0.8，具体参数如图5-12所示。

02 为了降低墙纸的整体亮度，在原有材质的基础上再施加 VRayMtlWrapper（VRay包裹材质），在选择包裹材质的同时会弹出对话框，提示是否Discard old material?（丢弃旧材质）或者将旧材质保存为子材质，勾选Keep old material as sub-material?（将旧材质保存为子材质），具体设置如图5-13所示。

03 设置 VRayMtlWrapper（VRay包裹材质），在 Additional surface properties（附近曲面属性）中设置 Receive GI（接受全局照明）数值为0.8，如图5-14所示。

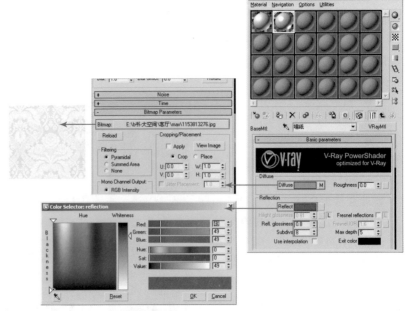

图5-12　设置墙纸的漫射与反射

图5-13　保存旧材质为子材质

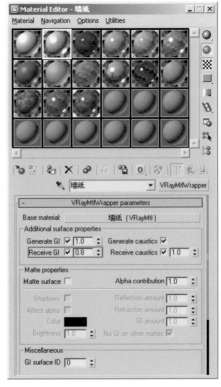

图5-14　设置包裹材质

加速点：

通过在原有材质上添加 VRayMtlWrapper（VRay包裹材质），并降低Receive GI（接受全局照明）参数，可以在不影响整体光线亮度的基础上降低单个材质的亮度。打开光盘\技术点评\VRay包裹材质.max文件，观察蓝色茶壶，如图5-15所示。

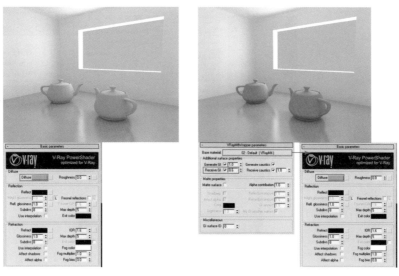

图5-15　降低Receive GI

04 参数设置完成，材质球最终效果如图5-16所示。

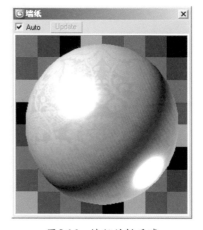

图5-16　墙纸的材质球

05 设置墙纸的UVW Mapping选中墙面物体，在修改器中添加UVW Mapping（贴图坐标）修改器。在Parameters（参数）面板中更改为Box的贴图方式，设置Length 500mm，Width 500mm，Height 500mm，如图5-17所示。

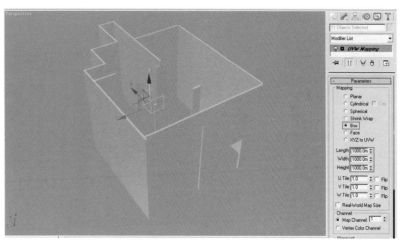

图5-17　设置墙面的UVW Mapping

3．樱桃木材质的设置及制作思路

首先分析一下樱桃木的特性。然后依据物体的物理特征来调节材质的各项参数。

● 反射不大。

● 高光相对较小。

01 在材质编辑器中新建一个 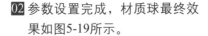（VRay材质），设置樱桃木的漫射与反射，首先在Diffuse（漫射）通道中添加一张位置贴图，分别将Reflect（反射）颜色设置为R28、G28、B28。并设置Refl.glossiness（光泽度模糊）值为0.86，设置Subdivs（细分）值为24，参数如图5-18所示。

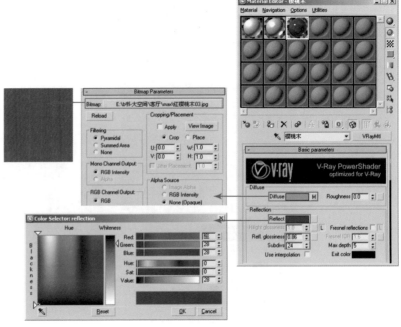

图5-18　设置樱桃木的漫射与反射

02 参数设置完成，材质球最终效果如图5-19所示。

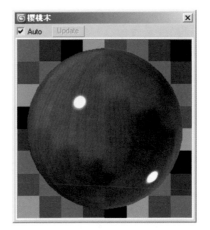

图5-19　樱桃木材质球

03 设置樱桃木的UVW Mapping选中物体，在修改器中添加UVW Mapping（贴图坐标）修改器。在Parameters（参数）面板中更改为Box的贴图方式，设置Length 500mm，Width 500mm，Height 500mm，如图5-20所示。

图5-20　设置木材的UVW Mapping

4．石材材质的设置及制作思路

首先分析一下石材的特性。然后依据物体的物理特征来调节材质的各项参数。

- 反射较大。
- 表面较光滑。
- 有比较小的高光。
- 有凹凸纹理变化。

01 在材质编辑器中新建一个 VRayMtl（VRay材质），设置石材的漫射与反射，在Diffuse（漫射）通道中添加一张石材贴图，由于石材的反射较小，分别将Reflect（反射）颜色设置为R54、G54、B54，并设置Refl. glossiness（光泽度模糊）值为0.83，设置Subdivs（细分）值为16，具体参数如图5-21所示。

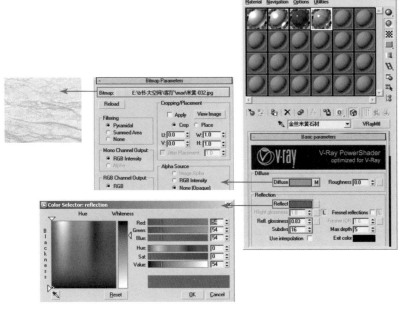

图5-21　设置石材的漫射与反射

02 展开Maps（贴图）卷展栏，在Bump（凹凸）通道中加载一张贴图，设置Bump的值设置为30，使其拥有凹凸效果，参数如图5-22所示。

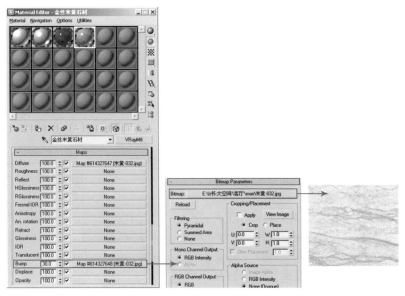

图5-22　设置石材凹凸材质

03 参数设置完成，材质球最终效果如图5-23所示。

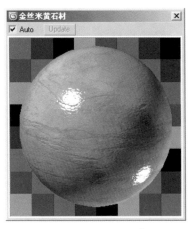

图5-23　石材材质球

04 设置石材的UVW Mapping选中物体，在修改器中添加UVW Mapping（贴图坐标）修改器。在Parameters（参数）面板中更改为Box的贴图方式，设置Length 500mm，Width 500mm，Height 500mm，如图5-24所示。

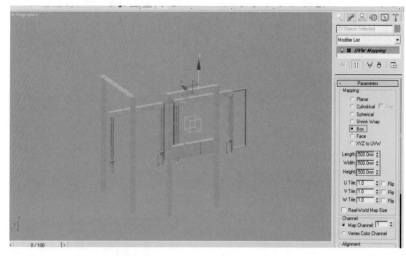

图5-24　设置石材的UVW Mapping

5．地面材质的设置及制作思路

首先分析一下地面的特性。然后依据物体的物理特征来调节材质的各项参数。

● 表面较光滑。
● 模糊反射较小。
● 高光比较小。

01 在材质编辑器中新建一个 VRayMtl（VRay材质），设置地面的漫射贴图与反射，首先在 Diffuse（漫射）通道里添加一张地砖贴图，分别将 Reflect（反射）颜色设置为R60、G60、B60。设置 Refl.glossiness（光泽度模糊）值为0.87，设置 Subdivs（细分）值为16，具体参数如图5-25 所示。

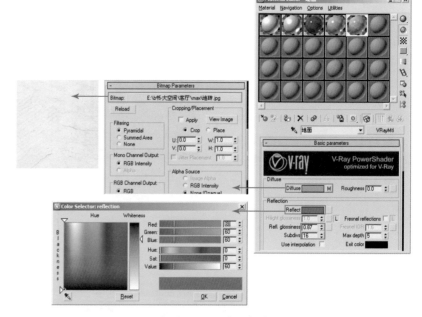

图5-25　设置地面材质

02 设置地面的 UVW Mapping选中地面物体，在修改器中添加 UVW Mapping（贴图坐标）修改器。在 Parameters（参数）面板中更改为 Planar 的贴图方式，设置 Length 800mm，Width 800mm，如图5-26 所示。

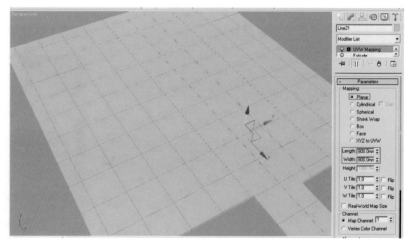

图5-26　设置地面的UVW Mapping

03 参数设置完成，材质球最终效果如图5-27所示。

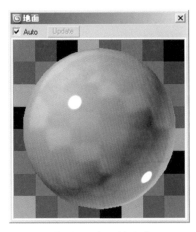

图5-27 地面材质球

6．金属材质的设置及制作思路

首先分析一下金属材质的特性。然后依据物体的物理特征来调节材质的各项参数。

- 表面较光滑。
- 反射比较大。
- 模糊反射较小。

01 在材质编辑器中新建一个 VRayMtl（VRay 材质），设置金属材质的漫射贴图与反射，首先在 Diffuse（漫射）中设置颜色数值为 R218、G161、B90，金属的反射比较大，将 Reflect（反射）颜色设置为 R104、G104、B104。并设置 Refl.glossiness（光泽度模糊）值为 0.86，设置 Subdivs（细分）值为 24，具体参数如图 5-28 所示。

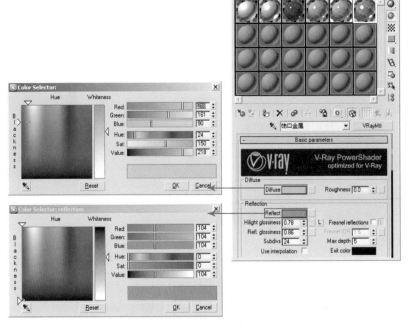

图5-28 设置金属材质

02 参数设置完成，材质球最终效果如图5-29所示。

图5-29 金属材质球

7. 窗帘材质的设置及制作思路

首先分析一下窗帘材质的特性。然后依据物体的物理特征来调节材质的各项参数。

- 表面较光滑。
- 反射比较小。
- 模糊反射较大。

01 在材质编辑器中新建一个 VRayMtl（VRay材质），设置窗帘的漫射与反射，首先在 Diffuse（漫射）通道中添加 falloff（衰减）选项，在通道1中添加一张布料贴图，设置通道2中的颜色数值为 R200、G173、B173，窗帘的反射比较小，将 Reflect（反射）颜色设置为 R20、G20、B20。并设置 Refl.glossiness（光泽度模糊）值为 0.65，具体参数如图 5-30 所示。

02 参数设置完成，材质球最终效果如图5-31所示。

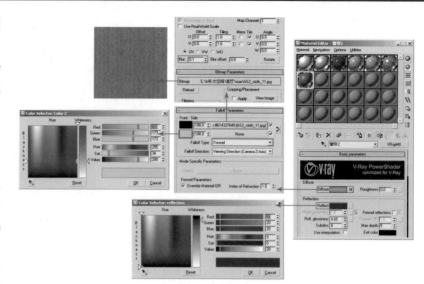

图5-30 设置窗帘材质

图5-31 窗帘材质球

8. 窗纱材质的设置及制作思路

首先分析一下窗纱材质的特性。然后依据物体的物理特征来调节材质的各项参数。

- 为半透明物体。
- 表面反射很小。

01 在材质编辑器中新建一个 VRayMtl（VRay材质），设置窗纱Diffuse（漫射）、Reflect（反射）与Refract（折射），在Diffuse（漫射）颜色中设置参数为R245、G245、B245，在Reflect（反射）颜色中设置参数为R15、G15、B15，在Refraction（折射）中勾选 Affec shadows（影响阴影）选项，并设置窗纱的折射率为1.1，参数如图5-32所示。

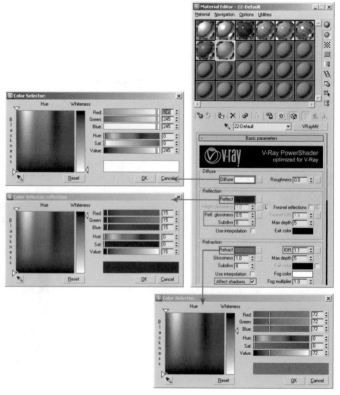

图5-32 设置窗纱材质

02 参数设置完成，材质球最终效
　　果如图5-33所示。

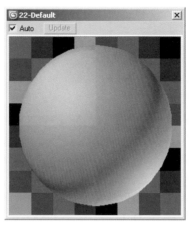

图5-33　窗纱材质球

9. 艺术玻璃材质的设置及制作思路

首先分析一下艺术玻璃材质的特性。然后依据物体的物理特征来调节材质的各项参数。

● 表面很光滑。

● 自身带有反射。

01 在材质编辑器中新建一个
　　 VRayMtl （VRay材质），设
　　置艺术玻璃材质Diffuse（漫
　　射）、Reflect（反射）与
　　Refract（折射），在Diffuse
　　（漫射）通道中添加一张玻
　　璃贴图，在Reflect（反射）中
　　设置颜色参数为R72、G72、
　　B72，设置Refract（折射）颜
　　色中参数为R44、G44、B44，
　　其他参数如图5-34所示。

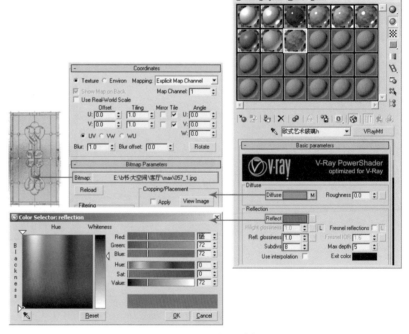

图5-34　设置艺术玻璃材质

02 参数设置完成，材质球最终效
　　果如图5-35所示。

图5-35　艺术玻璃材质球

10．油画材质的设置及制作思路

首先分析一下油画材质的特性。然后依据物体的物理特征来调节材质的各项参数。

- 表面较光滑。
- 反射比较小。
- 模糊反射较大。

01 在材质编辑器中新建一个 VRayMtl （VRay材质），设置画的漫射与反射，首先在 Diffuse（漫射）通道中添加一张画贴图，油画的反射比较小，将 Reflect（反射）颜色设置为 R39、G39、B39。并设置 Refl.glossiness（光泽度模糊）值为 0.75，具体参数如图 5-36 所示。

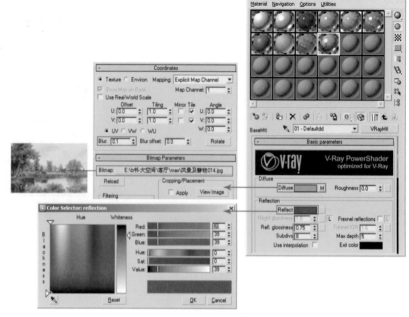

图5-36 设置画材质

02 参数设置完成，材质球最终效果如图5-37所示。

图5-37 画材质球

到这里，场景的基础材质已经设置完毕，查看基础材质渲染效果，如图5-38所示。

图5-38 基础材质的渲染效果

5.3.2　10分钟完成场景家具材质的设置

1．沙发材质的设置及制作思路

沙发材质包括：沙发腿、沙发布、抱枕与金属材质，金属与基础材质中的金属是一个材质。如图5-39所示。

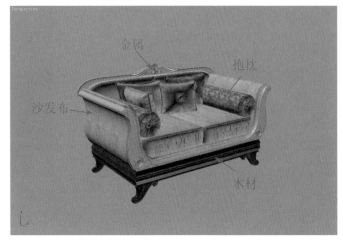

图5-39　沙发材质

设置沙发腿材质。首先来分析一下沙发腿材质的特性。然后依据物体的物理特征来调节材质的各项参数。

● 木纹理材质。

● 高光比较小。

● 有一定的反射。

01 在材质编辑器中新建一个 VRayMtl（VRay材质），设置沙发腿的漫射贴图与反射，在Diffuse（漫射）通道里添加一张木材贴图，在Reflect（反射）中设置颜色为R78、G78、B78，并设置它的Refl. glossiness（光泽度模糊）值为0.84，设置Subdivs（细分）值为12,具体参数如图5-40所示。

02 展开Maps（贴图）卷展栏，在Bump（凹凸）通道中加载一张贴图，设置Bump值为20，使其拥有凹凸效果，参数如图5-41所示。

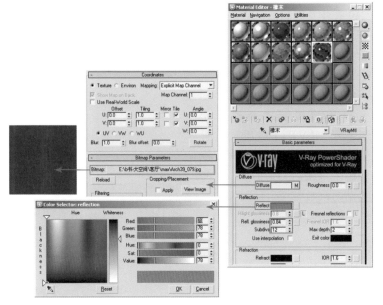

图5-40　设置沙发腿的漫射贴图与反射

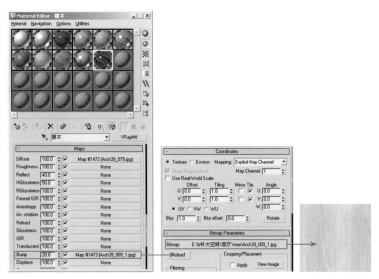

图5-41　设置木材凹凸材质

03 参数设置完成，材质球最终效果如图5-42所示。

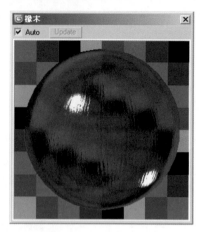

图5-42 沙发腿材质球

设置沙发布材质。首先来分析一下沙发布材质的特性。然后依据物体的物理特征来调节材质的各项参数。

● 布材质。

01 在材质编辑器中新建一个 **VRayMtl**（VRay材质），设置沙发布的漫射与反射，在Diffuse（漫射）中添加一张布料贴图，如图5-43所示。

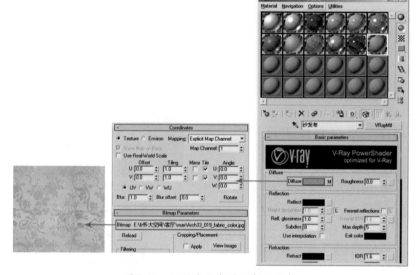

图5-43 设置沙发布的漫射与反射

02 参数设置完成，材质球最终效果如图5-44所示。

图5-44 沙发布材质球

设置抱枕材质。首先来分析一下抱枕材质的特性。然后依据物体的物理特征来调节材质的各项参数。

● 反射相对较小。

● 模糊反射很大。

01 在材质编辑器中新建一个 VRayMtl（VRay 材质），设置抱枕的漫射与反射，在 Diffuse（漫射）中添加一张位图贴图，为了使添加的贴图更加清晰，在 Reflect（反射）中设置颜色为 R13、G13、B13，并设置它的 Refl.glossiness（光泽度模糊）值为 0.62，如图 5-45 所示。

图5-45 设置抱枕的漫射贴图与反射

02 参数设置完成，材质球最终效果如图5-46所示。

图5-46 抱枕材质球

沙发的材质已经设置完毕，查看沙发材质渲染效果，如图 5-47所示。

图5-47 沙发材质的渲染效果

2. 茶几材质的设置及制作思路

茶几的材质包括：石材和木材。木材与沙发材质中沙发腿的材质一样。如图5-48所示。

图5-48 茶几材质

设置石材材质。首先来分析一下石材的特性。然后依据物体的物理特征来调节材质的各项参数。

● 表面很光滑，但有一定的凹凸纹理。
● 表面的反射较大。
● 模糊反射相对较小。

01 在材质编辑器中新建一个 VRayMtl（VRay材质），设置石材的漫射贴图与反射，在Diffuse（漫射）通道里添加一张石材贴图，在Reflect（反射）中设置颜色为R77、G77、B77，并设置Refl.glossiness（光泽度模糊）值为0.8，如图5-49所示。

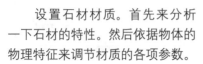

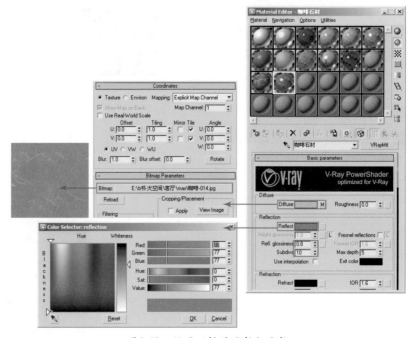

图5-49 设置石材的漫射与反射

02 展开Maps（贴图）卷展栏，设置 Bump（凹凸）贴图，将漫射中的贴图复制到凹凸中，如图5-50所示。

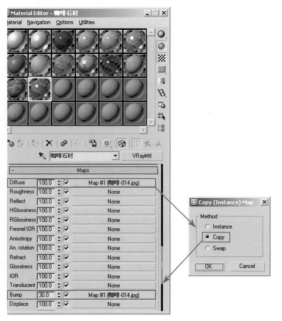

图5-50 设置凹凸贴图

03 参数设置完成，材质球最终效果如图5-51所示。

图5-51　石材材质球

茶几的材质已经设置完毕，查看材质渲染效果，如图 5-52 所示。

图5-52　茶几材质的渲染效果

3. 台灯材质的设置及制作思路

台灯的材质包括两部分，灯罩与灯座，灯座为金属材质，如图5-53所示。

图5-53　台灯材质

设置灯罩材质。首先来分析一下灯罩材质的特性。然后依据物体的物理特征来调节材质的各项参数。

● 表面较光滑。

● 反射比较小。

● 半透明物体。

01 在材质编辑器中新建一个 **VRayMtl**（VRay 材质），设置灯罩的漫射、反射与折射，在 Diffuse（漫射）里设置颜色数值为 R255、G208、B166，将 Reflect（反射）颜色数值设置为 R22、G22、B22。并设置 Refl.glossiness（光泽度模糊）值为 0.6，在 Refract（折射）中设置颜色参数为 R62、G62、B62，具体参数如图 5-54 所示。

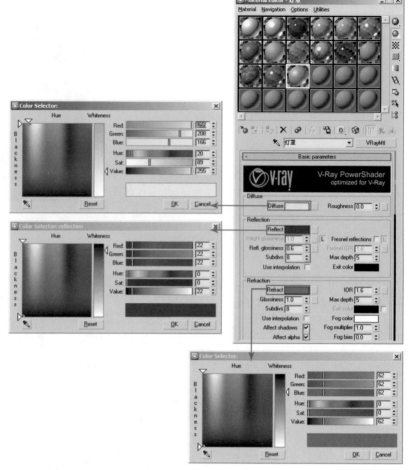

图5-54 设置灯罩的漫射与反射

02 参数设置完成，材质球最终效果如图5-55所示。

图5-55 灯罩材质球

台灯的材质已经设置完毕，查看材质渲染效果，如图 5-56 所示。

图5-56 台灯材质的渲染效果

4．陶罐材质的设置及制作思路

赋予材质后的陶罐，如图5-57所示。

图5-57　陶罐材质

设置陶罐材质。首先来分析一下陶罐材质的特性。然后依据物体的物理特征来调节材质的各项参数。

● 表面很光滑。

● 表面的反射很小。

● 较小的高光。

01 在材质编辑器中新建一个 VRayMtl（VRay材质），设置陶罐的漫射与反射，在Diffuse（漫射）通道中添加一张陶罐贴图，由于不锈钢的反射很小，将Reflect（反射）颜色数值设置为R39、G39、B39，并设置Refl.glossiness（光泽度模糊）值为0.8，具体参数如图5-58所示。

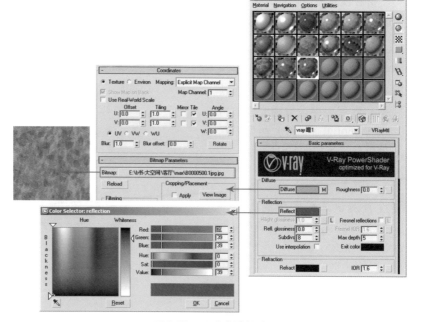

图5-58　设置陶罐材质

02 参数设置完成，材质球最终效果如图5-59所示。

图5-59　陶罐材质球

陶罐的材质已经设置完毕，查看材质渲染效果，如图5-60所示。

图5-60　陶罐材质的渲染效果

5.4　10分钟完成灯光的创建与测试渲染

材质设置完成以后，接下来讲叙如何为场景创建灯光，以及VRay参数面板中的各项设置，在渲染成图之前，要先将VRay面板中的参数设置低一点，从而提高测试渲染的速度。

5.4.1　2分钟完成测试渲染参数的设定

01 在 V-Ray:: Color mapping （颜色映射）卷展栏中设置曝光模式为Exponential（指数）类型，其他参数设置如图5-61所示。

图5-61　设置颜色映射

02 设置测试渲染图像的大小，把测试图像大小设置为600×533。如图5-62所示。

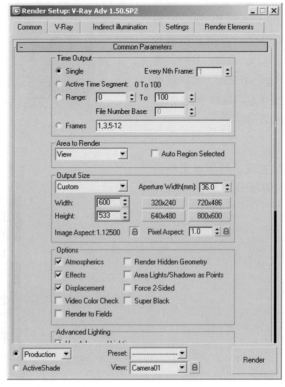

图5-62　设置渲染图像大小

5.4.2 2分钟完成室外VRay天光的创建

01 按快捷键8，打开环境和效果面板。在环境贴图面板中添加 VRaySky （VRay天光）贴图，如图5-63所示。

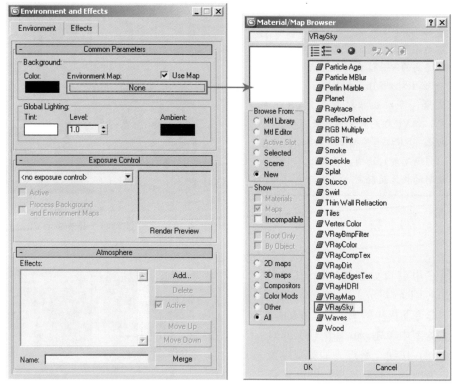

图5-63 创建VRay阳光

02 将VRay Sky（VRay天光）按Instance（实例）方式拖入材质编辑器。勾选"VRay Sky"参数中的"manual sun node（手动阳光节点）"选项，在 sun intensity multiplier （阳光强度倍增器）中设置参数值为0.5，如图5-64所示。

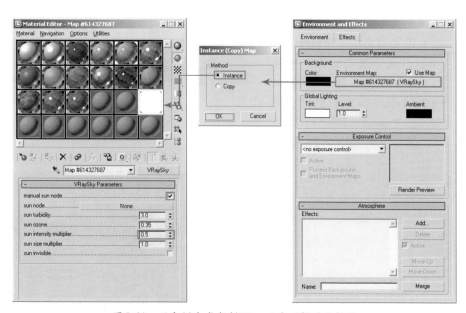

图5-64 以实例方式复制VRay天光到材质编辑器

5.4.3 4分钟完成室外VRay Light的创建

01 在大窗口处创建VRay Light（VRay灯光），单击 创建命令面板中的 图标，在VRay类型中单击 VRayLight （VRay灯光）按钮，将灯光的类型设置为Plane（面光源），设置灯光的Color（颜色）为R153、G206、B255，Multiplier（强度）值为30，在Optison（选项）设置面板中勾选Invisible（不可见）选项，为了不让灯光参加反射，勾选掉Affect reflections（影响反射）选项，设置Subdivs（细分）值为16，参数设置如图5-65所示。

提示：

设置VRay Light（VRay灯光）中的Subdivs（细分）值，可以提高灯光的光影效果，降低阴影噪点。但过高的细分值会降低渲染速度。勾选VR灯光的Invisible（不可见）选项，可以让相机看不见VR灯光，但VR灯光对室内还是照明。勾选掉VR灯光的Affect reflections（影响反射）选项，可以让室内有反射的物体反射室外的天光。

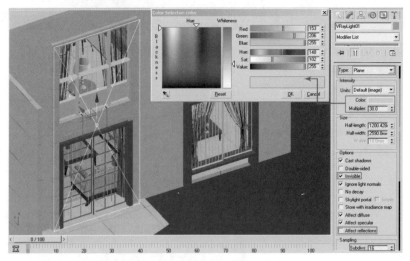

图5-65　设置窗口VRay灯光参数

02 在小窗口处创建VRay Light（VRay灯光），单击 创建命令面板中的 图标，在VRay类型中单击 VRayLight （VRay灯光）按钮，将灯光的类型设置为Plane（面光源），设置灯光的Color（颜色）为R153、G206、B255，Multiplier（强度值）为40，在Optison（选项）设置面板中勾选Invisible（不可见）选项，为了不让灯光参加反射，勾选掉Affect reflections（影响反射）选项，设置Subdivs（细分）值为16，参数设置如图5-66所示。

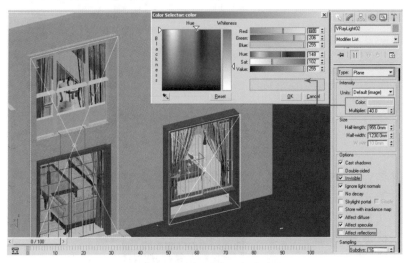

图5-66　设置窗口VRay灯光参数

03 在相机视图中按快捷键F9，对相机角度进行渲染测试，测试效果如图5-67所示。

图5-67　测试渲染效果

5.4.4 4分钟完成吊灯处VRay Light的创建

01 在大厅吊灯下方的位置创建VRay Light（VRay 灯光），单击 创建命令面板中的 图标，在 VRay 类型中单击 VRayLight（VRay 灯光）按钮，将灯光的类型设置为 Plane（面光源），设置灯光的 Color（颜色）R255、G192、B124，Multiplier（强度）值为 25，在 Optison（选项）设置面板中勾选 Invisible（不可见）选项，为了不让灯光参加反射，勾选掉 Affect reflections（影响反射）选项，并设置细分值为24，参数设置如图 5-68 所示。

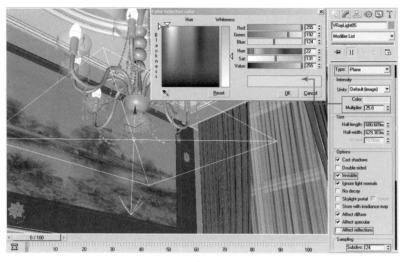

图5-68 设置吊灯处VRay灯光参数

02 在餐厅上方的位置创建 VRay Light（VRay 灯光），因为餐厅位置不是要表现的点对象，所以看不到的模型并没有创建。单击 创建命令面板中的 图标，在 VRay 类型中单击 VRayLight（VRay 灯光）按钮，将灯光的类型设置为 Plane（面光源），设置灯光的 Color（颜色）为 R255、G192、B124，Multiplier（强度值）为 10，在 Optison（选项）设置面板中勾选 Invisible（不可见）选项，为了不让灯光参加反射，勾选掉 Affect reflections（影响反射）选项，参数设置如图 5-69 所示。

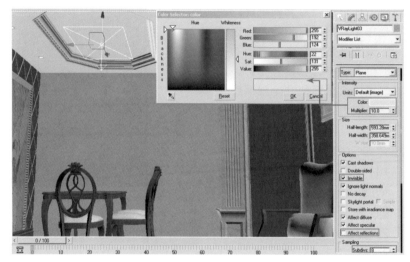

图5-69 设置餐桌上方VRay灯光参数

03 在二楼吊灯的位置创建 VRay Light（VRay 灯光），单击 创建命令面板中的 图标，在 VRay 类型中单击 VRayLight（VRay 灯光）按钮，将灯光的类型设置为 Plane（面光源），设置灯光的 Color（颜色）为 R255、G192、B124，Multiplier（强度）值为 15，在 Optison（选项）设置面板中勾选 Invisible（不可见）选项，为了不让灯光参加反射，勾选掉 Affect reflections（影响反射）选项，参数设置如图 5-70 所示。

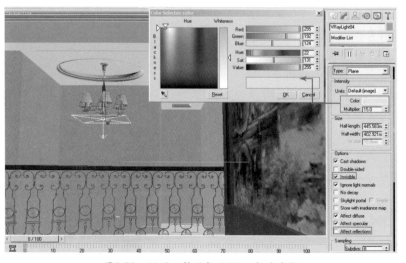

图5-70 设置二楼吊灯处VRay灯光参数

04 在相机视图中按快捷键F9，对相机角度进行渲染测试，测试效果如图5-71所示。

图5-71　测试渲染效果

5.4.5　4分钟完成顶面光域网的创建

空间顶部有众多筒灯，需要对这些筒灯进行灯光的创建。但不是每个筒灯都要创建，根据空间的需要来创建灯光。对于看不到的位置就不必创建灯光了。比如二楼筒灯后面的几个就不用创建，只能看到前两个筒灯光源的效果。

01 单击 创建命令面板中的 图标，单击Photometric类型中的 Free Light （自由点光源）按钮，在顶视图中筒灯的位置创建灯光。沙发后方的灯光如图5-72所示。

图5-72　创建VRay光域网

提示：

如果在顶视图中创建 Free Light （自由点光源），那么自由点光源默认的照射方向为垂直向下。光域网是灯光的一种物理性质，用来确定光在空气中发散的方式。不同的灯光，在空气中的发散方式是不一样的。在效果图表现中，为了得到美丽的光晕就需要用到光域网文件。一般光域网文件是以.ies为文件后缀，所以叫作Ies文件。

02 餐厅顶面筒灯处的灯光，如图5-73所示。

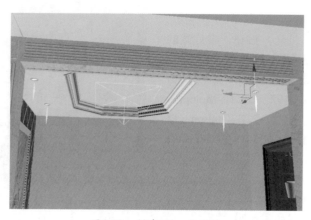

图5-73　创建VRay光域网

03 楼梯顶面筒灯处的灯光，如图5-74所示。

图5-74　创建VRay光域网

04 二楼顶面筒灯处的灯光，如图5-75所示。

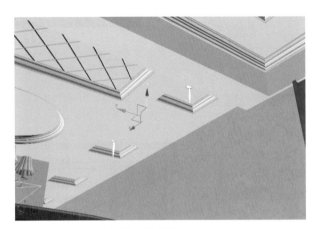

图5-75　创建VRay光域网

05 以上创建的灯光属性都是一样的。单击 📃 图标进入修改命令面板，在 - General Parameters 卷展栏中开启Shadows（阴影）选项，设置阴影类型为VRay Shadows，设置Distribution（灯光类型）为Photometric Web类型，在 - Intensity/Color/Distribution （强度/颜色/分部）卷展栏中设置Filter Color(颜色)数值分别为R255、G210、B151，并设置参数大小为34000，再进入 -Distribution (Photometric Web) （Web参数）卷展栏，单击Web file(Web文件)右侧的按钮指定光域网文件，如图5-76所示。

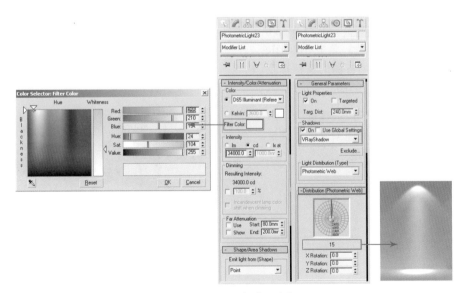

图5-76　设置光域网参数

5.4.6 4分钟完成壁灯处光域网的创建

01 单击 创建命令面板中的 图标，单击 Photometric 类型中的 Free Light （自由点光源）按钮，在壁灯的位置创建灯光，使灯光向上照射，如图 5-77 所示。

图5-77 创建VRay光域网

02 单击 图标进入修改命令面板，在 General Parameters 卷展栏中开启Shadows（阴影）选项，设置阴影类型为VRay Shadows，设置Distribution（灯光类型）为Photometric Web 类型，在 Intensity/Color/Distribution （强度/颜色/分部）卷展栏中设置Filter Color（颜色）数值分别为255、177、75，并设置参数大小为283.4，再进入 Distribution [Photometric Web] （Web参数）卷展栏，单击Web file （Web文件）右侧的按钮指定光域网文件，如图5-78所示。

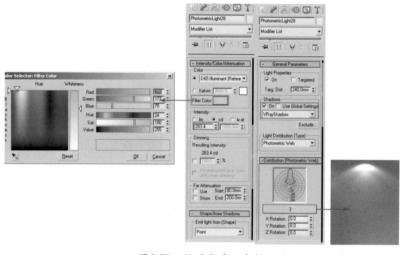

图5-78 设置光域网参数

03 在相机视图中按快捷键F9，对相机角度进行渲染测试，测试效果如图5-79所示。

图5-79 最终测试渲染效果

04 使用渲染测试的图像大小进行
发光贴图与灯光缓存的计算。
设置完毕后，在相机视图按快
捷F9进行发光贴图与灯光缓
存的计算，计算完毕后进行成图
的渲染。成图的渲染设置方法
请参见第一章中的讲解。这是
本场景的最终渲染效果，如图
5-80所示。

图5-80　最终渲染效果

5.5　1分钟完成色彩通道的制作

将文件另存为一份，然后删
除场景中所有的灯光，单击菜单
栏 MAXScript ，单击 Run Script... ，
运行beforeRender.mse插件，制作
与成图的渲染尺寸一致的色彩通
道，如图5-81所示。

提示：

彩色通道的详细制作方法，请参考
本书第8章日光大厅的相关章节。

图5-81　色彩通道图

5.6　10分钟完成Photoshop后期处理

最后，使用Photoshop软件为渲染的图像进行亮度、对比度、色彩饱和度、色阶等参数的调节，以下是
场景后期步骤。

01 在Photoshop里，将渲染出来的最终图像和色彩通道打开，如图5-82所示。

图5-82 打开成图与通道图

02 使用工具箱里的移动工具，按住Shift键，将"客厅td.tga"拖入"客厅.tga"，并调整餐厅图层关系，如图5-83所示。

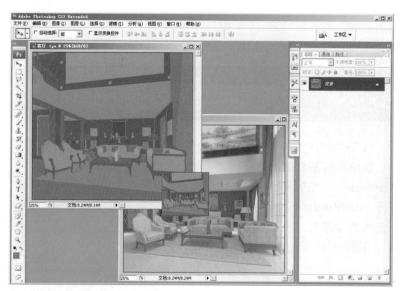

图5-83 通道图拖入到成图中

03 单击右侧图层面板的按钮，在弹出的下拉菜单里选择"曲线"选项，并调整曲线参数，降低整个画面的暗部的高质，如图5-84所示。

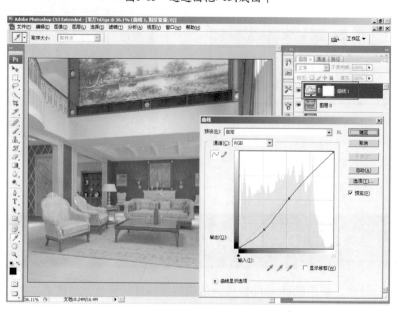

图5-84 曲线命令

04 单击右侧图层面板下的 ⊘. ，在弹出的下拉菜单里选择"照片滤镜"选项。为了中和画面中过多的红色部分，将滤镜颜色设置为嫩绿色，如图5-85所示。

图5-85 照片滤镜

05 单击右侧图层面板的 ⊘. 按钮，在弹出的下拉菜单里选择"色阶"选项。提高画面的对比度，如图5-86所示。

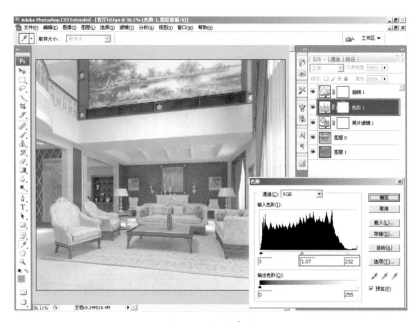

图5-86 色阶命令

06 再次单击右侧图层面板的 ⊘. 按钮，在弹出的下拉菜单里选择"色彩平衡"选项。以减少画面中的黄色和青色，如图5-87所示。

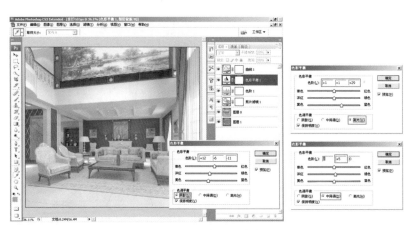

图5-87 色彩平衡命令

07 利用色彩通道调整局部单个物体的明暗关系，色彩关系。单击色彩通道图层，按快捷键W选择魔棒工具。把容差值调为10，勾选掉"连续"选项。在白色墙面上单击鼠标，当选区出现时，选择图层0，再按快捷键Ctrl+J，将白色墙面复制一个图层，如图5-88所示。

图5-88 复制顶面

08 按快捷键Ctrl+J复制一个白色墙面图层后，再按快捷键Ctrl+L，调整白色墙面图层的色阶，让白色墙面显得明亮一些。调整完后再适当调节墙面的色彩平衡，具体参数如图5-89所示。

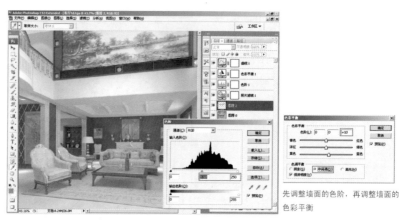

先调整墙面的色阶，再调整墙面的色彩平衡

图5-89 色阶与色彩平衡命令

09 按照相同的方法依次调整地面、窗户、木制墙面、桌椅等。再对整个空间进行整体的调整，如图5-90所示。

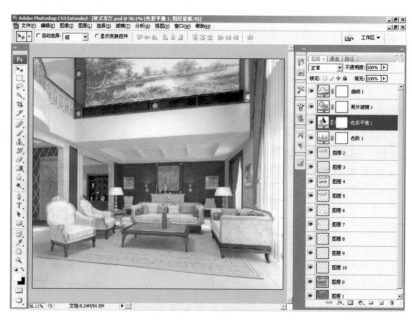

图5-90 调整其他

10 修改完成确认后，欧式客厅最
终效果如图5-91所示。

提示：

本场景的视频讲解教程，请参看光
盘\视频教学\客厅中的内容。

图5-91 最终效果

第6章
红色主题酒吧表现技法

本章学习要点

- 掌握VRay物理相机的使用方法。
- 掌握VRay发光材质的用法。
- 掌握omni（泛光灯）模拟蜡烛光的使用方法。

6.1　酒吧简介

6.1.1　快速表现制作思路

01 材质设置阶段：本场景中的主要光源来源于室内红色发光灯槽与射灯，空间中的人造光源比较多，在本场景中利用了冷暖对比的手法来表现酒吧的气氛。

02 渲染阶段：利用颜色映射来提亮空间。

03 后期阶段：调节图像的原则是先整体后局部，再以局部到整体的进行，调节图像的色阶、高度、对比度、饱和度等，修改渲染中留下的缺陷，最终完成作品。

6.1.2　提速要点分析

　　本场景除模型部分共用52分钟完成，主要用了以下几个方法与技巧：

01 制作效果图的，电脑中都会存有大量的模型和贴图，它们的来源与渠道各不相同，有在网上下载的，也有自己制作的。如果疏忽管理，那么在作图调用是时候，因为没有条理，浪费了大量的时间和精力在寻找合适的模型和贴图上。

02 在对各个单元进行建模时，可以适当对模型进行材质的调整，简单的赋予相对应的材质。这样方便之后微调材质参数，同样可以节省很多时间。

03 对于局部细节的修改可用局部渲染来弥补，这样不仅省时间，也不会影响最终效果。

6.2　3分钟完成创建摄像机

创建场景物理相机

　　VRay物理相机的好处在于包含了一些真实相机的一些元素，这一点是前所未有的突破。

　　当模型都创建好以后，要为空间创建摄像机，在本实例中用到了VRay渲染器提供的Phy SicalCamera（物理相机）。同时还用到了摄像机ditortion（失真）效果。下面将具体介绍本场景中的摄像机创建方法。

01 选择 ▦ 面板下的 ◾ayPhysicalCam 按钮，如图6-1所示。

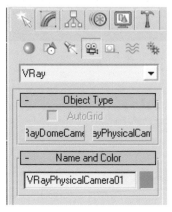

图6-1　选择摄像机

02 切换到Top（顶）视图中，按

住鼠标在顶视图中创建一个摄像机，具体位置如图6-2所示。

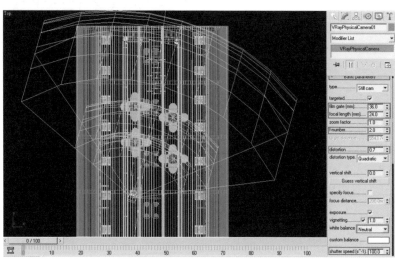

图6-2　摄像机顶视图角度位置

技术点评:

将相机的distortion设置为0.7，在视图中会发现VRay相机发生了一些曲面失真变化。这种曲面失真变化是真实相机所独有的。打开光盘/技术看板/VRay相机失真.max文件，四种参数效果如图6-3所示。

distortion(失真)=0

distortion(失真)=0.5

distortion(失真)=1.0

distortion(失真)=1.5

图6-3　VRay相机失真

03 切换到Left（左）视图中调整摄像机位置如图6-4所示。

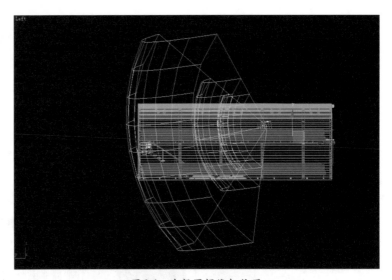

图6-4　左视图摄像机位置

04 选择 面板，在VRay选项下单击 ayPhysicalCam 按钮，如图6-5所示。

图6-5　选择摄像机

05 切换到 Top（顶）视图中，按住鼠标在顶视图中创建另一个摄像机,具体位置如图6-6所示。

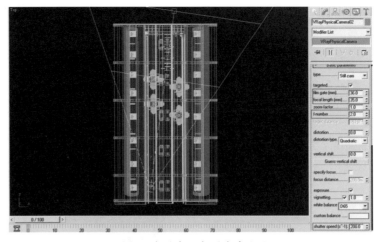

图6-6 摄像机顶视图角度位置

06 切换到Left（左）视图中调整摄像机位置，如图6-7所示。

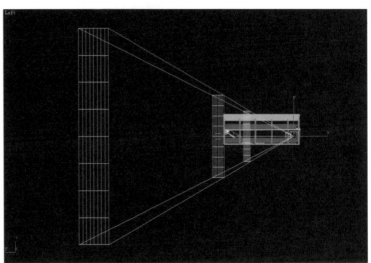

图6-7 左视图摄像机位置

技术点评：

VRay物理相机的所有参数跟现实中的相机参数非常相似,所有在现实相机中有的参数性能都可以在VRay物理相机中调节。VRay物理相机的参数直接影响到场景最终的亮度,所以在使用VRay物理相机的场景中,可以尝试控制VRay物理相机的f-number（光圈）、shutter speed（快门速度）以及film speed（感光度）来调节场景亮度。以下是相机知识和几个重要参数的理解:

● f-number光圈系数：光圈系数和光圈相对口径成反比,系数越小口径越大,光通量越大,主体更亮更清晰。光圈系数和景深成正比,越大景深越大。

● shutter speed快门速度：实际速度是快门数值的倒数,所以数字越大快门速度越小,实际速度越快,通过的光线就越少,场景越暗。快门速度和运动模糊成反比,值越小越模糊。

● ISO底片感光度：值越大渲染图像越亮。

● white balance 白平衡：无论环境的光线中的白色如何变化都以这个白色定义为白色,当设置为Neutral时,白平衡为纯白色。

● zoom factor：这项参数决定了最终图像的（近或远）,但它并不需要推近或拉远摄像机。

● Distortion（失真）：用来模拟真实相机状态下的镜头失真效果。失真值越大,变形越强烈。

● Vignetting 镜头渐晕：类似于真实相机的镜头渐晕（图片的四周较暗中间较亮）。

● Guess vertical shift（估算垂直移动）：场景中相机的目标点往上移动过。这时,可以使作Guess vertical shift命令。当相机被抬起时,所有垂直方向的物体会发生透视上的变形,可以利用Guess vertical shift（估算垂直移动）来修正垂直方向的变形。

6.3　30分钟完成酒吧材质

打开配套光盘中第6章\max\酒吧-模型.max文件，这是一个已创建完成的酒吧场景，相机1的角度如图6-8所示。

图6-8　建模完成的酒吧

以下是场景中的物体赋予材质后的效果，相机1的角度如图6-9所示。

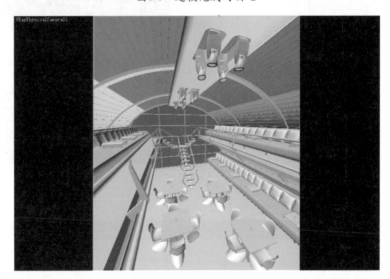

图6-9　赋予材质后的酒吧

创建完成的酒吧相机2的场景，如图6-10所示。

图6-10　建模完成的酒吧

以下是相机 2 的场景中的物体赋予材质后的效果，如图 6-11 所示。

继续设置酒 吧中的一些主要材质。

图6-11 赋予材质后的酒吧

6.3.1 15分钟完成场景基础材质的设置

酒吧中的基础材质有顶面、墙面、白漆、黑漆、白金属、地面等材质，如图 6-12 所示，下面将说明它们的具体设置方法。

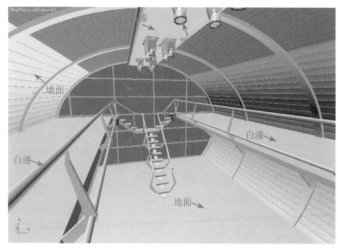

图6-12 基础材质

1．地面材质的制作思路以及参数调整

首先分析一下地面的物理属性，然后依据物体的物理特征来调节材质的各项参数。

● 漫射为白色。

● 表面较光滑。

● 有菲涅耳尔射现象。

● 高光非常小。

01 在材质编辑器中新建一个 VRayMtl （VRay 材质），设置地面的 Diffuse（漫射）与 Reflect（反射），将 Diffuse（漫射）中的颜色数值设置为 R237、G237、B237，将 Reflect（反射）颜色数值设置为 R133、G133、B133，设定 Refl.glossinss（光泽度模糊）值为 0.95，设置 Subdivs（细分）值为 24，如图 6-13 所示。

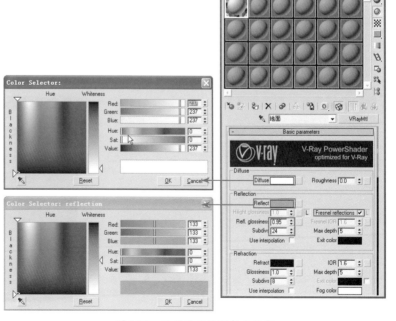

图6-13 设置地面的漫射与反射

02 参数设置完成，材质球最终效
果如图6-14所示。

图6-14　地面材质球

2．背景墙材质的制作思路以及参数调整

首先分析一下背景墙的物理
属性，然后依据物体的物理特征
来调节材质的各项参数。

● 表面呈深红色。

● 光滑有比较小的反射。

● 高光也很小。

01 在材质编辑器中新建一个
VRayMtl（VRay 材质），设置
背景墙材质，在 Diffuse(漫射)
中设置颜色数值为 R155、G38、
B0，将 Reflect（反射）中的颜
色数值设置为 R45、G45、B45，
设定 Refl.glossinss（光泽度模糊）
值为 0.98，设置 Subdivs（细分）
为值 16，如图 6-15 所示。

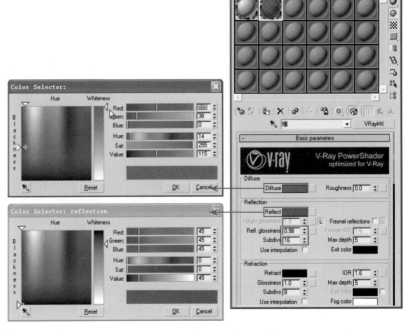

图6-15　设置墙的漫射与反射

02 参数设置完成，材质球最终效
果如图6-16所示。

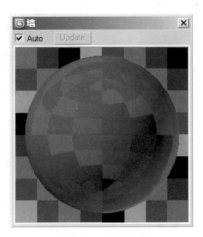

图6-16　墙材质球

3．顶面材质的设置及制作思路

首先分析一下顶面的物理属性，然后依据物体的物理特征来调节材质的各项参数。

● 材质为蓝色漆材质。

● 表面的反射很小。

01 在材质编辑器中新建一个  VRayMtl（VRay材质），设置顶面的漫射与反射，在Diffuse（漫射）里添加Falloff（衰减）命令，设置通道1的颜色为R79、G101、B199，设置通道2的颜色为R149、G163、B221，将Reflect（反射）颜色数值设置为R15、G15、B15，具体参数如图6-17所示。

02 参数设置完成，材质球最终效果如图6-18所示。

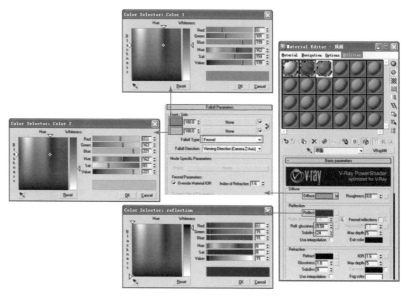

图6-17　设置顶面的漫射与反射

图6-18　顶面材质球

4．墙面材质的设置及制作思路

首先分析一下墙面的物理属性，然后依据物体的物理特征来调节材质的各项参数。

● 表面较粗糙。

● 有比较小的反射。

● 模糊反射较大。

01 在材质编辑器中新建一个 VRayMtl（VRay材质），设置墙面材质，在Diffuse（漫射）中设置颜色数值为R230、G231、B236，将Reflect（反射）颜色数值设置为R40、G40、B40，设定Refl.glossinss(光泽度模糊)值为0.6，设置Subdivs（细分）值为24，如图6-19所示。

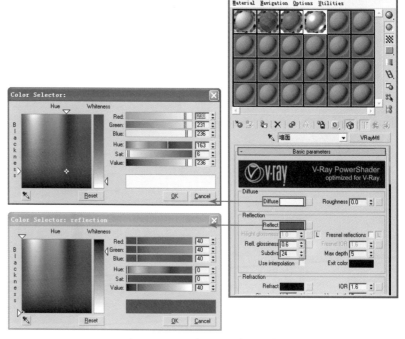

图6-19　设置墙面的漫射与反射

02 参数设置完成，材质球最终效果如图6-20所示。

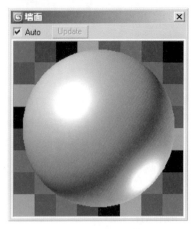

图6-20　墙面材质球

5．白漆材质的设置及制作思路

首先分析一下白漆的物理属性，然后依据物体的物理特征来调节材质的各项参数。

- 表面很光滑。
- 有比较小的反射。
- 高光相对较大。

01 在材质编辑器中新建一个 VRayMtl（VRay 材质），设置白漆材质，在 Diffuse（漫射）中设置颜色数值为 R233、G233、B233，将 Reflect（反射）颜色数值设置为 R35、G35、B35，设定 Refl.glossinss（光泽度模糊）值为 0.68，设置 Subdivs（细分）值为 24，如图 6-21 所示。

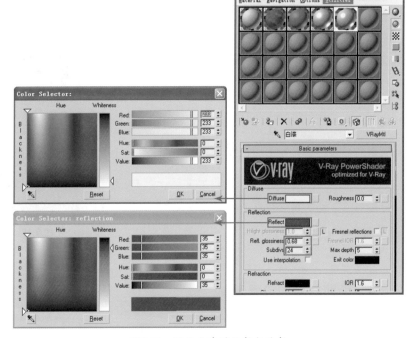

图6-21　设置白漆的漫射与反射

02 参数设置完成，木材材质球最终效果如图6-22所示。

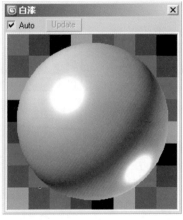

图6-22　白漆材质球

6．黑漆材质的设置及制作思路

首先分析一下黑漆的物理属性，然后依据物体的物理特征来调节材质的各项参数。

● 表面很光滑。

● 有比较小的反射。

● 高光相对较大。

01 在材质编辑器中新建一个 ⬤VRayMtl（VRay材质），设置黑漆材质，在Diffuse（漫射）中设置颜色数值为R25、G25、B25，将 Reflect（反射）颜色数值设置为R47、G47、B47，设定Refl.glossinss（光泽度模糊）值为0.65，如图6-23所示。

02 参数设置完成，材质球最终效果如图6-24所示。

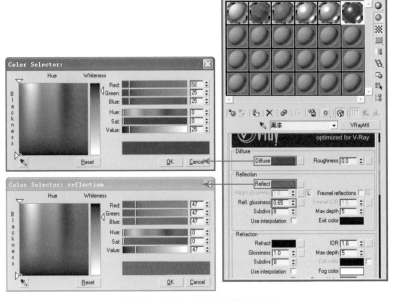

图6-23　设置黑漆的漫射与反射

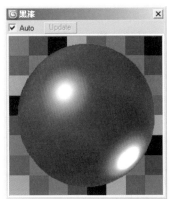

图6-24　黑漆材质球

7．金属材质的设置及制作思路

首先分析一下金属的物理属性，然后依据物体的物理特征来调节材质的各项参数。

● 表面很光滑。

● 表面的反射较小。

01 在材质编辑器中新建一个 ⬤VRayMtl（VRay材质），设置金属材质，在Diffuse（漫射）中设置颜色数值为R221、G221、B221，将 Reflect（反射）颜色数值设置为R60、G60、B60，这里设定Refl.glossinss（光泽度模糊）值为0.8，设置Subdivs（细分）值为24，如图6-25所示。

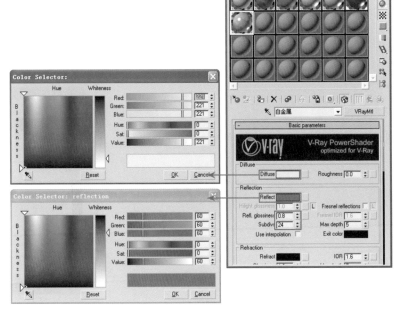

图6-25　设置金属的漫射与反射

02 参数设置完成，材质球最终效果如图6-26所示。

图6-26　金属材质球

8. 发光灯片灯片材质的设置及制作思路

首先分析一下发光灯片的物理属性，然后依据物体的物理特征来调节材质的各项参数。

- 颜色为蓝色。
- 自发光为蓝色。

01 在 材 质 编 辑 器 中 新 建 一 个 **VRayLightMtl**（VRay灯光材质），单击 **Color:**（颜色）选项分别选取数值为R126、G150、B255，设置颜色倍数为5，具体参数如图6-27所示。

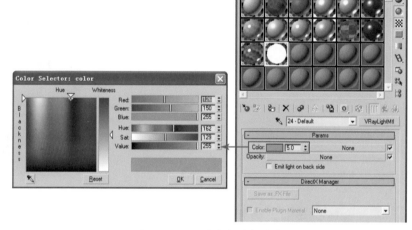

图6-27　设置发光灯片材质球

02 参数设置完成，材质球最终效果如图6-28所示。

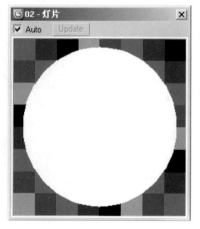

图6-28　灯片材质球

到这里，场景的基础材质已经设置完毕，查看基础材质渲染效果，如图6-29和图6-30所示。

图6-29 基础材质的渲染效果

图6-30 基础材质的渲染效果

6.3.2 15分钟完成场景家具材质的设置

沙发材质包括：沙发、抱枕、桌面、不锈钢、玻璃如图6-31所示。

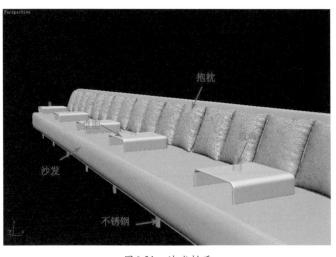

图6-31 沙发材质

1. 抱枕材质的制作思路以及参数调整

首先分析一下抱枕的物理属性，然后依据物体的物理特征来调节材质的各项参数。

- 表面较粗糙。
- 有比较小的反射。
- 模糊值很大。

01 在材质编辑器中新建一个 VRayMtl （VRay材质），设置抱枕材质，在Diffuse（漫射）中设置颜色数值分别为R240、G240、B240，抱枕具有较大的光泽度模糊效果，将Reflect（反射）颜色数值设置为R20、G20、B20，设定Refl.glossinss(光泽度模糊)值为0.6，如图6-32所示。

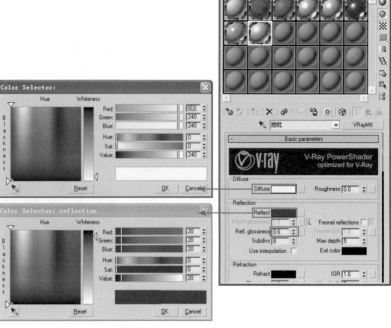

图6-32 设置抱枕的漫射与反射

02 在材质编辑器的Maps（贴图）卷展栏中设置Bump（凹凸）贴图，Bump（凹凸）中添加 Bitmap （位图）贴图，设置凹凸数值为30，具体参数如图6-33所示。

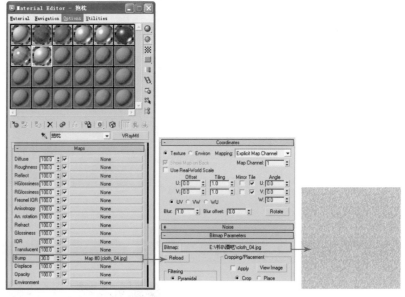

图6-33 设置抱枕的凹凸材质

03 参数设置完成，材质球最终效果如图6-34所示。

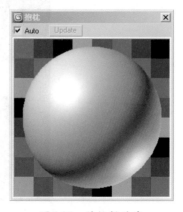

图6-34 抱枕材质球

04 设置抱枕的 UVW Mapping，选中墙面物体在修改器中添加 UVW Mapping（贴图坐标）修改器。将 Parameters（参数）面板中的贴图方式更改为 Box 的贴图方式，设置 Length 500mm，Width 500mm，Height 500mm，如图 6-35 所示。

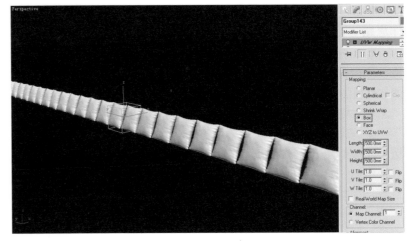

图6-35　设置抱枕的UVW Mapping

2．桌面材质的设置及制作思路

首先分析一下桌面的物理属性，然后依据物体的物理特征来调节材质的各项参数。

● 表面很光滑。

● 有比较小的反射。

● 模糊反射较小。

01 在材质编辑器中新建一个 VRayMtl（VRay材质），设置桌面材质，在Diffuse（漫射）中设置颜色数值分别为R240、G240、B240，将Reflect（反射）颜色数值设置为R35、G35、B35，设定Refl.glossinss(光泽度模糊)值为0.78，如图6-36所示。

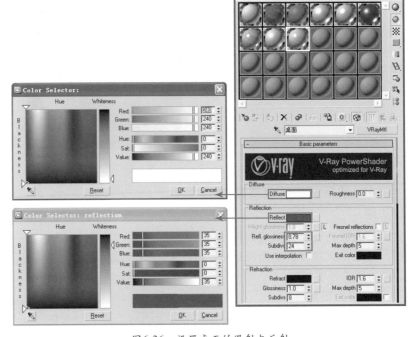

图6-36　设置桌面的漫射与反射

02 参数设置完成，材质球最终效果如图6-37所示。

图6-37　桌面材质球

3．沙发材质的设置及制作思路

首先分析一下沙发的物理属性，然后依据物体的物理特征来调节材质的各项参数。

● 材质为布材质。

● 表面的反射很小。

01 在材质编辑器中新建一个 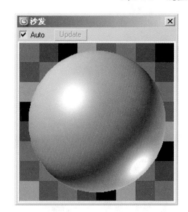 VRayMtl（VRay材质），设置沙发的漫射与反射，在Diffuse（漫射）里添加Falloff（衰减）命令，设置通道1的颜色为R201、G193、B183，设置通道2的颜色为R240、G240、B240，由于沙发的反射较小，将Reflect（反射）颜色数值设置为R27、G27、B27，设定Refl.glossinss（光泽度模糊）值为0.62,设置Subdivs（细分）值为24，具体参数如图6-38所示。

02 参数设置完成，材质球最终效果如图6-39所示。

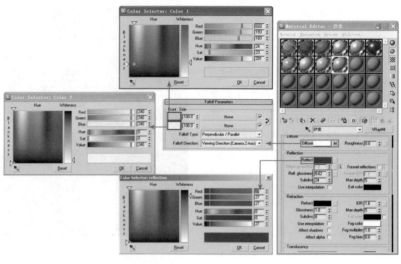

图6-38　设置沙发的漫射与反射

> **提示：**
>
> 在沙发漫射材质中添加Falloff（衰减）命令，可以用来表现柔软的布纹理材质。

图6-39　沙发材质球

4．玻璃材质的设置及制作思路

首先分析一下玻璃的物理属性，然后依据物体的物理特征来调节材质的各项参数。

● 表面很光滑。

● 表面的反射较大。

● 全透明，有折射。

01 在材质编辑器中新建一个 VRayMtl，设置玻璃的漫射、反射与折射，在Diffuse（漫射）里将颜色分别设置为R243、G243、B243，由于玻璃的反射较大，将Reflect（反射）颜色数值设置为R55、G55、B55，在Refraction（折射）中勾选Affec shadows（影响阴影）与Affec alpha（影响Alpha）选项，并设置玻璃窗的折射率为1.55，具体参数如图6-40所示。

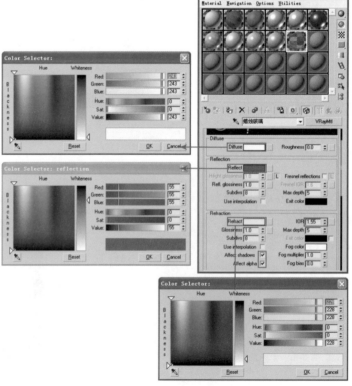

图6-40　设置玻璃材质

02 参数设置完成，材质球最终效果如图6-41所示。

图6-41 玻璃材质球

5．不锈钢材质的设置及制作思路

首先分析一下不锈钢的物理属性，然后依据物体的物理特征来调节材质的各项参数。

- 表面很光滑。
- 表面的反射很大。
- 较小的高光。

01 在材质编辑器中新建一个 VRayMtl ，设置不锈钢的漫射与反射，在Diffuse（漫射）里将漫射颜色设置为R139、G139、B139，由于不锈钢的反射很大，在这里我们分别将Reflect（反射）颜色数值设置为R180、G180、B180，并设置Refl.glossiness（光泽度模糊）值为0.8，设置Subdivs（细分）值为24，具体参数如图6-42所示。

02 参数设置完成，材质球最终效果如图6-43所示。

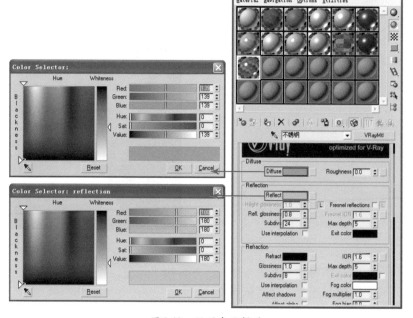

图6-42 设置金属材质

图6-43 不锈钢材质球

沙发的材质已经设置完毕，查看沙发材质渲染效果，如图6-44所示。

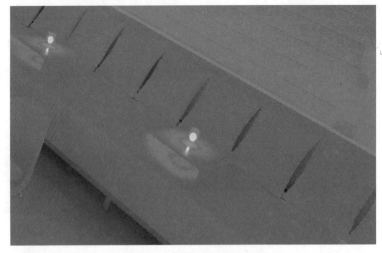

图6-44　沙发材质的渲染效果

6．椅子材质的设置及制作思路

桌子材质与沙发中桌面材质是一样的，椅子与桌子赋予材质效果如图6-45所示。

图6-45　椅子与桌子材质

设置椅子材质。首先分析一下椅子的物理属性，然后依据物体的物理特征来调节材质的各项参数。

● 表面很光滑。

● 有菲涅耳尔射现象。

● 高光非常小。

01 在材质编辑器中新建一个 VRayMtl（VRay材质），设置椅子材质，在Diffuse（漫射）中设置颜色数值为R247、G247、B247，将Reflect（反射）颜色数值设置为R235、G235、B235，这里设定Refl. glossinss(光泽度模糊)值为0.92，设置Subdivs（细分）值为16，如图6-46所示。

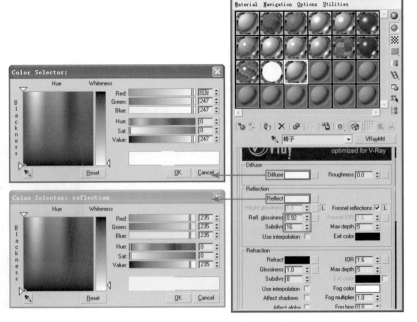

图6-46　设置椅子的漫射与反射

02 参数设置完成，材质球最终效果如图6-47所示。

图6-47 椅子材质球

椅子的材质已经设置完毕，查看椅子材质渲染效果，如图 6-48 所示。

图6-48 椅子材质的渲染效果

6.4 12分钟完成灯光的创建与测试

材质设置完成以后，接下来讲叙如何为场景创建灯光，以及VRay参数面板中的各项设置，在渲染成图之前，要先将VRay面板中的参数设置低一点，从而提高测试渲染的速度。

6.4.1 2分钟完成测试渲染参数的设定

01 在 V-Ray:: Color mapping （颜色映射）卷展栏中设置曝光模式为 Linear multiply（线性曝光）类型，其他参数设置如图 6-49 所示。

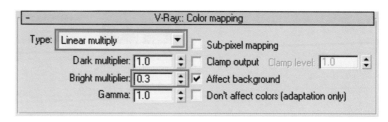

图6-49 设置颜色映射

02 设置测试渲染图像的大小，
把测试图像大小设置为500×
600，这样不仅可以观察到渲
染的大效果，还可以提高测试
速度，如图6-50所示。

提示：

其他渲染面板的参数具体设置方法
请参见第1章中的讲解。

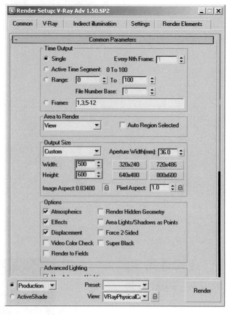

图6-50 设置渲染图像大小

6.4.2 4分钟完成沙发背后发光灯片的创建

01 在沙发后创建发光灯片，首先
先创建一层沙发位置的发光灯
片，单击创建命令面板中 的
图标，在 Standrd 类型中单击
Box（立方体）按钮，在顶视图
中沙发模型后创建立方体，并
复制一层另一个沙发模型后，
值参数设置如图 6-51 所示。

图6-51 创建长方体

02 在材质编辑器中新建一个
 VRayLightMtl（VRay 灯光材质），
单击 Color:（颜色）选项设置数
值为 R255、G12、B12，设置颜
色倍数为7，参数如图6-52所示。

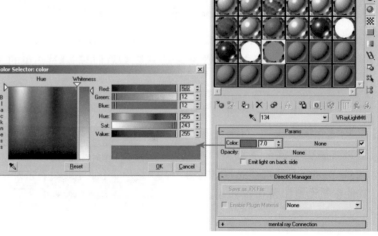

图6-52 设置发光灯片材质

03 创建二层沙发位置的发光灯片，单击创建命令面板中的 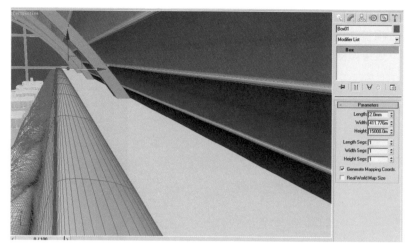 图标，在 Standrd 类型中单击 Box（立方体）按钮，在顶视图中沙发模型后创建立方体，并复制二层另一个沙发模型后，具体参数设置如图 6-53 所示。

图6-53　创建长方体

04 在材质编辑器中新建一个 VRayLightMtl（VRay灯光材质），单击 Color:（颜色）选项设置数值为R151、G197、B255，设置颜色倍数为7，参数如图6-54 所示。

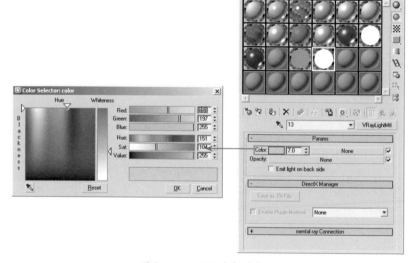

图6-54　设置发光灯片材质

加速点：

VRayLightMtl（灯光材质）不仅可以产生自发光效果，而且还对环境的全局光产生影响。这种影响的大小可以通过控制Color和后面的数值来调节灯光材质的颜色以及亮度。一般可以用VRayLightMtl（灯光材质）来设置发光灯槽，尤其是异型的灯槽更为方便快捷，打开光盘/技术点评/VRay发光材质.max文件，如图6-55所示。

图6-55　发光材质

05 在相机视图中按快捷键F9，对相机角度进行渲染测试，测试效果如图6-56所示。

图6-56 最终测试渲染效果

提示：

由于首先测试的VRay灯光材质不属于真实的灯光，所以在测试VRayLightMtl（灯光材质）时，一定要将 V-Ray:: Global switches 中的Default lights选项关闭，如图6-57所示。

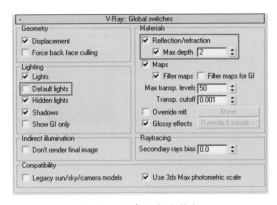

图6-57 取消Default lights

6.4.3 3分钟完成桌面灯光的创建

01 在桌面上创建omni（泛光灯），单击创建命令面板中的 图标，在VRay类型中单击 Omni （泛光灯）按钮创建灯光，设置灯光的Color（颜色）为R252、G18、B0，Multiplier（强度）值为5，设置完毕后，以实例的方式复制到其他桌面上，参数设置如图6-58所示。

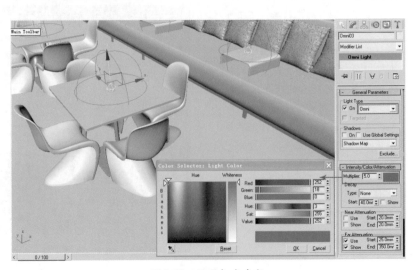

图6-58 设置灯光参数

02 在相机视图中按快捷键F9，对
相机角度进行渲染测试，测试
效果如图6-59所示。

图6-59　最终测试渲染效果

6.4.4　3分钟完成光域网的创建

01 单击创建命令面板中的 图
标，在Photometric类型中单
击 Free Light （自由点光源）按
钮，在顶视图中创建灯光，在
创建光域网的时候随机的摆放
位置即可。如图6-60所示。

图6-60　创建VRay光域网

提示：

光域网是灯光的一种物理性质，用来确定光在空气中发散的方式。不同的灯光，在空气中的发散方式是不一样的。
在效果图表现中，为了得到美丽的光晕就需要用到光域网文件。一般光域网文件是以.ies为文件后缀，所以又叫作Ies
文件。

02 单击✐图标进入修改命令面板，在 - General Parameters 卷展栏中开启Shadows（阴影）选项，设置阴影类型为VRay Shadows，设置Distribution（灯光类型）为Photometric Web类型，在 - Intensity/Color/Distribution （强度/颜色/分部）卷展栏中设置Filter Color（颜色）数值为R109、G143、B255，并设置参数大小为23200，再进入 -Distribution (Photometric Web) （Web参数）卷展栏，单击Web file（Web文件）右侧的按钮指定光域网文件，如图6-61所示。

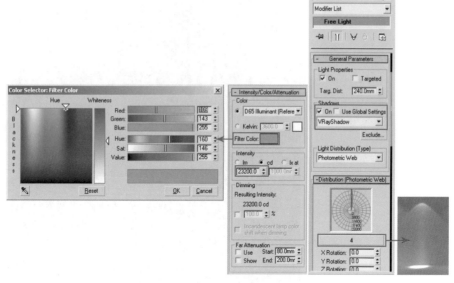

图6-61 设置光域网参数

03 在相机视图中按快捷键F9，对相机角度进行渲染测试，测试效果如图6-62所示。

图6-62 最终测试渲染效果

04 使用渲染测试的图像大小进行发光贴图与灯光缓存的计算。设置完毕后，在相机视图按快捷F9

进行发光贴图与灯光缓存的计算，计算完毕后进行成图的渲染。成图的渲染设置方法请参见第一章中的讲解。这是本场景的最终渲染效果，如图6-63所示。

图6-63 最终渲染效果

6.5 1分钟完成色彩通道的制作

将文件另存一份，然后删除场景中所有的灯光，单击菜单栏 MAXScript ，单击 Run Script... 选项，运行 beforeRender.mse插件，制作与成图的渲染尺寸一致的色彩通道，如图6-64所示。

图6-64 色彩通道图

提示：

彩色通道的详细制作方法，请参考本书第8章日光大厅中的相关章节。

6.6 6分钟完成Photoshop后期处理

最后，使用Photoshop软件为渲染的图像进行亮度、对比度、色彩饱和度、色阶等参数的调节，以下是场景后期步骤。

01 在Photoshop软件中，将渲染出来的最终图像和色彩通道打开，如图6-65所示。

图6-65　打开成图与通道图

02 使用工具箱中的移动工具，按住Shift键，将"酒吧.tga"拖入"酒吧td.tga"，如图6-66所示。

提示：

本空间中没有窗户玻璃，不必考虑图像的Alpha通道。所以渲染图和色彩通道图可以随意导入，不会影响到后期的制作。

图6-66　将色彩通道拖入到成图中

03 单击右侧图层面板中的按钮，在弹出的下拉菜单里选择"曲线"选项，并调整曲线参数，单击"确定"按钮，如图6-67所示。

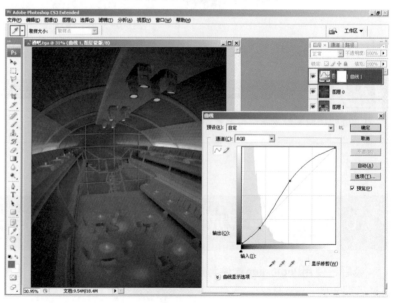

图6-67　曲线命令

04 利用色彩通道调整局部单个物
体的明暗关系，色彩关系。单
击色彩通道图层，按快捷键 W
选择 魔棒工具，把容差值调
为 10。在蓝色顶面上单击鼠
标，当选区出现时，选择图层
0，再按快捷键 Ctrl+J，将顶面
复制一个图层，如图 6-68 所示。

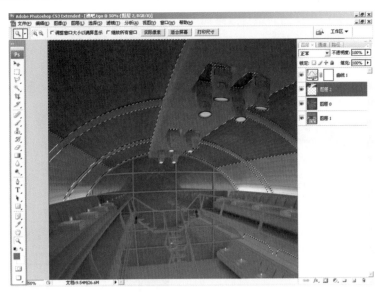

图6-68　选择顶面复制图层

05 按快捷键Ctrl+J复制一个顶面
图层后，再按快捷键Ctrl+L，
调整蓝色顶面图层的色阶，让
顶面显得明亮一些，如图6-69
所示。

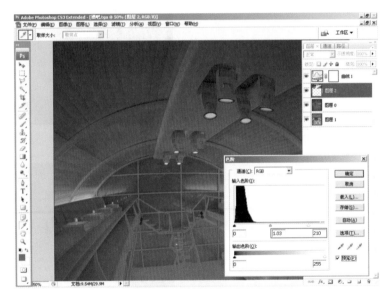

图6-69　色阶命令

06 按照相同的方法依次调整地
面、玻璃、墙面、桌椅等。再
对整个空间进行整体的调整，
如图6-70所示。

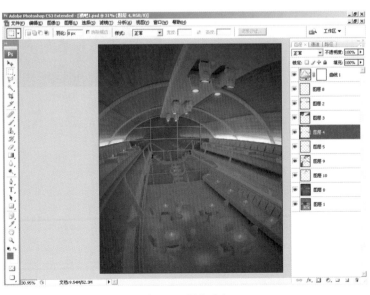

图6-70　调整其他

07 修改完成确认后，最终效果如
图6-71和图6-72所示。

提示：

本场景的视频讲解教程，请参看光
盘\视频教学\酒吧中的内容。

图6-71　最终效果

图6-72　最终效果

第7章
展示空间表现技法

本章学习要点

- 掌握另类角度的摄像机创建方法。
- 掌握Normal Map（法线贴图）的设置方法。
- 掌握空间中自由点光源的创建方法与参数设置。
- 掌握如何在后期中完成室外背景层的添加。

7.1 展示空间制作简介

7.1.1 快速表现制作思路

01 模型阶段：按照先整体后局部的思路，先根据参考物体创建墙体、地面及天花，再进行家具建模。对于装饰品模型能调用的一般都调用。空间中需要自行创建的模型就自行创建，比如电线、彩色坐垫等。在建模的时候以最简单的方法制作模型。

02 材质阶段：为了更快速的表现墙面大块石板的效果，一般使用凹凸纹理来代替建模，这样不仅可以降低模型面数、提高建模速度，而且还能够减少渲染时间，更快的完成整张效果图的制作。

03 布灯阶段：本场景中的主要光源来源于室外光与射灯的光源，空间中的射灯光源比较多，可以用几个光源概括空间上方的射灯，空间中的射灯光源参数都一样。所以同样的灯光属性一定要以实例的方式复制，让所有的灯光全部关联，这样容易把握整体的效果又便于修改，室外灯光也一样。

04 后期阶段：调节图像的原则是先整体后局部，再以局部到整体的步骤进行。主要调节图像的色阶、亮度、对比度、饱和度以及色彩平衡等，修改渲染中留下的瑕疵，最终完成作品。

7.1.2 提速要点分析

不包括渲染与建模，本场景共用了61分钟完成制作。展示空间主要用了以下几种方法与技巧：

01 空间中电线的模型使用最简单的方法创建，直接创建样条线，设置为可渲染线，并赋予材质。这样渲染效果好，且快捷方便。

02 整个场景中全部使用VRay标准材质，会比3ds Max标准材质的渲染速度快很多，效果也更理想。

03 空间中的射灯光源比较多，不要一下将所有的光源全部创建出来，先创建几盏测试灯光参数的大小以及颜色，然后再以实例的方式复制更多的射灯。以实例的方式复制，可以很方便的修改所有射灯的参数大小，也容易把握整体的灯光效果。

04 对于局部细节的修改可用局部渲染来弥补，这样不仅节省时间，也不会影响最终效果。

7.2 3分钟完成摄像机创建

当模型都创建好以后，要为空间创建摄像机，下面将具体介绍本场景中的摄像机创建方法。

01 在 面板中单击 Target （目标）按钮，在Top（顶）视图中创建摄影机并调整角度，如图7-1所示。

图7-1 选择摄像机

02 切换到Top（顶）视图中，按

住鼠标左键在顶视图中创建一个摄像机，在创建摄像机时，一定要多角度地反复调试，最终才能达到理想效果。首先看一下本案例摄像机在顶视图中的位置以及参数。如图7-2所示。

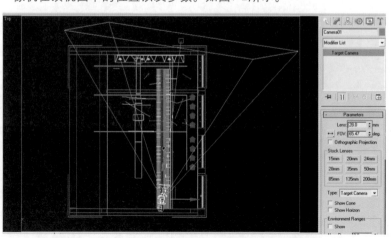

图7-2 摄像机顶视图角度位置

03 切换到Left（左）视图中调整
摄像机位置如图7-3所示。

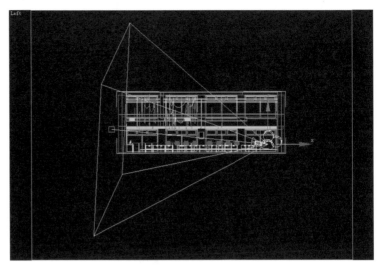

图7-3　左视图摄像机位置

04 切换到相机视图中观察模型，
如图7-4所示。

图7-4　相机视图

05 本场景中要表现的是倾斜的摄
像机角度，在相机视图中，单
击视口右下角的 Ω（侧滚摄影
机）按钮，如图7-5所示。

图7-5　旋转相机位置

06 单击视口右下角的 Ω（侧滚摄
影机）按钮后，在相机视图中
旋转角度，在旋转的时候可以
根据一个点来作为标准，比如
旋转后右侧坐垫的位置在相机
范围的最下端，最终相机的角
度如图7-6所示。

图7-6　旋转相机位置后相机视图

7.3　35分钟完成活动房材质的设置

打开配套光盘中第7章\max\展示空间-模型.max文件，这是一个已创建完成的展示空间场景，如图7-7所示。

图7-7　建模完成的展示空间

以下是场景中的物体赋予材质后的效果，如图7-8所示。

继续设置展示空间中的一些主要材质，之前章节中讲到的材质设置方式本章就不再重复了。

图7-8　赋予材质后的展示空间

7.3.1　20分钟完成场景基础材质的设置

展示空间中的基础材质有墙面、地面、不锈钢、窗框等材质，如图7-9所示，下面将说明它们的具体设置方法。

图7-9　基础材质

1. 墙面材质设置及制作思路

首先分析一下墙面的物理属性，然后依据物体的物理特征来调节材质的各项参数。

● 磨光的水泥材质。

● 没有反射。

● 有一定的凹凸感。

01 在材质编辑器中新建一个 VRayMtl （VRay材质），设置墙面的（Diffuse）漫射与（Reflect）反射，首先在Diffuse（漫射）通道里添加一张墙面贴图，并设置墙面的反射颜色为R20、G20、B20，墙面具有较强的光泽度模糊，这里设定Refl.glossiness（光泽度模糊）值为0.55，将贴图的Blur值设置为0.1，以提高贴图的清晰度。参数如图7-10所示。

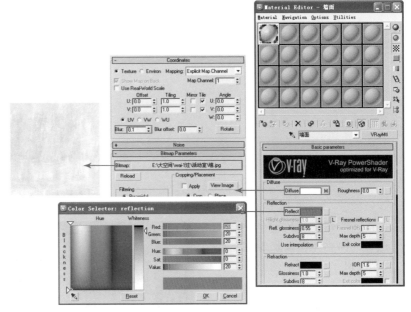

图7-10 设置墙面的漫射与反射

02 在Options（选项）中勾选掉Trace reflections（跟踪反射）选项，这样会让墙面渲染出高光，而没有反射，加快最终的渲染速度。如图7-11所示。

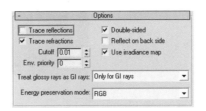

图7-11 去掉跟踪反射

03 因为地面会有一些凹凸不平的地方，展开Maps（贴图）卷展栏，将漫射中的贴图复制到Bump（凹凸）通道中，设置Bump的值设置为12，使其拥有一定的凹凸效果，具体参数如图7-12所示。

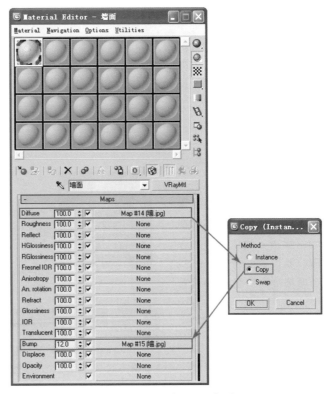

图7-12 设置墙面凹凸材质

04 参数设置完成，材质球最终效果，如图7-13所示。

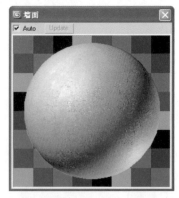

图7-13　墙面材质球

05 设置所有墙面的UVW Mapping，选中墙面物体在修改器中添加UVW Mapping（贴图坐标）修改器。在Parameters（参数）面板中更改为Box的贴图方式，设置Length 4000mm，Width 4000mm，Height 4000mm，如图7-14所示。

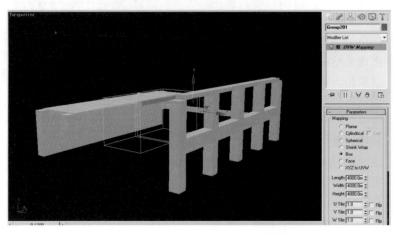

图7-14　设置墙面的UVW Mapping

2．墙面仿古砖材质的设置及制作思路

首先分析一下仿古砖的特性。然后依据物体的物理特征来调节材质的各项参数。

● 表面相对粗糙。
● 模糊反射较小，且模糊反射不均匀。
● 有明显的砖缝。

01 在材质编辑器中新建一个 VRayMtl （VRay材质），设置仿古砖的漫射贴图与反射，首先在Diffuse（漫射）通道里添加一张仿古砖贴图，然后在Reflect（反射）通道里添加一张贴图，并设置Refl.glossiness（光泽度模糊）值为0.6，设置Subdivs（细分）值为16，具体参数如图7-15所示。

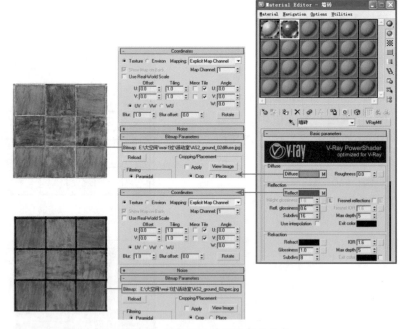

图7-15　设置仿古砖的漫射与反射

提示：

在Rglossiness中添加黑白贴图，可以让物体表面随着黑白贴图的黑白关系产生不同强度的光泽度模糊感。添加的黑白贴图中越黑的部分模糊反射感强，越白的部分越接近镜面反射。这样可以表现反射不均匀的物体表面。

02 仿古砖会有一些凹凸不平的地方和分缝。展开 Maps（贴图）卷展栏，在 Bump（凹凸）通道中加载 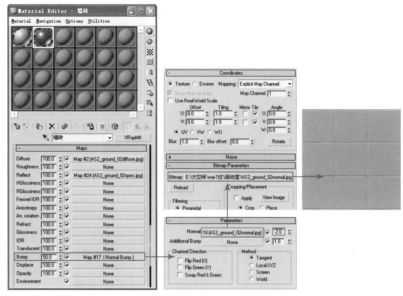 Normal Bump，然后在 Normal 通道中添加一张贴图，并设置数值为－2，设置 Bump 的值为10，具体参数如图 7-16 所示。

图7-16　设置仿古砖的凹凸贴图

> **提示：**
>
> Normal Map就是法线贴图，相比Bump Map来说，法线贴图的真实感更强，Bumo Map只是在Z轴方向上产生凹凸效果，而Normal Map是以RGB三种颜色来模拟XYZ三个轴向上的凹凸效果，所以法线贴图是一张彩色的贴图。

03 参数设置完成，材质球最终效果如图7-17所示。

图7-17　仿古砖的材质球

04 设置墙面的UVW Mapping，选中墙面物体在修改器中添加 UVW Mapping（贴图坐标）修改器。在 Parameters（参数）面板中更改为Box的贴图方式，设置Length 5000mm，Width 5000mm，Height 5000mm，如图7-18所示。

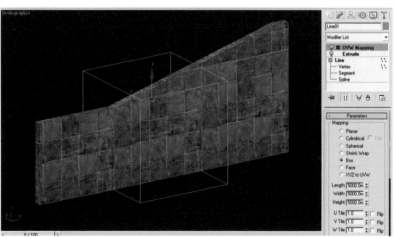

图7-18　设置墙面的UVW Mapping

3. 地面材质的设置及制作思路

首先分析一下地面石材的特性。然后依据物体的物理特征来调节材质的各项参数。

● 表面为水磨石地板。

● 反射比较大。

● 模糊感较小。

01 在材质编辑器中新建一个 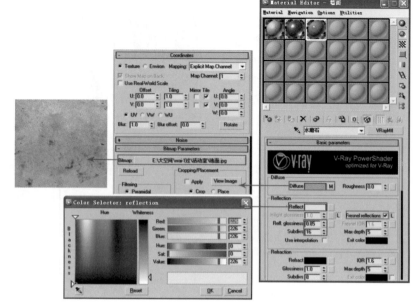 VRayMtl（VRay材质），设置地面的漫射贴图与反射，首先在 Diffuse（漫射）通道里添加一张作为石材的贴图，将 Reflect（反射）颜色数值设置为 R226、G226、B226。勾选菲涅尔反射选项，并设置 Refl.glossiness（光泽度模糊）值为0.85，设置 Subdivs（细分）值为16，具体参数如图7-19所示。

图7-19 设置地面材质

02 展开Maps（贴图）卷展栏，在 Bump（凹凸）通道中加载 Noise 选项，设置Bump的值设置为4，参数如图7-20所示。

> **提示：**
>
> 在Bump（凹凸）中添加Noise（噪波）程序贴图，并且Noise中的Size值设置的大一些。这样做可以模拟粗糙且凹凸不平的地面。

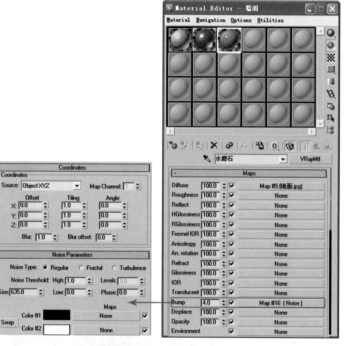

图7-20 设置地面凹凸

03 参数设置完成，材质球最终效果如图7-21所示。

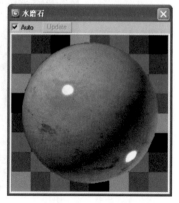

图7-21 地面材质球

04 设置地面的UVW Mapping，选中地面物体在修改器中添加UVW Mapping（贴图坐标）修改器。在Parameters（参数）面板中更改为Planar的贴图方式，设置Length 3000mm，Width 3000mm，Height 3000mm，如图7-22所示。

图7-22 设置地面的UVW Mapping

4．管道材质的设置及制作思路

首先分析一下管道的特性。然后依据物体的物理特征来调节材质的各项参数。

● 表面较光滑。

● 有一定的模糊反射，且模糊感较小。

01 在材质编辑器中新建一个 VRayMtl（VR材质），设置管道的漫射与反射，设置Diffuse（漫射）颜色数值为R212、G199、B179，在这里将Reflect（反射）颜色数值设置为R35、G35、B35。并设置Refl.glossiness（光泽度模糊）值为0.8，具体参数如图7-23所示。

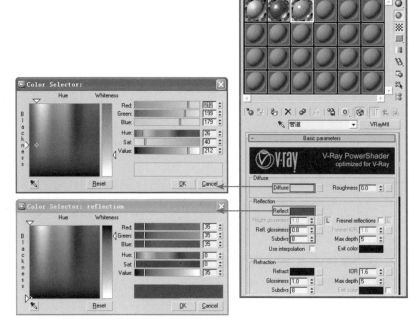

图7-23 设置管道的材质

02 参数设置完成，材质球最终效果如图7-24所示。

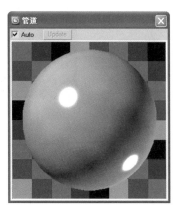

图7-24 管道材质球

5．窗框材质的设置及制作思路

首先分析一下窗框的特性。然后依据物体的物理特征来调节材质的各项参数。

● 表面为黑色漆材质。

● 反射很小。

01 在材质编辑器中新建一个 VRayMtl（VRay材质），设置窗框的漫射与反射，设置Diffuse（漫射）颜色数值为R34、G23、B27，窗框的反射比较小，将Reflect（反射）颜色数值设置为R25、G25、B25，并设置Refl.glossiness（光泽度模糊）值为0.65，设置Subdivs（细分）值为24，具体参数如图7-25所示。

02 参数设置完成，材质球最终效果如图7-26所示。

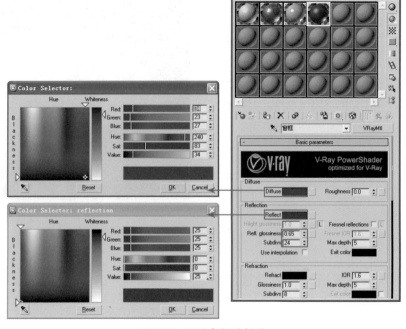

图7-25　设置窗框的材质

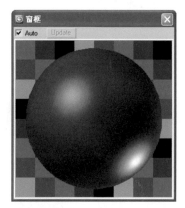

图7-26　窗框材质球

6．深色木桌面材质的设置及制作思路

首先分析一下深色木的特性。然后依据物体的物理特征来调节材质的各项参数。

● 表面较光滑。

● 有一定的反射。

01 在材质编辑器中新建一个 VRayMtl（VRay材质），设置木材的漫射贴图与反射，首先在Diffuse（漫射）通道里添加一张木材贴图，分别将Reflect（反射）颜色数值设置为R47、G47、B47。并设置Refl.glossiness（光泽度模糊）值为0.86，设置Subdivs（细分）值为16，具体参数如图7-27所示。

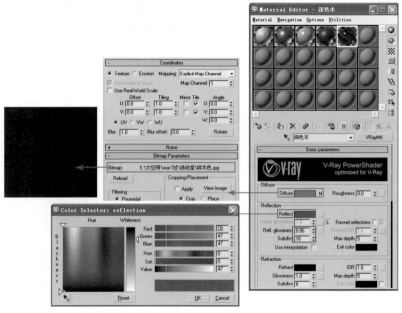

图7-27　设置木材材质

02 参数设置完成，材质球最终效
果如图7-28所示。

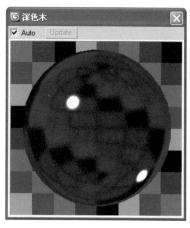

图7-28　木材材质球

7．金属腿材质的设置及制作思路

首先分析一下金属的特性。然后依据物体的物理特征来调节材质的各项参数。

- 有金属质感。
- 表面很光滑。
- 表面的反射很大。
- 较小的高光。

01 在材质编辑器中新建一个 VRayMtl（VRay材质），设置金属的漫射与反射，在Diffuse（漫射）里将漫射颜色设置铝板的表面颜色为R96、G96、B96，由于不锈钢的反射很大，将Reflect（反射）颜色数值设置为R210、G210、B210，并设置Refl.glossiness（光泽度模糊）值为0.85，具体参数如图7-29所示。

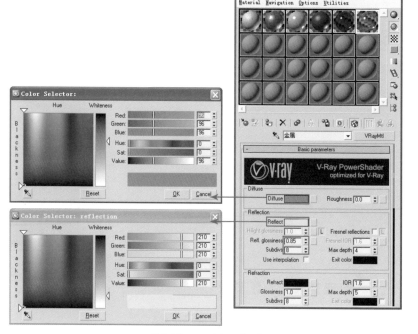

图7-29　设置金属材质

02 参数设置完成，材质球最终效
果如图7-30所示。

图7-30　金属材质球

8. 电线材质的设置及制作思路

首先分析一下电线的特性。然后依据物体的物理特征来调节材质的各项参数。

- 表现为白色。
- 反射比较小。
- 模糊度很大。

01 在材质编辑器中新建一个 VRayMtl（VRay材质），设置电线的漫射与反射，首先设置Diffuse（漫射）颜色数值为R223、G223、B223，电线的反射很小，将Reflect（反射）颜色数值设置为R37、G37、B37。并设置Refl.glossiness（光泽度模糊）值为0.6，具体参数如图7-31所示。

02 参数设置完成，材质球最终效果如图7-32所示。

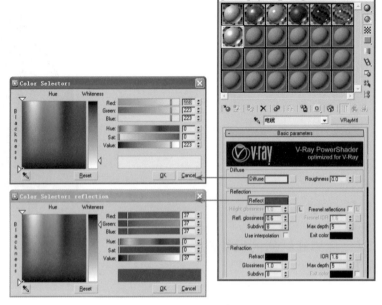

图7-31 设置电线材质

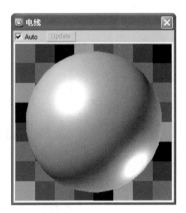

图7-32 电线材质球

9. 灯座材质的设置及制作思路

首先分析一下灯座的特性。然后依据物体的物理特征来调节材质的各项参数。

- 表面很光滑。
- 表面的反射很大。
- 较小的高光。

01 在材质编辑器中新建一个 VRayMtl（VRay材质），设置灯座的漫射与反射，在Diffuse（漫射）里将漫射颜色设置为R22、G22、B22，将Reflect（反射）颜色数值设置为R138、G138、B138，并设置Refl.glossiness（光泽度模糊）值为0.85，具体参数如图7-33所示。

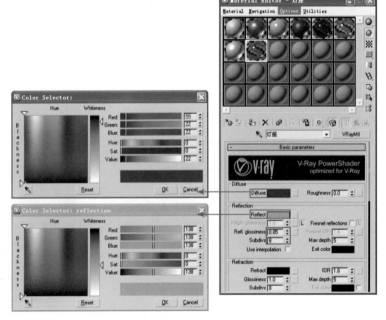

图7-33 设置灯座材质

02 参数设置完成，材质球最终效果如图7-34所示。

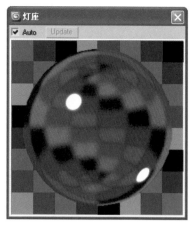

图7-34 灯座材质球

10．灯泡材质的设置及制作思路

首先分析一下灯泡的物理属性，然后依据物体的物理特征来调节材质的各项参数。

- 灯泡处于开启状态。
- 本身为发光材质。
- 外表为玻璃材质，但由于发光原因可以忽略玻璃材质的表现。

01 在材质编辑器中新建一个 VRayLightMtl（VRay灯光材质），在颜色通道中加载Falloff（衰减）命令，设置通道1中的发光颜色数值为R255、G255、B255，设置通道2中的发光颜色数值为R255、G157、B70，设置强度数值为2，具体参数如图7-35所示。

02 参数设置完成，材质球最终效果如图7-36所示。

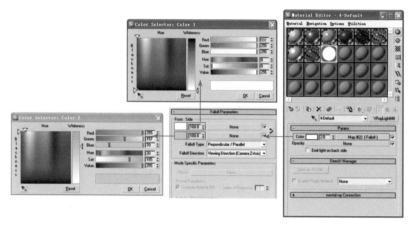

图7-35 设置发光材质

> **提示：**
>
> 在VRay发光材质中添加Falloff（衰减）命令，可以表现为灯泡发光时中间光亮最大而周围稍弱。

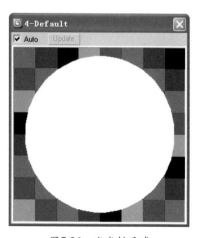

图7-36 发光材质球

11. 窗帘绳材质的设置及制作思路

首先分析一下窗帘绳的物理属性，然后依据物体的物理特征来调节材质的各项参数。

● 漫射为白色。

● 有一定的模糊反射。

01 在材质编辑器中新建一个 **VRayMtl**（VRay材质），设置窗帘绳材质Diffuse（漫射）与Reflect（反射），在Diffuse（漫射）颜色中设置参数分别为R228、G228、B228，设置Reflact（反射）颜色数值为R154、G154、B154，勾选菲涅尔反射选项，设置Refl.glossiness（光泽度模糊）值为0.55，其他参数如图7-37所示。

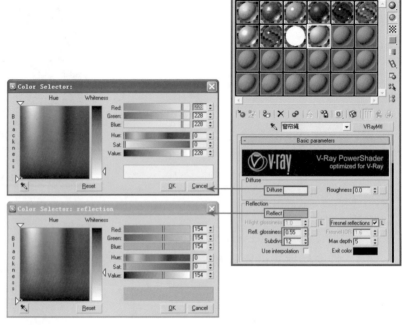

图7-37　设置窗帘绳材质

02 参数设置完成，材质球最终效果如图7-38所示。

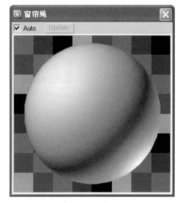

图7-38　窗帘绳材质球

到这里，场景的基础材质已经设置完毕，查看基础材质渲染效果，如图7-39所示。

图7-39　基础材质的渲染效果

7.3.2　10分钟完成家具材质设置

本场景中家具包括木凳、椅子与展示柜。

1．木凳材质的设置及制作思路

首先分析一下木板的物理属性，然后依据物体的物理特征来调节材质的各项参数。

- 表现为木纹理材质。
- 表面很光滑。
- 有一定的高光。

01 在材质编辑器中新建一个 **VRayMtl** （VRay材质），设置木板材质Diffuse（漫射）与Reflect（反射），首先在Diffuse（漫射）通道里添加一张木材贴图，在Diffuse（漫射）颜色中设置参数为R60、G60、B60，设置Refl.glossiness（光泽度模糊）值为0.85，将细分值设置为16，其他参数如图7-40所示。

02 参数设置完成，材质球最终效果如图7-41所示。

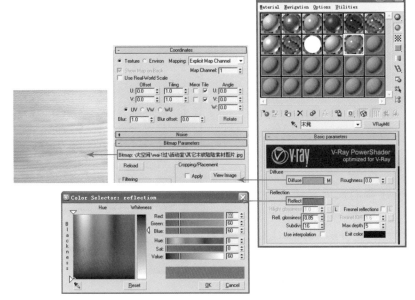

图7-40　设置木板材质

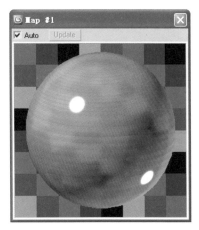

图7-41　木板材质球

2．坐椅材质的设置及制作思路

坐椅包括两种材质：靠背与坐垫。如图7-42所示。

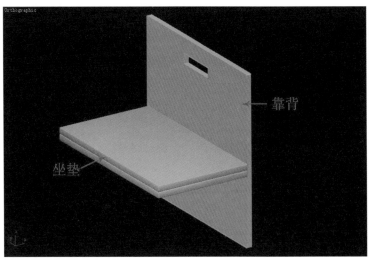

图7-42　坐椅材质

首先分析一下坐椅靠背材质的物理属性，然后依据物体的物理特征来调节材质的各项参数。

- 金属质感。
- 表面很光滑。
- 边缘反射要大些。
- 很小的高光。

01 在材质编辑器中新建一个 VRayMtl（VRay材质），设置靠背漫射与反射，在Diffuse（漫射）里将漫射颜色设置为R179、G176、B157，由于靠背的反射是边缘较大，勾选 Fresnel reflections（菲涅尔反射），分别将Reflect（反射）颜色数值设置为R205、G205、B205，并设置Refl.glossiness（光泽度模糊）值为0.92，设置Subdivs（细分）值为24，具体参数如图7-43所示。

02 参数设置完成，材质球最终效果如图7-44所示。

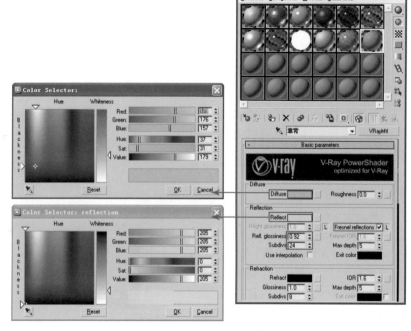

图7-43 设置靠背材质

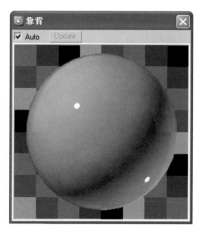

图7-44 靠背材质球

设置坐垫材质。首先分析一下坐垫材质的物理属性，然后依据物体的物理特征来调节材质的各项参数。

- 有布纹凹凸感。
- 本身材质为布材质。
- 表面的反射很小。

01 在材质编辑器中新建一个 VRayMtl（VRay材质），设置坐垫的漫射与反射，在Diffuse（漫射）里添加Falloff（衰减）命令，设置通道1的颜色为R234、G160、B31，设置通道2的颜色为R241、G201、B130，由于坐垫的反射很小，将Reflect（反射）颜色数值设置为R5、G5、B5，具体参数如图7-45所示。

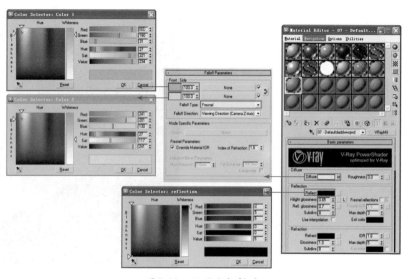

图7-45 设置坐垫材质

02 因为坐垫材质为布材质，所以要设置布料的置换贴图，展开 Maps（贴图）卷展栏，在 Displace（置换）通道中加载一张贴图，设置 Bump 的值设置为 20，具体参数如图 7-46 所示。

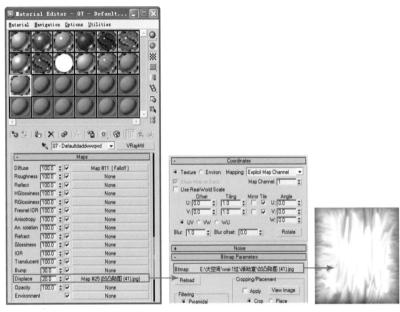

图7-46 设置坐垫的置换贴图

技术点评：

同样是设置物体表现凹凸，Bump（凹凸）和 Displace（置换）区别在于 Bump（凹凸）是视觉上的凹凸变化，没有产生物理上的凹凸。而 Displace（置换）并非视觉上的凹凸，而是实实在在的物理凹凸变化。相对于 Bump（凹凸）选项，Displace（置换）参数的设置非常敏感，所以参数要设置的较低，以下来比较一下相同一张凹凸贴图在两种选项中所表现的不同效果，如图 7-47 所示。

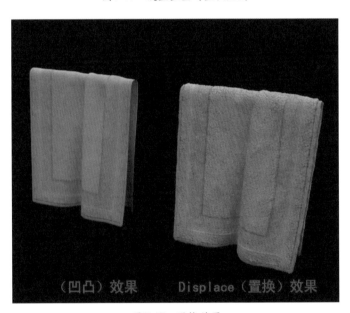

图7-47 置换效果

03 参数设置完成，材质球最终效果如图 7-48 所示。

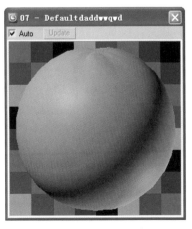

图7-48 坐垫材质球

坐椅的材质已经设置完毕，查看坐椅材质渲染效果，如图7-49所示。

图7-49 坐椅材质的渲染效果

3．椅子材质的设置及制作思路

椅子材质包括三部分：椅子皮、塑料与不锈钢，不锈钢材质与基础材质中的金属材质相同，赋予材质后的椅子如图7-50所示。

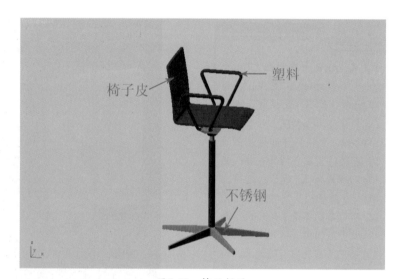

图7-50 椅子材质

首先分析一下椅子皮质材质的物理属性，然后依据物体的物理特征来调节材质的各项参数。

● 表面很光滑。

● 反射很小。

01 在材质编辑器中新建一个 VRayMtl（VRay材质），设置皮质的漫射与反射，在Diffuse（漫射）里添加Falloff（衰减）命令，设置通道1的颜色为R0、G3、B5，设置通道2的颜色为R216、G217、B218，由于皮质的反射很小，将Reflect（反射）颜色数值设置为R15、G15、B15，并设置Refl. glossiness（光泽度模糊）值为0.9，具体参数如图7-51所示。

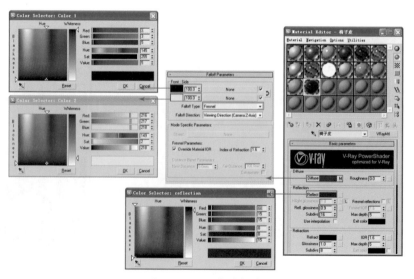

图7-51 设置皮质材质

02 参数设置完成，材质球最终效
果如图7-52所示。

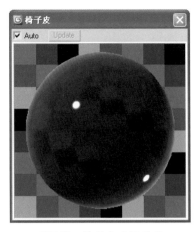

图7-52　椅子皮质材质球

设置塑料材质。首先分析一
下塑料材质的物理属性，然后依
据物体的物理特征来调节材质的
各项参数。

● 反射很小。

● 模糊感很强。

01 在材质编辑器中新建一个
VRayMtl（VRay材质），设置
塑料的漫射与反射，在Diffuse
（漫射）中设置颜色数值为
R20、G20、B20，将Reflect（反
射）颜色数值设置为R25、
G25、B25，并设置Refl.glossiness
（光泽度模糊）值为0.62，具体
参数如图7-53所示。

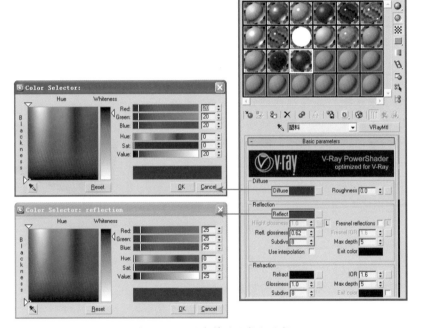

图7-53　设置塑料的漫射与反射

02 参数设置完成，材质球最终效
果如图7-54所示。

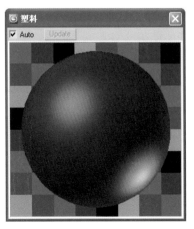

图7-54　塑料材质球

椅子的材质已经设置完毕，查看椅子材质渲染效果，如图7-55所示。

图7-55　椅子材质的渲染效果

4．展示柜蓝漆材质的设置及制作思路

展示柜材质包括两部分：深色木与蓝漆，深色木与基础材质中的深色木材质相同，赋予材质后如图7-56所示

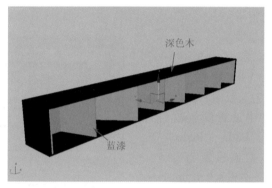

图7-56　展示柜材质

首先分析一下蓝漆材质的物理属性，然后依据物体的物理特征来调节材质的各项参数。

● 表现铝板材质。

● 反射适中。

● 模糊感较大。

01 在材质编辑器中新建一个 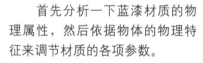（VRay材质），设置蓝漆的漫射与反射，在Diffuse（漫射）中设置颜色数值为R179、G204、B209，将Reflect（反射）颜色数值设置为R138、G138、B138。并设置Refl.glossiness（光泽度模糊）值为0.78，具体参数如图7-57所示。

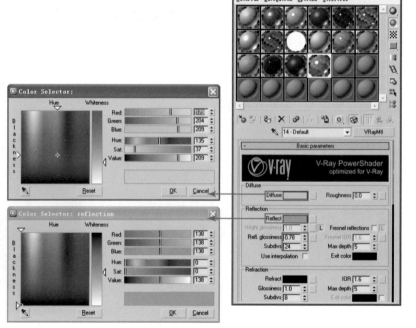

图7-57　设置蓝漆的漫射与反射

02 参数设置完成，材质球最终效果如图7-58所示。

图7-58 蓝漆材质球

展示柜的材质已经设置完毕，查看展示柜材质渲染效果，如图7-59所示。

图7-59 展示柜材质的渲染效果

7.3.3 5分钟完成装饰物材质设置

本场景中装饰物包括电脑与挂画。

1. 电脑材质的设置及制作思路

电脑材质包括两部分：白塑料与屏幕，赋予材质后如图7-60所示。

图7-60 电脑材质

首先分析一下屏幕材质的物理属性，然后依据物体的物理特征来调节材质的各项参数。

- 漫射呈黑色。
- 表面很光滑。
- 表面的反射较小。

01 在材质编辑器中新建一个 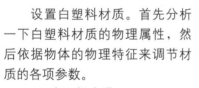 （VRay材质），设置屏幕的漫射与反射，将Diffuse（漫射）颜色设置为R15、G15、B15，将Reflect（反射）颜色设置为R34、G34、B34，并设置它的Refl.glossiness（光泽度模糊）值为0.95，如图7-61所示。

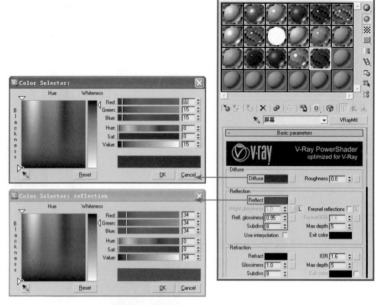

图7-61　设置屏幕的漫射与反射

02 参数设置完成，材质球最终效果如图7-62所示。

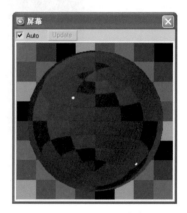

图7-62　屏幕材质球

设置白塑料材质。首先分析一下白塑料材质的物理属性，然后依据物体的物理特征来调节材质的各项参数。

- 表面很光滑。
- 表面的反射很大。
- 较小的高光。

01 在材质编辑器中新建一个 VRayMtl （VRay材质），设置白塑料的漫射与反射，在Diffuse（漫射）里将漫射颜色设置为R44、G44、B44，分别将金属的Reflect（反射）颜色数值设置为R230、G230、B230，并设置Refl.glossiness（光泽度模糊）值为0.8，具体参数如图7-63所示。

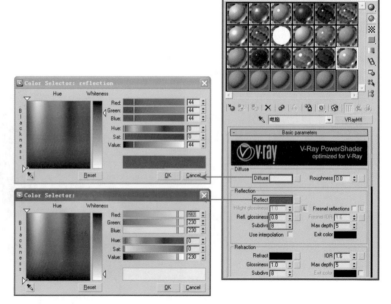

图7-63　设置白塑料的漫射与反射

02 参数设置完成，材质球最终效果如图7-64所示。

图7-64　白塑料材质球

电脑的材质已经设置完毕，查看材质渲染效果，如图7-65所示。

图7-65　电脑材质的渲染效果

2．挂画材质的设置及制作思路

挂画材质包括两部分：深色木与画，赋予材质后如图 7-66 所示。

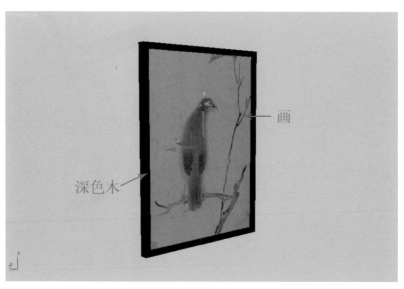

图7-66　挂画材质

首先分析一下画材质的物理属性，然后依据物体的物理特征来调节材质的各项参数。

● 漫射为画贴图。

● 有比较小的反射以及高光。

01 在材质编辑器中新建一个 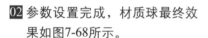（VRay材质），设置画的漫射与反射，在Diffuse（漫射）通道中添加一张贴图，在Reflect（反射）设置颜色为R22、G22、B22，并设置Refl.glossiness（光泽度模糊）值为0.63，如图7-67所示。

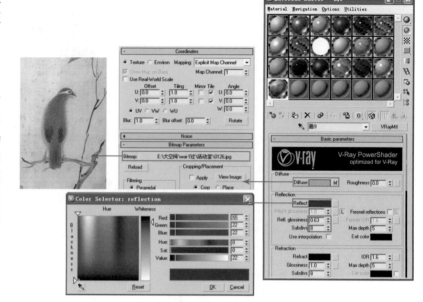

图7-67 设置画的漫射与反射

02 参数设置完成，材质球最终效果如图7-68所示。

图7-68 画材质球

挂画的材质已经设置完毕，其他几幅画的材质设置方式一样，只是画的样式不同。查看材质渲染效果，如图7-69所示。

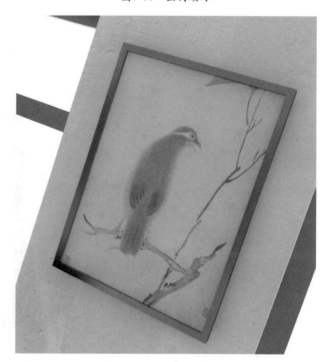

图7-69 挂画材质的渲染效果

7.4 12分钟完成灯光的创建与测试

　　材质设置完成以后，接下来讲叙如何为场景创建灯光，以及VRay参数面板中的各项设置，在渲染成图之前，要先将VRay面板中的参数设置低一点，从而提高测试渲染的速度。

7.4.1 2分钟完成测试渲染参数的设定

01 在 V-Ray:: Color mapping （颜色映射）卷展栏中设置曝光模式为Exponential（指数）类型，其他参数设置如图7-70所示。

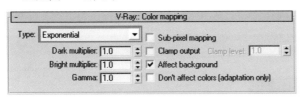

图7-70　设置颜色映射

02 设置测试渲染图像的大小，把测试图像大小设置为600×450，这样不仅可以观察到渲染的效果，还可以提高测试速度，如图7-71所示。

> **提示：**
>
> 其他渲染面板的参数具体设置方法请参见第一章中的讲解。

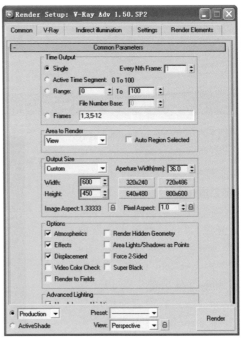

图7-71　设置渲染图像大小

7.4.2 4分钟完成室外VRay天光的创建

01 按快捷键8，打开环境和效果面板。在环境贴图面板中添加 VRaySky （VRay天光）贴图，如图7-72所示。

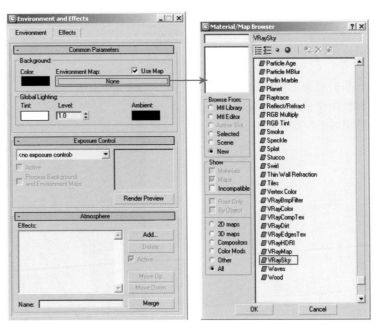

图7-72　创建VRay阳光

02 将VRay Sky（VRay天光）按Instance（实例）方式拖入材质编辑器。勾选"VRay Sky"选项中的"manual sun node（手动阳光节点）"选项，在 sun intensity multiplier（阳光强度倍增器）中设置参数值为0.3，如图7-73所示。

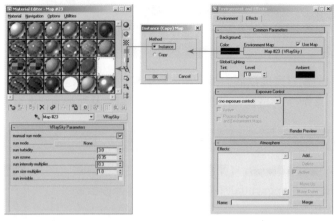

图7-73 以实例方式复制VRay天光到材质编辑器

7.4.3　6分钟完成窗口处的VRay灯光模拟室外光的创建

01 在窗口处创建 VRay Light（VRay 灯光），单击 创建命令面板中的 图标，在 VRay 类型中单击 VRayLight（VRay 灯光）按钮，将灯光的类型设置为 Plane（面光源），创建灯光大小与窗口大小一致，设置灯光的 Color（颜色）为 R208、G255、B214，Multiplier（强度值）为 12，在 Optison（选项）设置面板中勾选 Invisible（不可见）选项，为了不让灯光参加反射，勾选掉 Affect reflections（影响反射）选项，并设置细分值为 24。设置完毕后，以实例的方式复制到其他 7 个窗口处，参数设置如图 7-74 所示。

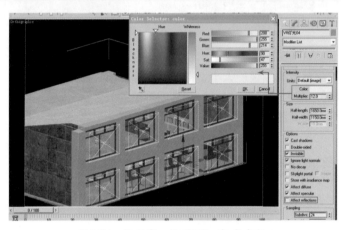

图7-74 设置窗口处的VRay灯光参数

> **提示：**
>
> 勾选VR灯光的Invisible（不可见）选项，可以让相机不可见VR灯光，但VR灯光对室内还是照明。勾选掉VR灯光的Affect reflections（影响反射）选项，可以让室内有反射的物体反射室外的天光。增加Subdivs（细分）值，可以提高VR灯光产生的阴影质量，让阴影更丰富细腻，但渲染时间会大大增加。

02 在相机视图中按快捷键F9，对相机角度进行渲染测试，测试效果如图7-75所示。

图7-75 测试渲染效果

7.4.4　4分钟完成光域网的创建

空间顶部有众多小射灯，需要对这些射灯进行灯光的创建，但不需要对空间所有的射灯模型都进行创建。

01 单击创建命令面板中的 图标，单击Photometric类型中的 Free Light （自由点光源）按钮，在顶视图中创建灯光。本场景中灯光的位置不是按照每个灯泡的模型进行布置的，因为场景中的灯泡模型数量众多。如果都创建灯光，渲染的效果并不会特别理想，而且降低渲染速度。所以在创建光域网的时候随机的摆放几盏自由点光源即可，如图7-76所示。

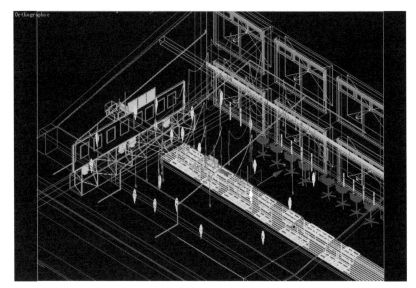

图7-76　创建VRay光域网

提示：

如果在顶视图中创建 Free Light （自由点光源），那么自由点光源默认的照射方向为垂直向下。光域网是灯光的一种物理性质，用来确定光在空气中的发散方式。不同的灯光，在空气中的发散方式是不一样的。在效果图表现中，为了得到美丽的光晕就需要用到光域网文件。一般光域网文件是以.ies为文件后缀，所以又称之为Ies文件。

02 单击 图标进入修改命令面板，在 General Parameters 卷展栏中开启Shadows（阴影）选项，设置阴影类型为VRay Shadows，设置Distribution（灯光类型）为Photometric Web类型，在 Intensity/Color/Distribution （强度/颜色/分部）卷展栏中设置Filter Color（颜色）数值分别为R255、G190、B122，并设置参数大小为25000，再进入 Distribution (Photometric Web) （Web参数）卷展栏，单击Web file（Web文件）右侧的按钮指定光域网文件，如图7-77所示。

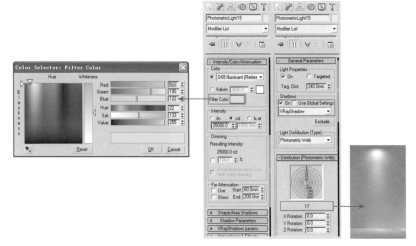

图7-77　设置光域网参数

03 在相机视图中按快捷键F9，对相机角度进行渲染测试，测试效果如图7-78所示。

图7-78　最终测试渲染效果

04 使用渲染测试的图像大小进行发光贴图与灯光缓存的计算。设置完毕后，在相机视图按快捷F9进行发光贴图与灯光缓存的计算，计算完毕后即可进行成图的渲染。成图的渲染设置方法请参见第一章中的讲解。这是本场景的最终渲染效果，如图7-79所示。

图7-79　最终渲染效果

7.5　1分钟完成色彩通道制作

　　将文件另存为一份，然后删除场景中所有的灯光，单击菜单栏 MAXScript ，单击 Run Script... ，运行beforeRender.mse插件，制作与成图的渲染尺寸一致的色彩通道，如图7-80所示。

> 提示：
>
> 彩色通道的详细制作方法，请参考本书第8章日光大厅中的相关章节。

图7-80　色彩通道图

7.6　10分钟完成Photoshop后期处理

最后，使用Photoshop软件为渲染的图像进行亮度、对比度、色彩饱和度、色阶等参数的调节，使室内光感更加的通透明亮。在本节中，主要来讲一下室外场景的后期处理方法。

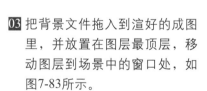 在Photoshop软件中将渲染出来的最终图像按照之前讲叙的步骤进行后期处理，具体效果如图7-81所示。

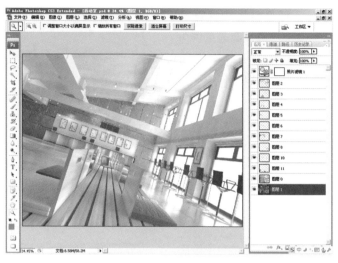

图7-81　后期处理

02 按快捷键Ctrl+O，打开光盘中自带的一张背景图片，使用工具箱中的 移动工具，将其拖放到之前制作完成的场景文件里，如图7-82所示。

图7-82　选择背景图片

03 把背景文件拖入到渲好的成图里，并放置在图层最顶层，移动图层到场景中的窗口处，如图7-83所示。

图7-83　放置背景图片位置

04 按住Alt键，单击位于最底下色彩通道选项前的 标记，让它只显示彩色通道，屏蔽掉其他上方的图层。再单击色彩通道图层，按快捷键W选择 魔棒工具。把魔棒容差值调为10。在色彩通道的窗口处单击鼠标，此时色彩通道上出现选区，如图7-84所示。

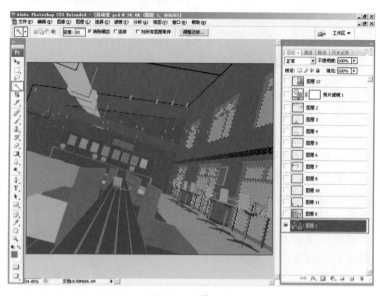

图7-84　魔棒工具

05 再次按住Alt键，单击位于最底下色彩通道前的 ，再次显示所有的图层，保持选区状态，选择之前拖入的背景图层，单击图层面板上的添加图层蒙版按钮 ，让导入的背景层只显示窗口区域，如图7-85所示。

图7-85　图层蒙版命令

06 取消图层中间的 链接，再选择背景层，按快捷键Ctrl+T，旋转背景层，让它的透视符合相机角度，同时调整图像的大小。调节完成后，按Enter键确认。如图7-86所示。

技术点评：

取消蒙版与图层之间的 链接，再单击图层后，就可以随意调节图层的位置和大小，而不改变窗口的蒙版形状。

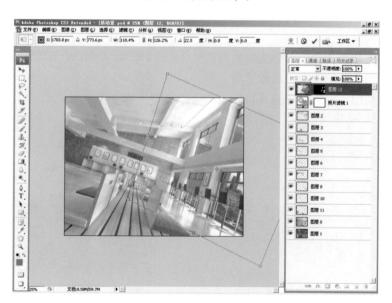

图7-86　旋转背景层角度

07 调整好图层位置后，再来调节室外景物的曝光度，通过仔细观察相片发现，当室内曝光合适时，室外的曝光一定是过曝的。所以需要将室外的景物层调的曝光非常过度，这里使用快捷键Ctrl+L进行调节，如图7-87所示。

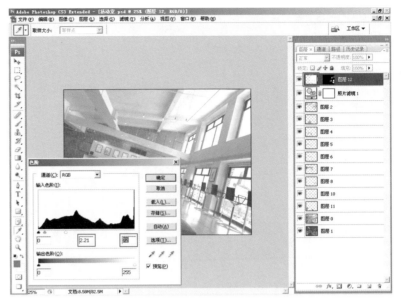

图7-87 色阶命令

08 按照以前章节的方法再对整个空间进行整体的调整，修改完成确认后，最终效果如图7-88所示。

提示：

本场景的视频讲解教程，请参看光盘\视频教学\展示空间中的内容。

图7-88 最终效果

第8章

日光大厅表现技法

本章学习要点

- ■ 掌握导入AutoCAD文件的方法。
- ■ 掌握按照平面图建模的方法。
- ■ 掌握VRay材质的设置方法。
- ■ 掌握空间中VRay灯光的创建方法与参数设置。

8.1　日光大厅制作简介

8.1.1　快速表现制作思路

01 模型阶段：在建立模型之前，先分析要导入的AutoCAD图纸，对AutoCAD图纸进行修改，删除图纸中与作图无关的东西，比如：尺寸标注、文字标注、填充线、图框等，然后将需要的部分保留并导入到3ds Max中，这样就可以参考平面图利用捕捉功能捕捉AutoCAD图纸来进行模型的创建。创建模型可以按照先整体后局部的思路：先根据AutoCAD图纸创建墙体、地面以及天花部分。整体空间关系确立以后，再创建空间中其他局部模型。空间中的模型能从模型库调用的就修改调用，以提高制图的效率。

02 渲染阶段：本场景中的主要光源来源于室外光与射灯的光源，空间中的射灯光源比较多，可以以由近到远的方式创建筒灯光源，空间中的筒灯光源参数都一样，所以同样的灯光属性一定要以实例的方式复制，这样容易把握整体的效果又便于修改，室外灯光也一样。

03 后期阶段：调节图像的原则是先整体后局部，再以局部到整体的步骤进行。主要调节图像的色阶、亮度、对比度、饱和度以及色彩平衡等，修改渲染中留下的瑕疵，最终完成作品。

8.1.2　提速要点分析

本场景共用了60分钟完成的，主要用了以下几种方法与技巧：

01 本场景是双层楼，在创建模型的时候要一层一层的创建，首先根据一层的平面图创建一层的模型，再导入二层的平面图创建二层的模型。

02 材质阶段，最好在创建模型的时候就赋予相应的材质，并且调整好UVW Map贴图坐标。这样做的目的是为了提高赋材质的效率，同时避免出现未赋材质的模型在空间出现。一开始赋材质的时候，可以大体的设置一下相应的VRay材质参数，最后在测试时如有某个材质不满意，再进行相应的调整。

03 空间中的射灯光源比较多，不要一下将所有的光源全部创建出来，先创建一处测试一下灯光参数的大小以及颜色，然后将同样的灯光属性以实例的方式复制，实例的方式复制可以很方便的修改灯光的参数大小，这样也容易把握整体的效果。

04 对于局部细节的修改可用局部渲染来弥补，这样不仅节省时间，也不会影响最终效果。

8.2　42分钟完成空间建模

8.2.1　10分钟完成墙面与柱子模型以及相应材质

按照平面图建模是现阶段比较主流的建模方式，按平面图建模可以既精准又快速。

01 打开3ds Max 2009并设置正确的计量单位，进行捕捉功能的设置。相关设置详见第一章。

02 在 3ds Max 2009 中选择 File(文件) → Import（导入)命令,选择本书配套光盘相关章节的一层 .dwg文件,然后单击"打开"按钮确定,如图 8-1 所示。

图8-1　导入dwg格式的图纸

03 导入 DWG 文件后的对话框设置如图 8-2 所示。

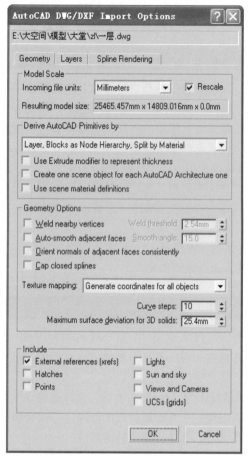

图8-2　设置导入参数

04 单击OK按钮，把DWG格式的图纸导入3ds Max 2009中，如图8-3所示。

图8-3　导入后的平面图

05 选择所有导入后的平面图，单击鼠标右键，在弹出的快捷键菜单栏中选择Freeze Selection命令，将导入的平面图进行冻结，如图8-4所示。

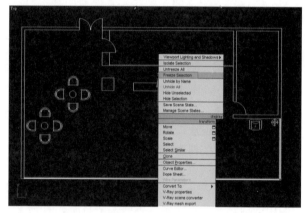

图8-4　冻结平面图

加速点：

导入平面图之前一定要对平面图进行整理，将没用的平面图辅助线、文字以及各种图例全部删除，这样可以减小 3ds Max 的资源使用率。然后将平面图冻结，这样可以更好的对新创建的物体进行操作而不会对导入的平面图进行误操作。

06 创建墙面，按快捷键Alt+W将视口最大化到顶视图中，在面板下单击 Line 按钮，捕捉到冻结的平面图顶点与端点，依照墙体轮廓线描出墙体轮廓，闭合样条线时弹出"Close Spline"（是否闭合样条线）对话框，单击"是"按钮，封闭样条线。如图8-5所示。

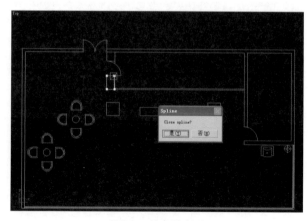

图8-5　创建样条线

07 然后选择所有的墙体，在 Modifier List 面板中选择 Extrude 命令，挤出3600mm的空间高度，如图8-6所示。

墙面材质的制作思路以及质感的真实表现，首先要了解物体的物理属性。物体的物理属性可以从物体的反射、折射上面来考虑。这里首先需要了解物体的高光是由于物体的光泽度模糊所产生，物体的透明度是由于折射的物理属性所产生的。也可以反过来理解，没有模糊反射的物体是没有高光的，所以在现实生活中所有物体都有反射，只是反射的强弱或反射的类型不同而已。不具备折射特性的物体是不可能有透明的现象。之所以在这里分析反射和折射的原因，是因为VRay的材质算法是基于真实的物理特性来控制调整的。

现在所创建的墙体有三种材质，首先分析一下白漆墙面的物理属性，然后依据物体的物理特征来调节墙面材质的各项参数。

● 表面比较光滑。

● 有一定的反射。

● 较大的高光。

根据上述的基本原理，也可以先分析一下墙面材质的基本特征，然后再在材质面板中合理的设定材质的各项参数。

01 在材质编辑器中新建一个 VRayMtl（VRay材质），设置白漆墙面的漫射与反射。在Diffuse（漫射）中设置颜色数值为R248、G248、B248，在Reflect（反射）中设置颜色数值为R60、G60、B60，墙面具有较大的模糊反射效果，设置Refl.glossinss（光泽度模糊）值为0.7，设置Subdivs（细分）值为16，如图8-7所示。

02 参数设置完成，材质球最终效果如图8-8所示。

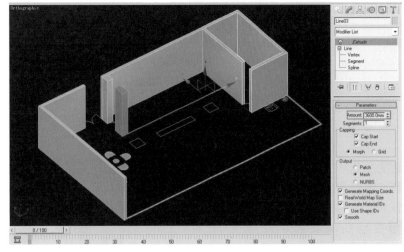

图8-6 挤压出墙体

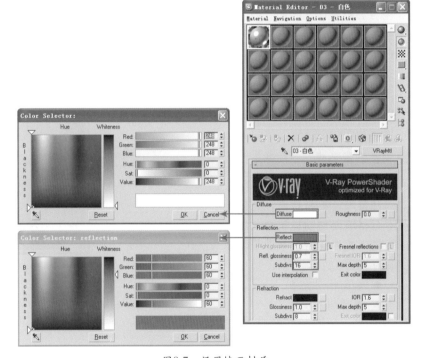

图8-7 设置墙面材质

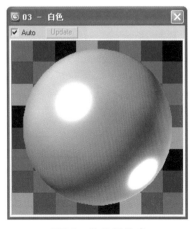

图8-8 墙面材质球

设置石材材质，先分析一下石材墙面的物理属性，然后依据物体的物理特征来调节墙面材质的各项参数。

● 表面相对光滑。

● 有比较弱的反射。

● 较小的高光。

根据上述的基本原理，也可以先分析一下墙面材质的基本特征，然后再在材质面板中合理的设定材质的各项参数。

01 在材质编辑器中新建一个 VRayMtl（VRay材质），设置墙面漫射贴图与反射。在Diffuse（漫射）通道中加载一张石材贴图，在Reflect（反射）中设置颜色数值为R50、G50、B50，墙面材质比较光滑，设定Refl.glossinss（光泽度模糊）值为0.8，设置Subdivs（细分）值为24，具体设置如图8-9所示。

02 参数设置完成，材质球最终效果如图8-10所示。

设置黑色石材材质，先分析一下石材墙面的物理属性，然后依据物体的物理特征来调节墙面材质的各项参数。

● 表面相对光滑。

● 有很弱的反射。

● 较小的高光。

根据上述的基本原理，先分析一下墙面材质的基本特征，然后再在材质面板中合理的设定材质的各项参数。

01 在材质编辑器中新建一个 VRayMtl（VRay材质），设置墙面漫射贴图与反射。在Diffuse（漫射）通道中加载一张石材贴图，在Reflect（反射）中设置颜色数值为R29、G29、B29，墙面材质比较光滑，设置Refl.glossinss（光泽度模糊）值为0.8，设置Subdivs（细分）值为16，具体设置如图8-11所示。

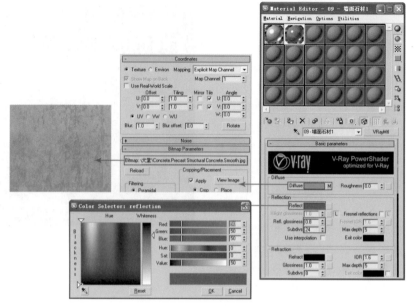

图8-9　设置石材的材质

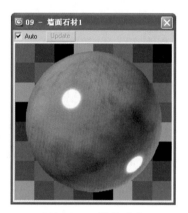

图8-10　石材材质球

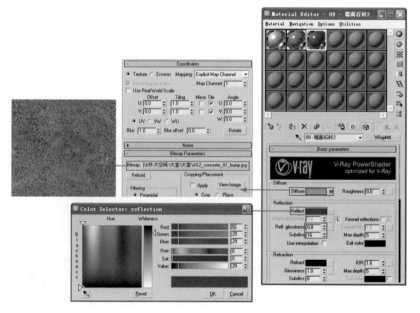

图8-11　设置黑色石材的材质

02 参数设置完成，材质球最终效
果如图8-12所示。

图8-12　黑色石材材质球

03 选择墙体模型，在材质编辑器中
依次单击 与 按钮，赋予材质
给相应的墙体模型，并在场景中
显示贴图，如图 8-13 所示。

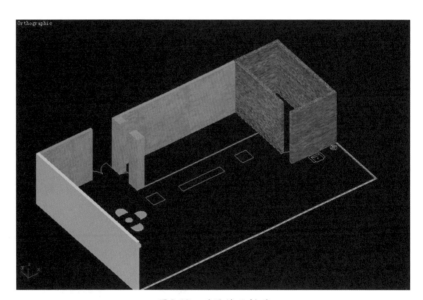

图8-13　赋予墙面材质

04 选择其中一种墙面材质的模
型，进入 Modifier List 面
板，为墙面添加一个UVW
Mapping命令，并调整贴图
坐标，设置Length 1000mm，
Width1000mm，Height1000mm，
参数如图8-14所示。

图8-14　设置墙面UVW Mapping

05 再选择另一种墙面材质的模型，进入 Modifier List ▾ 面板，为墙面添加一个UVW Mapping命令，调整贴图坐标，设置Length 1000mm，Width 1000mm，Height 1000mm，具体参数如图8-15所示。

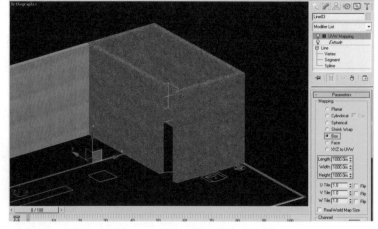

图8-15　设置墙面UVW Mapping

> **提示：**
>
> 赋予纹理贴图的模型一定要设置UVW Map调整贴图坐标。如果物体没有设置UVW Map，将会出现贴图错误，影响渲染效果。一般按照实际需要的材质大小调整UVW Map。

06 创建柱子模型。在 面板下单击 Rectangle 按钮，打开捕捉命令，在顶视图中创建矩形，具体参数如图8-16所示。

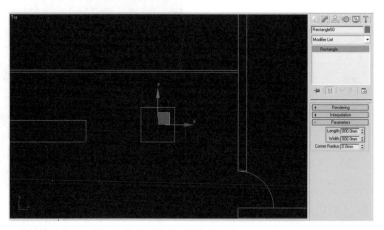

图8-16　创建踢角线

07 单击鼠标右键，在弹出的快捷菜单栏中选择 Convert to Editable Spline（转换为可编辑样条线）命令，如图 8-17 所示。

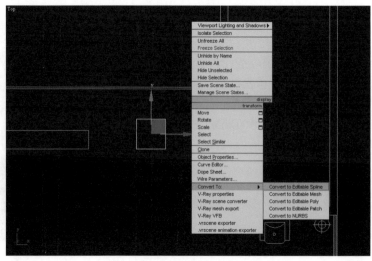

图8-17　转换为可编辑样条线

08 在Editable Spline（可编辑样条线）的顶点级别中选择所有的顶点，单击鼠标右键，在弹出的快捷菜单栏中选择Corner（角点）命令，转换为角点。如图8-18所示。

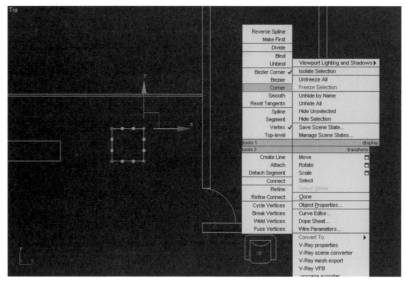

图8-18 角点命令

09 在顶点级别中使用优化命令添加顶点修改图形形状。如图8-19所示。

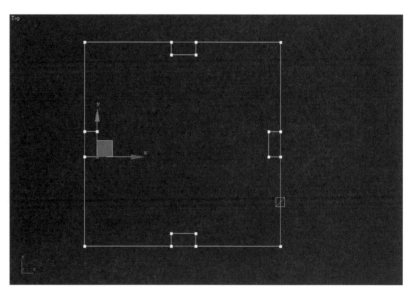

图8-19 修改图形形状

10 在 Modifier List 修改面板中选择 Extrude 命令，设置挤出高度为8300mm。如图8-20所示。

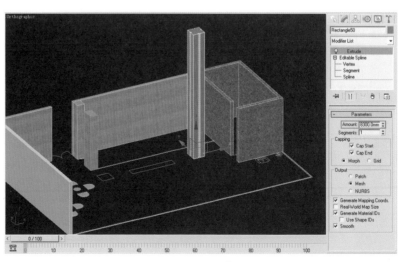

图8-20 挤出命令

11 创建柱子下方不锈钢踢角。在
⊡面板中单击 Rectangle 按钮，
在顶视图中创建矩形，具体参
数如图8-21所示。

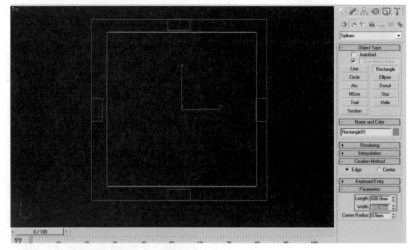

图8-21　创建矩形

12 在 Modifier List 修改面板中选
择 Extrude 命令，设置挤出高度
为120mm，具体参数如图8-22
所示。

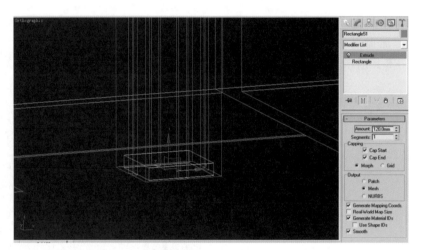

图8-22　挤出命令

13 在 Modifier List 修改面板中为
柱子添加FFD2x2x2命令，打开
捕捉命令，在控制点级别中选
择下端的控制点并向上移动，
如图8-23所示。

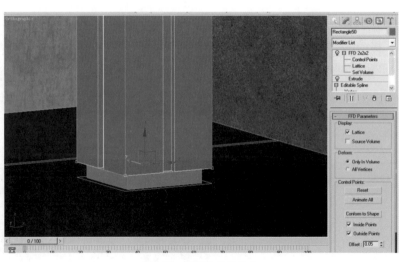

图8-23　FFD2x2x2命令

14 选择创建好的柱子和踢角，按住Shift键以实例的方式复制另一个柱子，如图8-24所示。

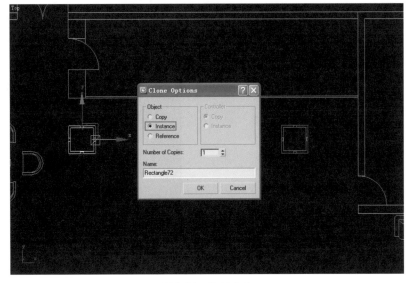

图8-24 复制命令

设置不锈钢材质。首先分析一下不锈钢的物理属性，然后依据物体的物理特征来调节不锈钢材质的各项参数。

● 表面非常光滑。

● 有很强的反射。

● 有一定的模糊反射。

● 高光比较小。

根据上述的基本原理，也可以先分析一下不锈钢材质的基本特征，然后再在材质面板中合理的设定材质的各项参数。

01 在材质编辑器中新建一个 VRayMtl（VRay材质），设置不锈钢漫射与反射。在Diffuse（漫射）中设置颜色数值为R120、G120、B120，在Reflect（反射）中设置颜色数值为R180、G180、B180，不锈钢材质很光滑，这里设定Refl.glossinss（光泽度模糊）值为0.87，设置Subdivs（细分）值为16，如图8-25所示。

02 参数设置完成，材质球最终效果如图8-26所示。

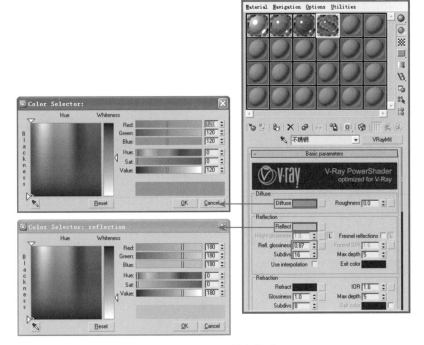

图8-25 设置不锈钢材质

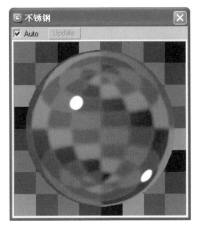

图8-26 不锈钢材质球

03 在材质编辑器中选择墙面白漆材质球并赋予给柱子模型。选择踢角模型赋予不锈钢材质，如图8-27所示。

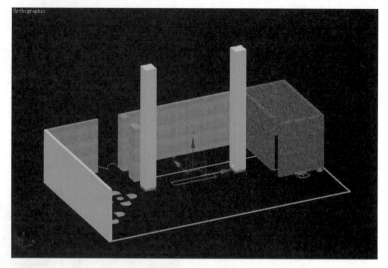

图8-27 赋予材质

04 创建门上方的墙体模型。在 [图] 面板中单击 Rectangle 按钮，在顶视图中创建矩形，选择创建好的三个矩形，在 Modifier List 修改面板中选择 Extrude 命令，设置挤出高度为1200mm，具体参数如图8-28所示。

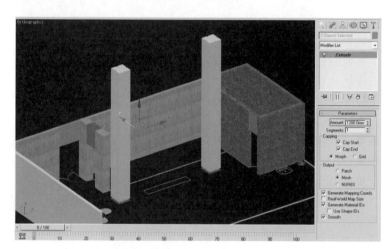

图8-28 挤出命令

加速点：

在建模的过程当中，一定要使用 [图] 捕捉命令，这样可以更快更准确的创建精确的模型。场景模型如果出现交叉、共面时会对最终的图像产生不利的影响。

05 选择模型在材质编辑器中选择相应的材质球依次单击 [图] 与 [图] 按钮赋予材质，并在场景中显示贴图，进入 Modifier List 面板，为墙面添加一个UVW Map命令，勾选Box（立方体）方式来显示贴图，并调整贴图坐标，具体参数如图8-29所示。

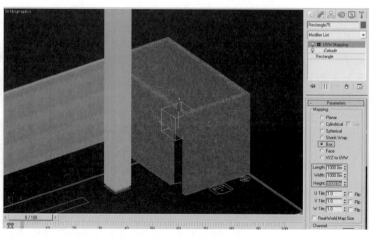

图8-29 赋予材质

10分钟完成前台背景墙模型以及相应材质

01 在 面板中单击 Rectangle 按钮。切换到前视图中，在前视图中创建一个矩形，具体参数如图8-30所示。

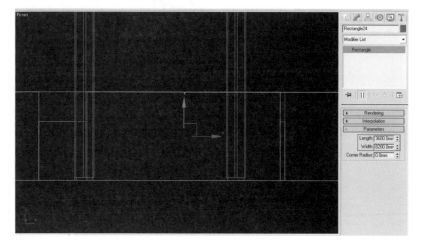

图8-30 创建矩形

02 单击鼠标右键，在弹出的快捷菜单栏中选择 Convert to Editable Spline（转换为可编辑样条线）命令，如图 8-31 所示。

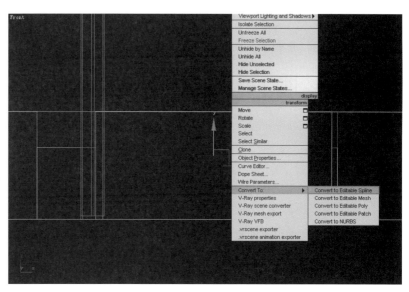

图8-31 转换为可编辑样条线

03 在Editable Spline（可编辑样条线）的Spline（样条线）级别中输入轮廓值为60mm，如图8-32所示。

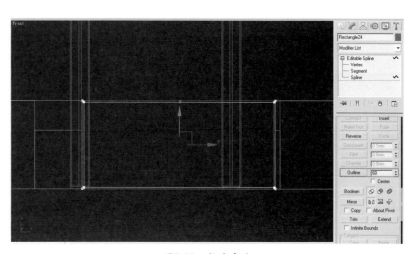

图8-32 轮廓命令

04 在 Modifier List ▾ 修改面板中选择 Extrude 命令，设置挤出高度为60mm，具体参数如图8-33所示。

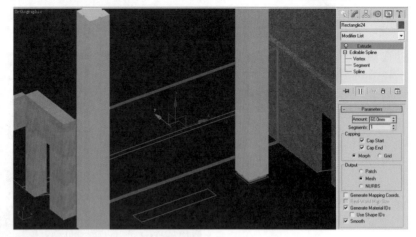

图8-33 挤出命令

05 在 ◎ 面板中单击 Plane 按钮，在前视图中创建平面，设置Length Segs为4段，设置Width Segs为7段，作为创建窗框的辅助物体，如图8-34所示。

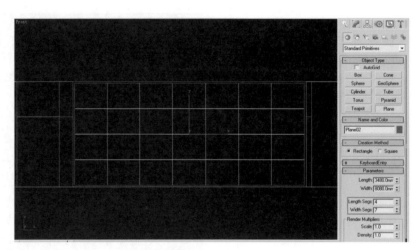

图8-34 创建平面

06 创建长方体，选择 ◎ 面板，单击 Box 按钮，在前视图中创建长方体，具体参数如图8-35所示。

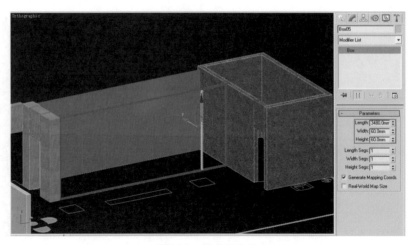

图8-35 创建长方体

07 选择创建好的长方体，打开捕捉命令，捕捉创建好的平面辅助物体，按住 Shift 键以实例的方式复制长方体，如图 8-36 所示。

图8-36 复制命令

08 单击 Box 按钮，在前视图中创建长方体，具体参数如图 8-37所示。

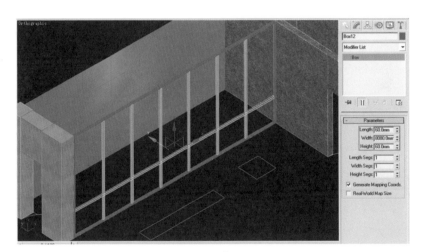

图8-37 创建长方体

09 选择创建好的长方体，打开捕捉命令，捕捉创建好的平面辅助物体，按住 Shift 键以实例的方式复制长方体，如图 8-38 所示。

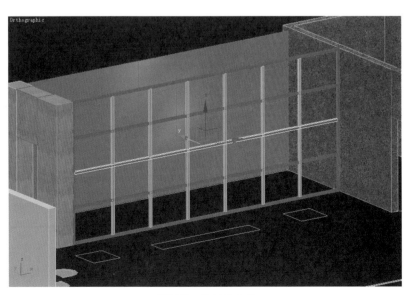

图8-38 复制长方体

10 单击 Box 按钮，在视图中创建一个长方体，并放置到相应的位置，如图8-39所示。

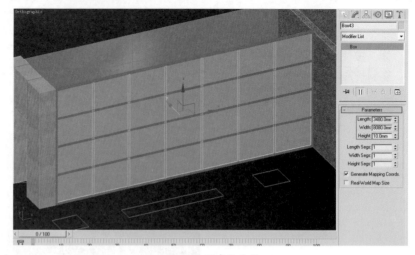

图8-39 创建长方体

11 单击 Rectangle 按钮，在顶视图中创建一个矩形，具体参数如图8-40所示。

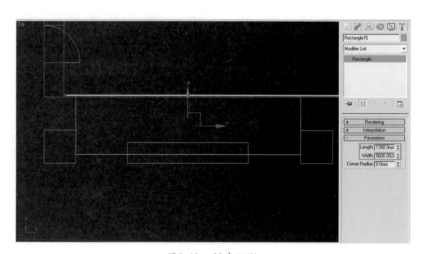

图8-40 创建矩形

12 在 Modifier List 修改面板中选择 Extrude 命令，设置挤出高度为0.5mm，如图8-41所示。

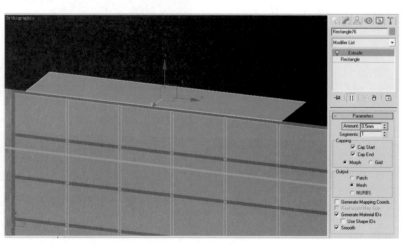

图8-41 挤出命令

13 单击 Box 按钮，在顶视图中创建一个长方体，并放置到相应的位置，具体参数如图8-42所示。

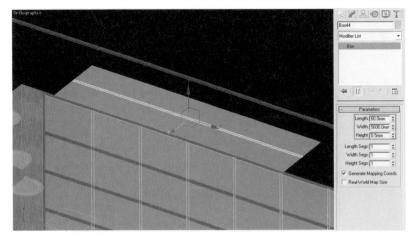

图8-42 创建长方体

14 单击 Box 按钮，在顶视图中创建五个长方体，并放置到相应的位置，如图8-43所示。

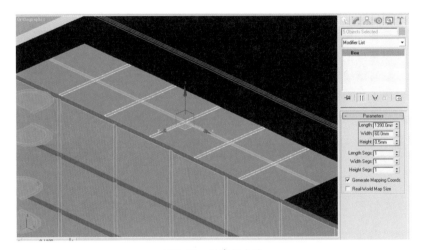

图8-43 创建长方体

设置黑漆材质。首先分析一下黑漆的物理属性，然后依据物体的物理特征来调节黑漆材质的各项参数。

● 黑色漆面材质。

● 表面非常光滑。

● 有一定的反射。

● 没有高光，属于镜面反射。

根据上述的基本原理，可以先分析一下黑漆材质的基本特征，然后再在材质面板中合理的设定材质的各项参数。

01 在材质编辑器中新建一个 VRayMtl （VRay 材质），设置黑漆漫射与反射。在Diffuse（漫射）中加设置颜色数值为R23、G23、B23，在Reflect（反射）中设置颜色数值为R45、G45、B45，如图 8-44 所示。

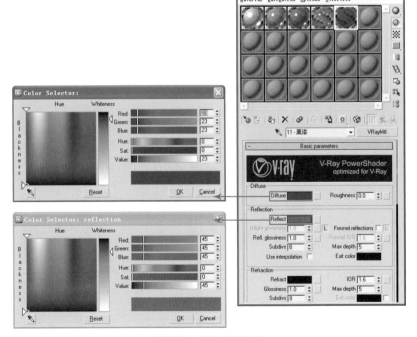

图8-44 设置黑漆材质

02 参数设置完成，材质球最终效果如图8-45所示。

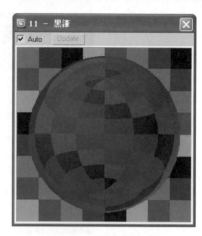

图8-45　黑漆材质球

03 选择模型在材质编辑器中赋予设置好的黑漆材质，依次单击 ■ 与 ■ 按钮，在场景中显示材质，如图8-46所示。

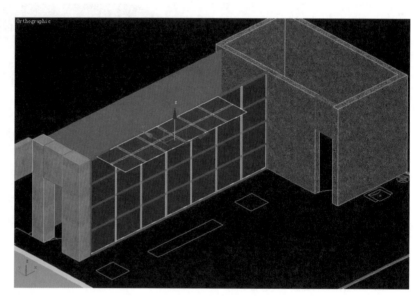

图8-46　赋予材质

04 选择所有框架模型，在材质编辑器中赋予不锈钢材质，依次单击 ■ 与 ■ 按钮，在场景中显示材质，如图8-47所示。

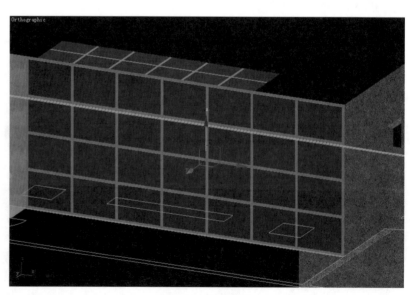

图8-47　赋予材质

8.2.3 10分钟完成二层墙面与顶面模型以及相应材质

01 在 3ds Max 2009 中 选 择 File(文件) → Import（导入）命令，选择本书配套光盘相关章节的二层 .dwg 文件，然后单击"打开"按钮，如图 8-48 所示。

图8-48 导入dwg格式的图纸

02 导入DWG文件后的对话框设置如图8-49所示。

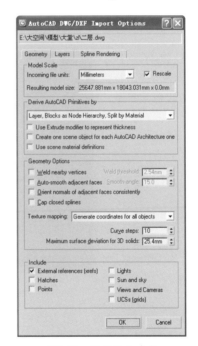

图8-49 设置导入参数

03 单击OK按钮，把DWG格式的图纸导入3ds Max 2009中，如图8-50所示。

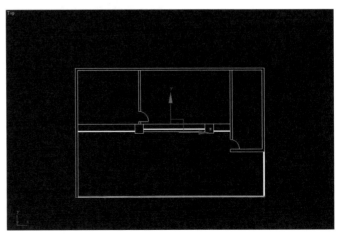

图8-50 导入后的平面图

04 选择导入的平面图，将它与一层平面图相对应，单击鼠标右键，在弹出的快捷键菜单栏中选择Freeze Selection命令，将导入的平面图进行冻结，如图8-51所示。

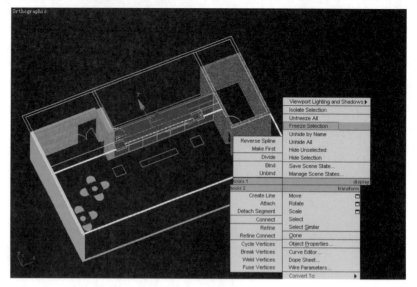

图8-51　冻结命令

05 创建楼板，单击 Rectangle 按钮。切换到顶视图中，在顶视图中创建一个矩形。具体参数如图8-52所示。

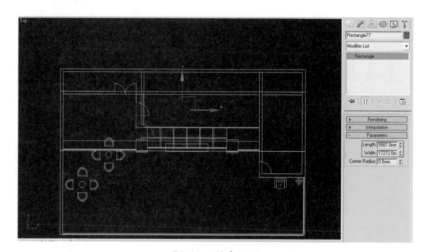

图8-52　创建矩形

06 在 Modifier List 面板中选择 Extrude 命令，挤出高度为60mm，如图8-53所示。

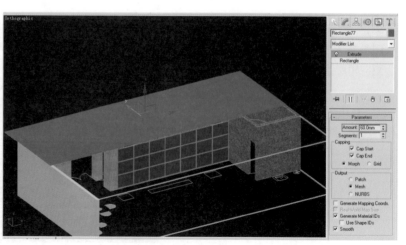

图8-53　挤出命令

07 复制一个并放置到上面，使两
个物体之间的距离为180mm，
设置挤出高度为410mm，如图
8-54所示。

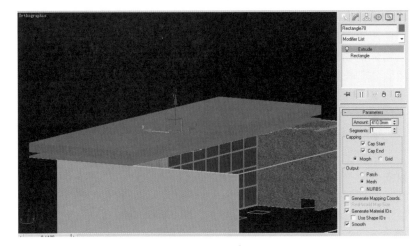

图8-54 复制命令

08 单击 Box 按钮，在视图中
创建长方体，并放置到相应的
位置，如图8-55所示。

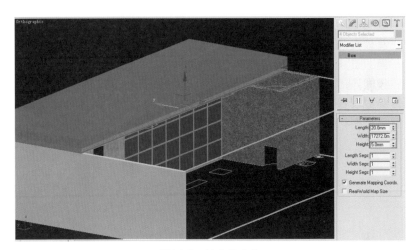

图8-55 创建长方体

09 使用 Line 和 Rectangle 命令，
捕捉到冻结的平面图顶点和
端点，依照墙体轮廓线描出
墙体轮廓，设置空间高度为
4800mm，如图8-56所示。

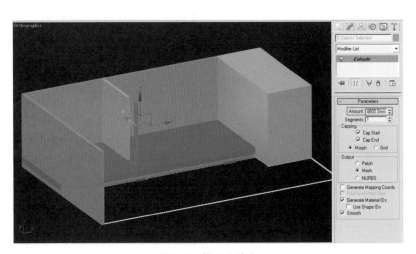

图8-56 挤压出墙体

设置天花材质，首先分析一下白漆顶面的物理属性，然后依据物体的物理特征来调节顶面材质的各项参数。

- 表面比较光滑。
- 有一定的反射。
- 较大的高光。

根据上述的基本原理，也可以先分析一下顶面材质的基本特征，然后再在材质面板中合理的设定材质的各项参数。

01 在材质编辑器中新建一个 VRayMtl（VRay材质），设置白漆顶面漫射与反射。在Diffuse（漫射）中设置颜色数值为R247、G247、B247，在Reflect（反射）中设置颜色数值为R22、G22、B22，墙面具有较大的光泽度模糊效果，这里设定Refl.glossinss（光泽度模糊）值为0.55，如图8-57所示。

02 参数设置完成，材质球最终效果如图8-58所示。

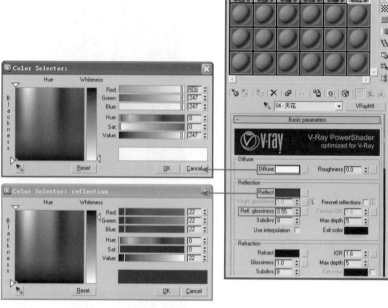

图8-57　设置顶面材质

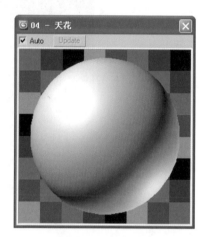

图8-58　顶面材质球

03 选择楼板模型，在材质编辑器中赋予顶面材质，依次单击 与 按钮，在场景中显示材质，如图8-59所示。

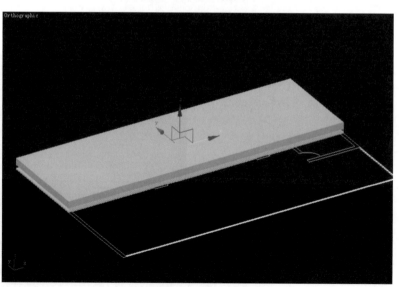

图8-59　赋予材质

04 选择墙面模型，在材质编辑器中赋予相应材质，依次单击 与 按钮，在场景中显示材质，如图8-60所示。

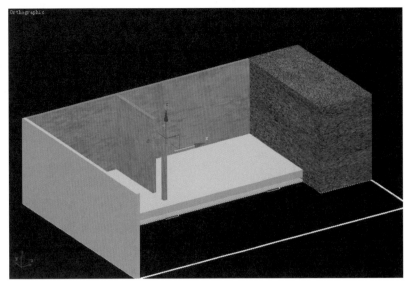

图8-60 赋予材质

05 选择其中一种墙面材质的模型，进入 Modifier List 面板，为墙面添加一个 UVW Mapping 命令，并调整贴图坐标，设置 Length 1000mm，Width 1000mm，Height 1000mm，如图 8-61 所示。

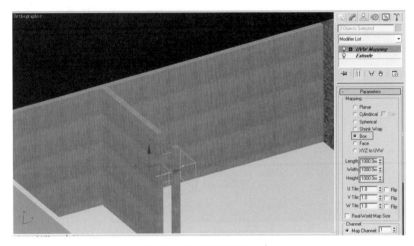

图8-61 设置UVW Mapping

06 再选择另一种墙面材质的模型，进入 Modifier List 面板，为墙面添加一个 UVW Mapping 命令，并调整贴图坐标为 Length 1000mm，Width 1000mm，Height 1000mm，如图 8-62 所示。

图8-62 设置UVW Mapping

07 创建顶面模型,单击 Box 按钮,在视图中创建长方体,参数如图 8-63 所示。

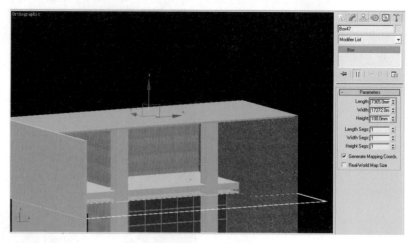

图8-63　创建长方体

08 单击 Box 按钮,在视图中创建长方体,放置到第一个顶面模型的下方,具体如图8-64所示。

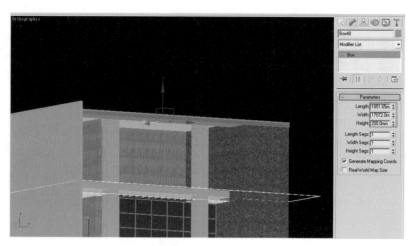

图8-64　创建长方体

09 单击 Box 按钮,在视图中创建高度为120mm的长方体,放置到相应的位置,如图8-65所示。

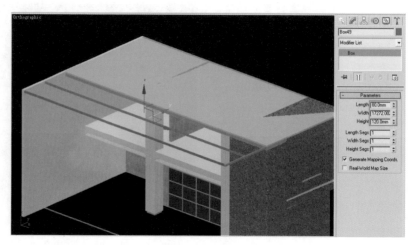

图8-65　创建长方体

10 单击 Box 按钮，在视图中
创建长方体，放置到相应的位
置，如图 8-66 所示。

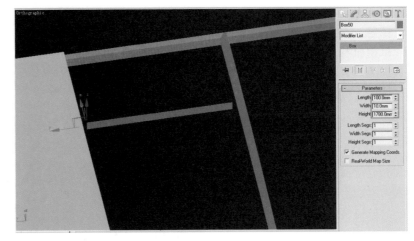

图8-66 创建长方体

11 单击 Box 按钮，在视图中
创建长方体，放置到相应的位
置，如图 8-67 所示。

图8-67 创建长方体

12 选择创建好的长方体，以实例
的方式复制到红色长方体的另
一侧，如图8-68所示。

图8-68 复制命令

13 将红色与蓝色的长方体都选择后，在工具栏中的 ↻ 工具上单击鼠标右键，在Z轴输入数值为10，使长方体沿Z轴旋转10°，如图8-69所示。

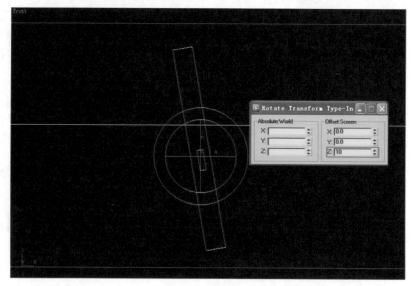

图8-69 旋转命令

14 选择右侧的黄色长方体，按住Shift键以实例的方式复制长方体，如图8-70所示。

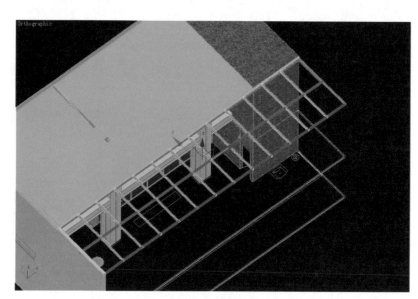

图8-70 复制命令

15 选择旋转过的三个长方体，按住Shift键以实例的方式关联复制7个，如图8-71所示。

加速点：

场景中相同的物体一定要以实例的方式复制。一旦在修改的时候修改其中一个物体，其他相关联的物体也会发生改变，如果不以实例的方式复制，修改起来会非常麻烦，需要一个接一个的修改，会浪费很多时间。

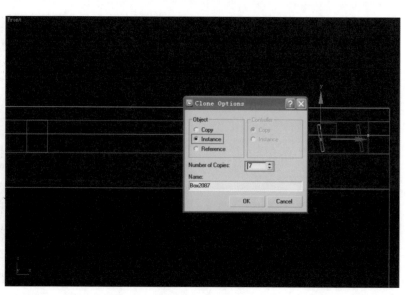

图8-71 复制命令

16 选择上端所有的长方体，按住 Shift键以实例的方式复制到下边，如图8-72所示。

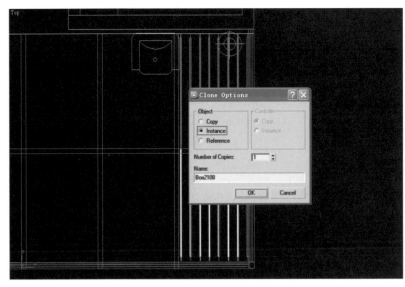

图8-72 复制命令

17 复制好所有长方体后，效果如图8-73所示。

图8-73 复制后效果

设置穿孔板材质，先分析一下顶面穿孔板的物理属性，然后依据物体的物理特征来调节穿孔板材质的各项参数。

● 表面比较粗糙。

● 有比较弱的反射。

● 较大的高光。

根据上述的基本原理，也可以先分析一下穿孔板材质的基本特征，然后再在材质面板中合理的设定材质的各项参数。

01 在 材 质 编 辑 器 中 新 建 一 个 VRayMtl（VRay材质），设置穿孔板漫射贴图与反射。在 Diffuse（漫射）通道中加载一张穿孔板贴图，在Reflect（反射）中设置颜色数值为R50、G50、B50，设定Refl.glossinss（光泽度模糊）值为0.65，设置Subdivs（细分）值为24，具体设置如图8-74所示。

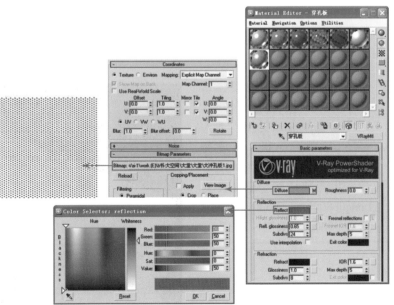

图8-74 设置穿孔板材质

02 在Bump（凹凸）通道里添加贴图，将漫射中的贴图复制到凹凸中，设置Bump值为20，使其有较小凹凸效果，具体设置如图8-75所示。

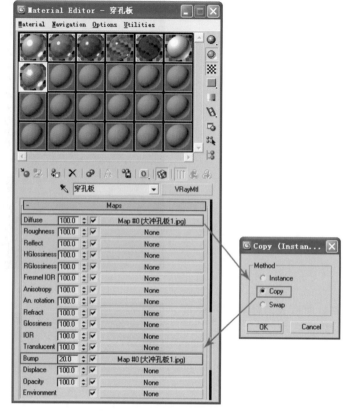

图8-75　设置穿孔板凹凸材质

03 参数设置完成，材质球最终效果如图8-76所示。

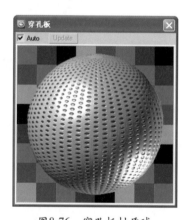

图8-76　穿孔板材质球

04 选择顶面模型，在材质编辑器中依次单击 与 按钮，并在场景中显示贴图，进入 Modifier List 面板，为墙面添加一个UVW Mapping命令，并调整贴图坐标，设置Length 800mm，Width 800mm，Height 800mm，如图 8-77 所示。

图8-77　设置UVW Mapping

设置黑色不锈钢材质。首先分析一下黑色不锈钢的物理属性，然后依据物体的物理特征来调节黑色不锈钢材质的各项参数。

● 表面非常光滑。

● 有一定的反射。

● 有明显的高光。

根据上述的基本原理，也可以先分析一下黑色不锈钢材质的基本特征，然后再在材质面板中合理的设定材质的各项参数。

01 在材质编辑器中新建一个 VRayMtl（VRay材质），设置黑色不锈钢漫射与反射。在Diffuse（漫射）中设置颜色数值为R0、G0、B0，在Reflect（反射）中设置颜色数值为R60、G60、B60，设定Refl. glossinss（光泽度模糊）值为0.8，设置Subdivs（细分）值为24，如图8-78所示。

02 参数设置完成，材质球最终效果如图8-79所示。

设置百叶材质。首先分析一下百叶的物理属性，然后依据物体的物理特征来调节百叶材质的各项参数。

● 镜面反射的反射值为最大。

● 忽略镜子的Diffuse（漫射颜色）。

● 镜面对光线有一定的反射效果。

根据上述的基本原理，也可以先分析一下百叶材质的基本特征，然后再在材质面板中合理的设定材质的各项参数。

01 在材质编辑器中新建一个 VRayMtl（VRay材质），设置百叶漫射与反射。在Diffuse（漫射）中设置颜色数值为R247、G247、B247，在Reflect（反射）中设置颜色数值为R50、G50、B50，设定Refl.glossinss（光泽度模糊）值为0.78，设置Subdivs（细分）值为16，如图8-80所示。

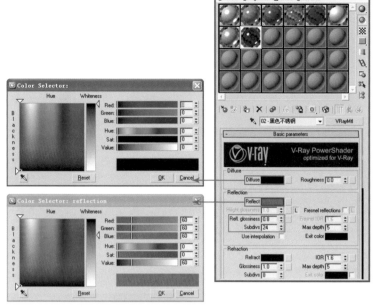

图8-78　设置黑色不锈钢材质

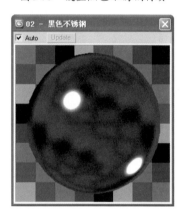

图8-79　黑色不锈钢材质球

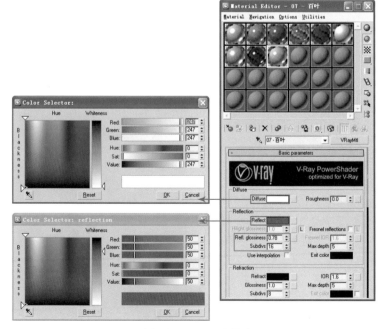

图8-80　设置百叶材质

02 参数设置完成，材质球最终效果如图8-81所示。

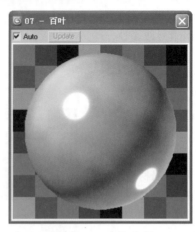

图8-81 百叶材质球

03 选择创建好的模型，在材质编辑器中选择设置好的材质，依次单击 与 按钮赋予相应的材质，并在场景中显示贴图，如图8-82所示。

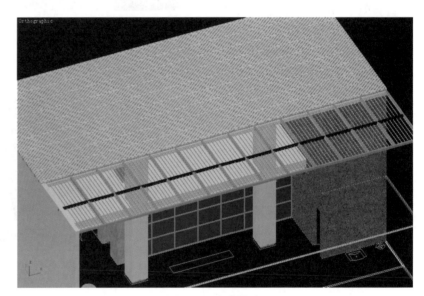

图8-82 赋予材质

04 单击 Box 按钮，在视图中创建窗框与玻璃，如图8-83所示。

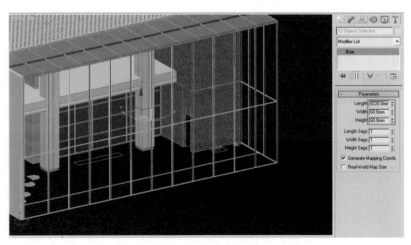

图8-83 创建长方体

设置玻璃材质。窗框为不锈钢材质，首先分析一下玻璃的物理属性，然后依据物体的物理特征来调节玻璃材质的各项参数。

● 镜面反射的反射值最大。
● 忽略镜子的Diffuse（漫射颜色）。
● 镜面对光线有一定的反射效果。

根据上述的基本原理，可以先分析一下玻璃材质的基本特征，然后再在材质面板中合理的设定材质的各项参数。

01 在材质编辑器中新建一个 VRayMtl （VRay材质），设置玻璃漫射、反射与折射。在Diffuse（漫射）中设置颜色数值为 R220、G254、B241，在Reflect（反射）中设置颜色数值为 R150、G150、B150，并勾选菲涅尔反射选项，在 Refrect（折射）中设置颜色数值为 R248、G248、B248，设置折射率为1.55，如图8-84所示。

02 参数设置完成，材质球最终效果如图8-85所示。

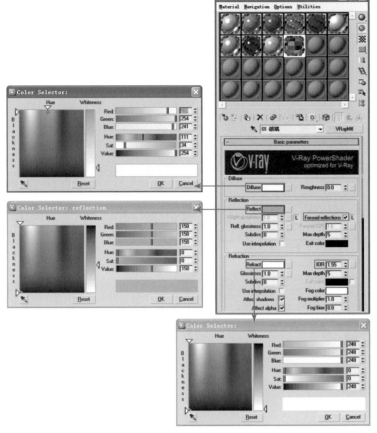

图8-84　设置玻璃材质

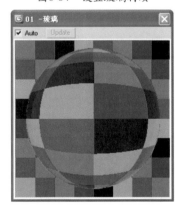

图8-85　玻璃材质球

8.2.4　2分钟完成摄像机创建

当大体模型都创建好以后，要为空间创建摄像机，下面将具体介绍本场景中的摄像机创建方法。

01 选择 面板，单击 Target （目标）按钮，如图8-86所示。

图8-86　选择摄像机

02 切换到Top（顶）视图中，按住鼠标在顶视图中创建一个摄像机，摄像机在顶视图中的位置以及参数，如图8-87所示。

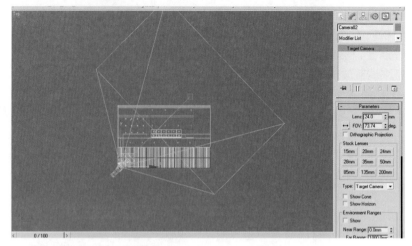

图8-87　摄像机顶视图角度位置

03 切换到前视图中调整摄像机位置如图8-88所示。

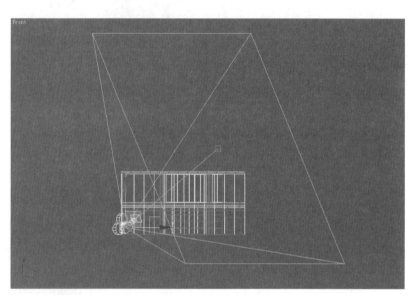

图8-88　前视图摄像机位置

04 由于摄像机在垂直方向调整了一定的角度，场景中的物体看起来会发生倾斜，所以要为摄像机添加一个Camera Correction（摄像机校正）修改器。选择摄像机，单击鼠标右键，选择Apply Camera Correction Modifier "适用于相机校正调节器"选项，如图8-89所示。

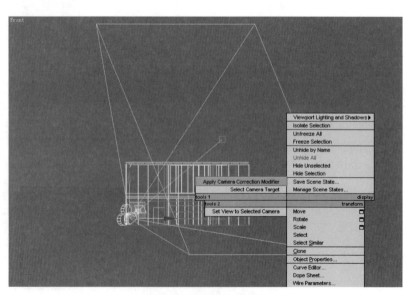

图8-89　摄像机校正命令

05 然后切换到相机视图中观察模型，如图8-90所示。

图8-90 相机视图位置

8.2.5 5分钟完成模型的调入

在大的框架建立以后，就可以调用模型了，对于复杂的模型，能调用就调用，以方便我们的工作。

01 选择菜单栏中的File→Merge（文件→合并）命令，在弹出的对话框中找到要导入的模型文件，如图8-91所示。

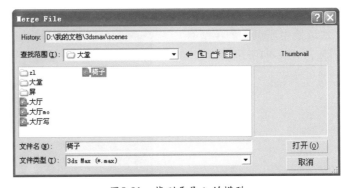

图8-91 找到要导入的模型

02 单击打开按钮，在弹出的对话框中选择所有的物体，单击OK按钮确定，并修改导入后的模型大小，并将模型移动到合适的位置。如图8-92所示。

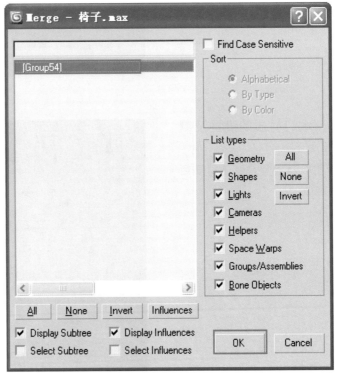

图8-92 导入模型

03 按照同样的方法依次调入模型并将它们移动相应的位置上，注意尺寸尽量和图纸保持一致，所有模型导入后，显示所有物体，最后各个角度的效果如图8-93所示。

图8-93　模型调入后的场景

8.2.6
5分钟完成调入模型的材质

在本场景中所调入的模型有以下几种。如图8-94所示。

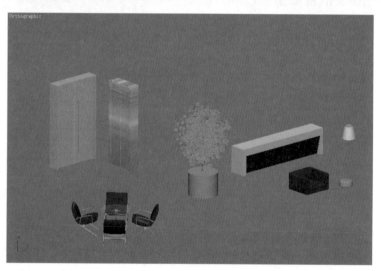

图8-94　调入的模型

1．木门材质的设置及制作思路

如图8-95所示是赋予材质后的木门模型。

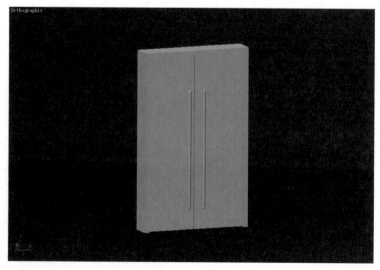

图8-95　门材质

首先分析一下木门的物理属性，然后依据物体的物理特征来调节材质的各项参数。

● 反射比较小。

● 有比较大的高光。

根据上述的基本原理，也可以先分析一下木门材质的基本特征，然后再在材质面板中合理的设定材质的各项参数。

01 在材质编辑器中新建一个 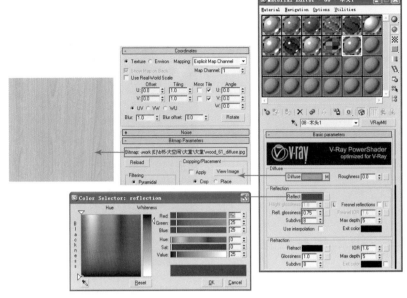（VRay材质），设置木门漫射贴图与反射。在Diffuse（漫射）通道中添加一张木材贴图，在Reflect（反射）中分别设置颜色数值为R25、G25、B25，设定Refl.glossinss（光泽度模糊）值为0.75，如图8-96所示。

图8-96　设置木门材质

02 参数设置完成，材质球最终效果如图8-97所示。

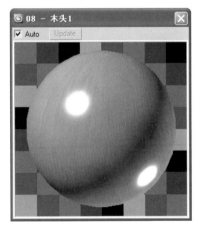

图8-97　木门材质球

03 选择门模型，在材质编辑器中依次单击 与 按钮，并在场景中显示贴图，进入 Modifier List 面板，为墙面添加一个 UVW Mapping 命令，并调整贴图坐标，设置Length 320mm，Width 480mm，Height 850mm，如图 8-98 所示。

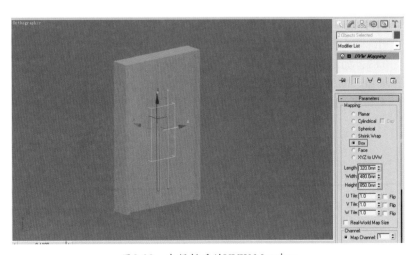

图8-98　木门材质的UVW Mapping

2．电梯门材质的设置及制作思路

以下是赋予材质后的电梯门模型，如图8-99所示。

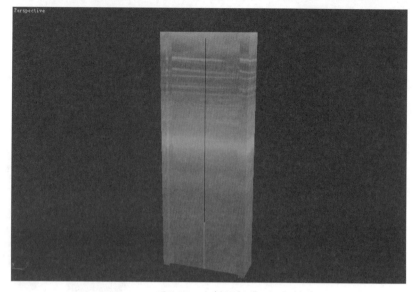

图8-99　电梯门材质

首先分析一下电梯门的物理属性，然后依据物体的物理特征来调节材质的各项参数。

● 表面很光滑。

● 有拉丝不锈钢质感。

● 有很大的反射。

● 有很小的高光。

根据上述的基本原理，也可以先分析一下电梯门材质的基本特征，然后再在材质面板中合理的设定材质的各项参数。

01 在材质编辑器中新建一个
●VRayMtl（VRay材质），设置电梯门漫射与反射。在Diffuse（漫射）通道中添加一张不锈钢贴图，在Reflect（反射）中分别设置颜色数值为R180、G180、B180，设定Refl.glossinss（光泽度模糊）值为0.87，如图8-100所示。

02 参数设置完成，材质球最终效果如图8-101所示。

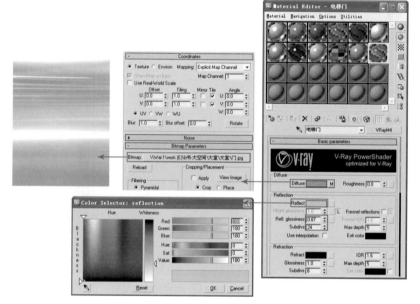

图8-100　设置电梯门材质

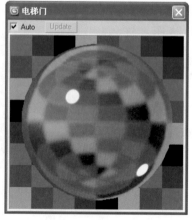

图8-101　电梯门材质球

03 选择门模型，在材质编辑器中依次单击 ![]与 ![]按钮，并在场景中显示贴图，进入 Modifier List ▾ 面板，为墙面添加一个 UVW Mapping 命令，并调整贴图坐标，设置 Length 900mm，Width 500mm，Height 2480mm，如图 8-102 所示。

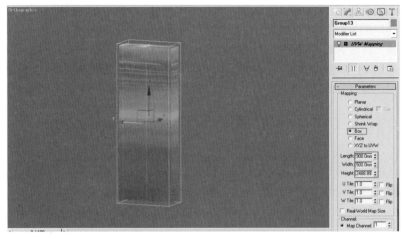

图8-102　电梯门材质的UVW Mapping

电梯门和木门的材质已经设置完毕，查看电梯门角度材质的渲染效果，如图8-103所示。

图8-103　门材质的渲染效果

3．沙发材质的设置及制作思路

以下是赋予材质后的沙发模型，沙发材质中包括不锈钢材质，在前面设置中已经讲解过不锈钢的设置方法，如图8-104所示。

图8-104　沙发材质

首先分析一下沙发的物理属性，然后依据物体的物理特征来调节材质的各项参数。

● 有很小的反射。

● 模糊感较强。

根据上述的基本原理，也可以先分析一下沙发材质的基本特征，然后再在材质面板中合理的设定材质的各项参数。

01 在材质编辑器中新建一个 ⚫VRayMtl （VRay材质），设置沙发漫射与反射。在Diffuse(漫射)通道中添加Falloff命令，设置通道1中的颜色数值为R18、G17、B13，设置通道2中的颜色数值为R95、G91、B85，在Reflect（反射）中设置颜色数值为R35、G35、B35，设定Refl.glossinss（光泽度模糊）值为0.6，如图8-105所示。

02 参数设置完成，材质球最终效果如图8-106所示。

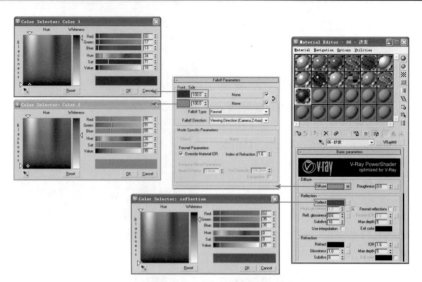

图8-105 设置沙发材质

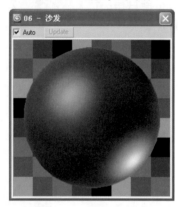

图8-106 沙发材质球

沙发的材质已经设置完毕，查看沙发材质的渲染效果，如图8-107所示。

图8-107 沙发材质的渲染效果

4．前台材质的设置及制作思路

以下是赋予材质后的前台模型，前台包括两种材质：白石材与黑石材，如图8-108所示。

图8-108　前台材质

设置白石材材质。首先分析一下白石材的物理属性，然后依据物体的物理特征来调节材质的各项参数。

- 表面很光滑。
- 反射比较大。
- 有较小的高光。

根据上述的基本原理，也可以先分析一下白石材材质的基本特征，然后再在材质面板中合理的设定材质的各项参数。

01 在材质编辑器中新建一个 **VRayMtl**（VRay材质），设置白石材漫射贴图与反射。在Diffuse（漫射）通道中添加一张石材贴图，在Reflect（反射）中设置颜色数值为R92、G92、B92，设定Refl.glossinss（光泽度模糊）值为0.85，如图8-109所示。

02 参数设置完成，材质球最终效果如图8-110所示。

图8-109　设置白石材材质

图8-110　白石材材质球

设置黑石材材质。首先分析一下黑石材的物理属性，然后依据物体的物理特征来调节材质的各项参数。

● 表面很平滑。

● 有比较小的反射。

● 较小的高光。

根据上述的基本原理，也可以先分析一下黑石材材质的基本特征，然后再在材质面板中合理的设定材质的各项参数。

01 在材质编辑器中新建一个 VRayMtl（VRay 材质），设置黑石材漫射与反射。在 Diffuse（漫射）通道中添加一张石材贴图，在 Reflect（反射）中设置颜色数值为 R40、G40、B40，设定 Refl.glossinss（光泽度模糊）值为 0.9，如图 8-111 所示。

02 参数设置完成，材质球最终效果如图8-112所示。

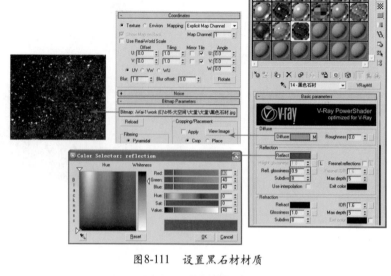

图8-111　设置黑石材材质

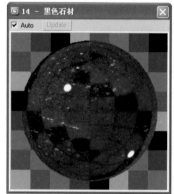

图8-112　黑石材材质球

前台的材质已经设置完毕，查看材质的渲染效果，如图8-113所示。

图8-113　前台材质的渲染效果

5. 灯罩材质的设置及制作思路

以下是赋予材质后的地灯模型，地灯包括两种材质：灯罩与不锈钢，不锈钢同样在前面已经讲过，如图8-114所示。

图8-114　落地灯材质

设置灯罩材质。首先分析一下灯罩的物理属性，然后依据物体的物理特征来调节材质的各项参数。

● 反射很小

● 高光也比较小

根据上述的基本原理，也可以先分析一下灯罩材质的基本特征，然后再在材质面板中合理的设定材质的各项参数。

01 在材质编辑器中新建一个 VRayMtl（VRay材质），设置灯罩漫射与反射。在Diffuse（漫射）中设置颜色数值为R246、G243、B237，在Reflect（反射）中设置颜色数值为R12、G12、B12，设定Refl.glossinss（光泽度模糊）值为0.8，如图8-115所示。

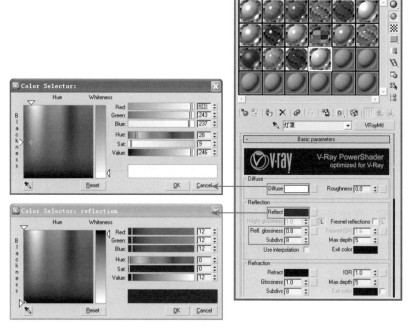

图8-115　设置灯罩材质

02 参数设置完成，材质球最终效果如图8-116所示。

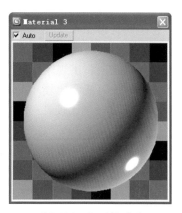

图8-116　灯罩材质球

灯罩的材质已经设置完毕，查看灯罩材质的渲染效果，如图8-117所示。

图8-117 地灯材质渲染效果

8.3 12分钟完成灯光的创建与测试

材质设置完成以后，接下来讲叙如何为场景创建灯光，以及VRay参数面板中的各项设置，在渲染成图之前，要先将VRay面板中的参数设置低一点，从而提高测试渲染的速度。

8.3.1 2分钟完成测试渲染参数的设定

01 在 V-Ray:: Color mapping （颜色映射）卷展栏中设置曝光模式为Reinhard（莱因哈德）类型，Reinhard曝光方式是介于Linear nultiply（线性曝光）与Exponential（指数曝光）之间的一种曝光方式。这种曝光方式比较灵活，它是线性曝光和指数曝光混合而成的，在很多时候线性曝光可能会因为曝光结果非常强烈，出现曝光现象。而指数曝光有时候可能会比较灰，所以Reinhard曝光方式是一种比较灵活的曝光方式，它是通过Burn vale的数值来控制线性曝光和指数曝光的混合量的。当Burn vale的数值为1时，等同于线性曝光，当Burn vale的数值为0时，等同于指数曝光，如图8-118所示。

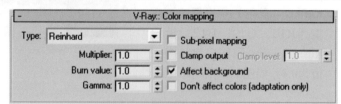

图8-118 设置颜色映射

02 设置测试渲染图像的大小，把测试图像大小设置为600×450，这样不仅可以观察到渲染的大效果，还可以提高测试速度，如图8-119所示。

提示：

其他渲染面板的参数具体设置方法请参见第一章中的讲解

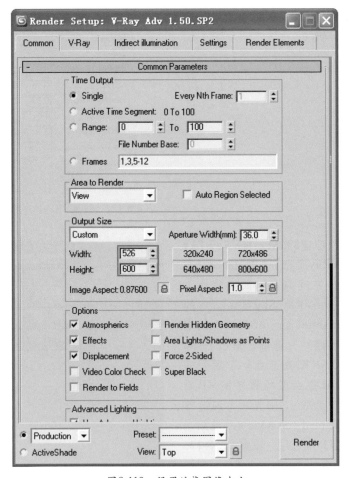

图8-119 设置渲染图像大小

8.3.2 2分钟完成VRay阳光和天光的创建

01 单击 创建命令面板中的 图标，在下拉列表中选择VRay，如图8-120所示。

02 单击 VRaySun （VRay阳光）按钮，在视图中创建VRay的阳光系统，并在弹出的对话框中单击"是"，VR阳光的角度如图8-121所示。

图8-120 VRay灯光创建面板

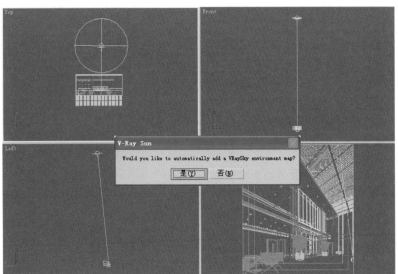

图8-121 创建VRay阳光

03 VRay阳光的参数设置，如图8-122所示。

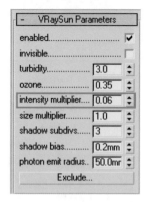

图8-122 设置VRay阳光参数

提示：

在VRay阳光参数中，能有效的控制阳光强度的数值是intensety multiplier（强度倍增器），强度倍增器的默认值为1。如果在创建空间相机时使用3ds Max的标准相机时，可将此数值设为0.02－0.07之间，如果使用的是VRay相机，就要根据相机的光圈大小、快门速度以及感光度来进行调节。

04 按快捷键8和M，将VRay Sky（VRay天光）按Instance（实例）方式拖入材质编辑器。勾选"VRay Sky参数"中的"manual sun node（手动阳光节点）"选项，单击"sun node（阳光节点）"后面的None并点取场景中的VR阳光，点取VR阳光后，勾选掉"manual sun node（手动阳光节点）"选项，设置如图8-123所示。

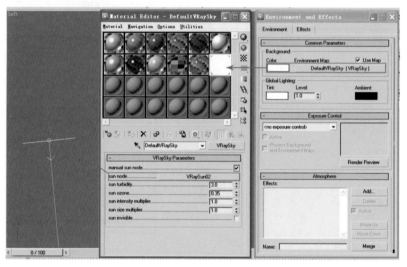

图8-123 以实例方式复制VRay天光到材质编辑器

05 在相机视图中按快捷键F9，对相机角度进行渲染测试，测试效果如图8-124所示。

提示：

通过调整参数，整体效果还是不错的，明暗对比强烈。但是发现窗口的亮度有点太高了，接下来还要创建其他的一些灯光，当灯光重叠很多的时候可能就会出现曝光严重的情况，在这种情况下一般调整参数面板中的曝光方式来完善整体效果。本空间中使用的曝光方式是Reinhard（莱因哈德）的曝光方式，在上面已经讲到了这种曝光方式的意义，当数值为1时是完全的线性曝光方式，图像的亮度对比比较突出，当数值为0时是完全的指数曝光方式，使用指数曝光图像的亮度对比很灰。

图8-124 测试渲染效果

06 通过很多次的测试渲染，本场景中 V-Ray:: Color mapping （颜色映射）设置的 Burn value 数值为 0.15，Burn value 数值为 0.15 的时候整体的亮度比较和谐。Burn value 数值为 0.15 的意思：Burn value（0.15）＝（Linear × 0.15）＋（Exponential × 0.85），最终效果如图 8-125 所示。

图8-125 测试渲染效果

8.3.3 2分钟完成室外环境光的创建

01 在窗口处创建 VRay Light（VRay灯光），单击 创建命令面板中的 图标，在 VRay 类型中单击 VRayLight （VRay灯光）按钮，将灯光的类型设置为 Dome（穹顶光源），在视图中创建灯光设置灯光的 Color（颜色）为 R255、G247、B238，Multiplier（强度）值为 5，在 Optison（选项）设置面板中勾选 Invisible（不可见）选项，为了不让灯光参加反射，勾选掉 Affect reflections（影响反射）选项，并设置 Subdivs（细分）值为24。设置好以后，以实例的方式复制到其他窗口处，具体参数如图 8-126 所示。

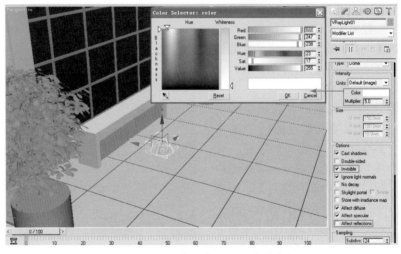

图8-126 设置空间中的VRay灯光参数

> **提示：**
>
> 勾选VR灯光的Invisible（不可见）选项，可以让相机看不见VR灯光，但VR灯光对室内还是照明的。取消VR灯光的Affect reflections（影响反射），可以让室内有反射的物体反射室外的天光。增加Subdivs（细分）值，可以提高VR灯光产生的阴影质量，让阴影更丰富细腻，但渲染时间会大幅增加。

02 在相机视图中按快捷键F9，对相机角度进行渲染测试，测试效果如图8-127所示。

图8-127　测试渲染效果

8.3.4　6分钟完成光域网的创建

　　到这一步，空间中室外的光源已经创建完成，需要对室内的筒灯进行布光。可以根据筒灯的模型数量进行布灯，但由于筒灯数量众多，就要从中挑选重要的灯光进行照明，避免太多的灯光影响到的渲染速度。

01 单击 创建命令面板中的 图标，在VRay类型中单击 VRayIES （光域网）按钮，首先创建一层的光源，在视图中射灯模型位置创建灯光，以实例的方式复制创建好的灯光，在V-Ray Adv1.50.SP2渲染器中自带VRay光域网。如图8-128所示。

图8-128　创建VRay光域网

> **提示：**
>
> 光域网是灯光的一种物理性质，用来确定光在空气中发散的方式。不同的灯光，在空气中的发散方式是不同的。在效果图表现中，为了得到美丽的光晕就需要用到光域网文件。一般光域网文件是以.ies为文件后缀，所以又称之为Ies文件。

02 单击 创建命令面板中的 图标，在VRay类型中单击 VRayIES （光域网）按钮，创建二层的光源，在视图中射灯模型位置创建灯光，以实例的方式复制创建好的灯光，设置灯光的Color（颜色）R255、G172、B64，参数设置为8000，一层灯光的参数与二层参数相同，如图8-129所示。

图8-129　设置光域网参数

03 在相机视图中按快捷键F9，对相机角度进行渲染测试，测试效果如图8-130所示。

图8-130　最终测试渲染效果

提示：

当在间接照明中使用发光贴图与灯光缓存的组合时，必须先用小尺寸的图像进行计算。一般情况下，计算发光贴图所用的图像尺寸为最终渲染尺寸的1、4左右。

04 使用渲染测试的图像大小进行发光贴图与灯光缓存的计算。设置完毕后，在相机视图按快捷键F9进行发光贴图与灯光缓存的计算，计算完毕后即可进行成图的渲染，成图的具体渲染设置方法请参见第一章中的讲解。这是本场景的最终渲染效果，如图8-131所示。

图8-131　最终渲染效果

8.4 1分钟完成色彩通道的渲染

加速点：

运用 ⓖ BeforeRender_V1.0 插件可以非常快的渲染出颜色通道供后期使用，节省非常多的时间，提高制作效率。

01 将文件另存一份，然后删除场景中所有的灯光，单击菜单栏 **MAXScript**，单击 **Run Script...**，运行beforeRender.mse插件，如图8-132所示。

图8-132 通道插件

02 进入VRay的渲染面板，按F10键选择Render，在 **V-Ray:: Global switches**（全局开关）中取消所有的勾选，并在Indirect illumination（间接照明）中将GI选项区域中的On选项勾选掉。如图8-133所示。

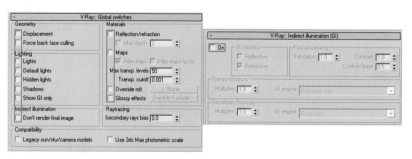

图8-133 颜色通道面板设置

加速点：

去掉所有的勾选是为了让通道渲染得更快。色彩通道用途是为了在后期处理中方便选择不同材质的各个部分，所以无须带有反射、贴图以及进行GI计算。

03 勾选插件面板中"转换所有材质"选项，再单击 **转换为通道渲染场景** 图标，将所有材质已经转化为3ds Max标准材质的自发光，如图8-134所示。

图8-134 转换所有材质

04 勾选插件面板中"转换所有材质"选项，在单击 转换为通道渲染场景 图标后，所有材质已经转化为3ds Max标准材质的自发光材质，如图8-135所示。

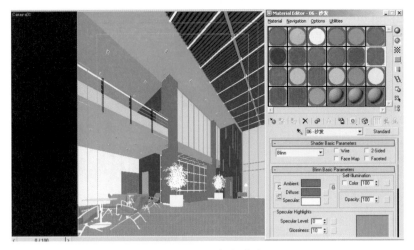

图8-135 色彩通道

加速点：

1. "转换所有材质"是在执行命令时，将场景中所有非标准材质转换为标准材质。也就是说在之前设置的所有VRay材质都将转换为3ds Max的标准材质，方便正确的制作色彩通道。

2. 去掉所有的勾选是为了让通道渲染得更快。色彩通道用途是为了在后期处理中方便选择不同材质的各个部分，所以无须带有反射、贴图以及进行GI计算。

05 渲染色彩通道的尺寸一定要与成图的渲染尺寸保持一致，命名为"餐厅td.tga"渲染通道，如图8-136所示。

图8-136 色彩通道图

8.5 10分钟完成Photoshop后期处理

最后，我们使用Photoshop软件为渲染的图像进行亮度、对比度、色彩饱和度、色阶等参数的调节，以下是场景后期步骤。

01 在Photoshop软件中，将渲染出来的最终图像和色彩通道打开，如图8-137所示。

图8-137　打开渲染成图

02 使用工具箱的移动工具，按住Shift键，将"日光大厅td.tga"拖入"日光大厅.tga"，并调整餐厅图层关系，如图8-138所示。

图8-138　调整图层关系

03 单击右侧图层面板的，在弹出的下拉菜单里选择"色阶"，并调整色阶参数，提高画面对比度。然后单击"确定"按钮，如图8-139所示。

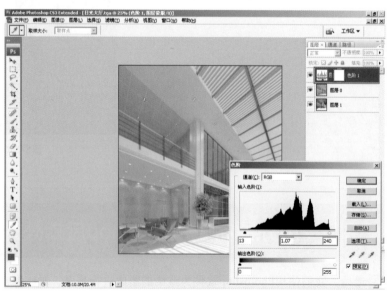

图8-139　添加色阶修改层

04 按以上操作步骤，再添加一个"色彩平衡"调节图层，并调节色彩平衡中的高光、中间调和阴影参数，将高光偏冷，阴影暗部偏暖。如图8-140所示。

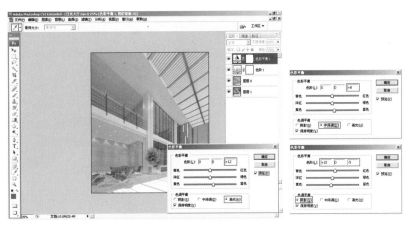

图8-140　添加色彩平衡修改层

05 利用色彩通道调整局部单个物体的明暗和色彩关系。单击色彩通道，按快捷键W选择魔棒工具。把容差值调为10，勾选掉"连续"选项。在白色顶面上单击鼠标，当选区出现时，选择图层0，按快捷键Ctrl+J，将白色顶面复制一个图层，如图8-141所示。

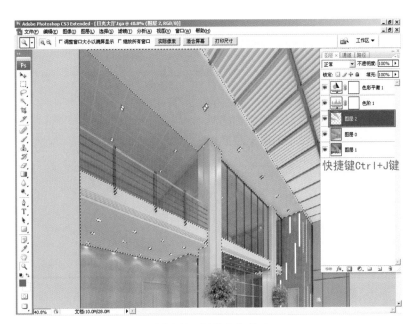

图8-141　调节白色顶面

06 按快捷键Ctrl+J复制一个白色顶面图层后，再按快捷键Ctrl+L，调整白色顶面图层的色阶，让白色顶面显得明亮洁净一些，如图8-142所示。

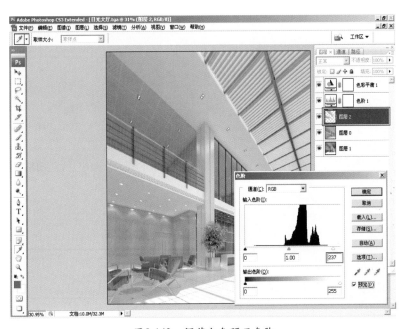

图8-142　调节白色顶面色阶

07 按照相同的方法依次调整地面、窗户、墙面、植物等。再对空间进行整体的调整，如图8-143所示。

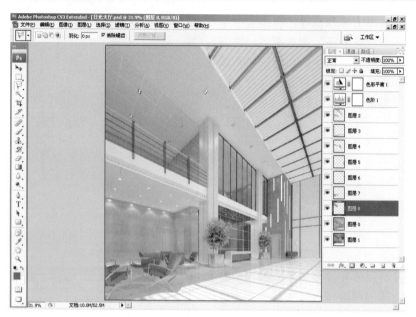

图8-143 调节完成

08 修改完成后，可以按照以往的方式细微调节每个图层，中庭最终效果图8-144所示。

提示：

本场景的视频讲解教程，请参看光盘\视频教学\日光大厅中的内容。

图8-144 最终效果

第9章
游泳池表现技法

本章学习要点

■ 利用Displace（置换）贴图来设置砖墙。
■ 掌握空间中灯光的冷暖色调。
■ 掌握如何在后期中完成室外背景层的添加。
■ 利用VRay相机的各项参数调节空间明暗关系。

9.1 游泳池制作简介

9.1.1 快速表现制作思路

01 建模阶段：为了更快速的表现墙面砖的效果，一般使用置换纹理来代替建模，这样不仅可以降低模型面数、提高建模速度，而且还能够减少渲染时间，更快的完成整张效果图的制作。

02 渲染阶段：本场景中的主要光源来源于室外光，要把握好整个空间的冷暖对比效果，在室内创建一处暖光源，与室外天光形成明显的对比效果。充分利用VRay相机的各项参数调节空间明暗关系。

03 后期阶段：调节图像的原则是先整体后局部，再以局部到整体的步骤进行。主要调节图像的色阶、亮度、对比度、饱和度以及色彩平衡等，修改渲染中留下的瑕疵，最终完成作品。

9.1.2 提速要点分析

不包括渲染与建模，本场景共用了52分钟完成制作。游泳池主要用了以下几种方法与技巧：

01 整个场景中全部使用VRay标准材质，比3ds Max标准材质的渲染速度快很多，效果也更理想。

02 空间中主要光源来源于室外光的影响，然后在室内再创建一面灯光并设置颜色，使整个空间冷暖对比比较明显。

03 对于局部细节的修改可用局部渲染来弥补，这样不仅节省时间，也不会影响最终效果。

9.2 3分钟完成摄像机创建

当模型都创建完毕后，要为空间创建摄像机，下面将具体介绍本场景中的摄像机创建方法。

01 在 ▦ 面板中单击 ayPhysicalCam（目标）按钮，在 Top（顶）视图中创建摄影机角度，如图9-1所示。

02 切换到 Top（顶）视图中，按住鼠标在顶视图中创建一个摄像机，在创建摄像机时，一定要多角度地反复调试，最终才能达到理想效果。首先来看一下本案例摄像机在顶视图中的位置。如图9-2所示。

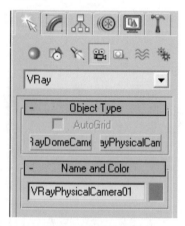

图9-1 选择摄像机

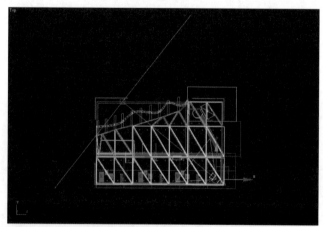

图9-2 摄像机顶视图角度位置

03 切换到Left（左）视图中调整
摄像机位置如图9-3所示。

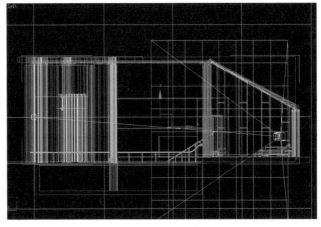

图9-3 左视图摄像机位置

04 切换到相机视图中观察模型，
如图9-4所示。

图9-4 旋转相机位置

05 在修改器列表中设置摄像机的
参数，如图9-5所示。

图9-5 摄像机参数

技术要点：

在这个空间里，将VRay摄像机的
目标点往上移动过。为了能够保持
画面的垂直，需要在确定相机角度
后，单击Guess vertical shift按钮，
以校正相机的角度。

在本空间中，将f-number调至2.0，
可以有效地提高空间的整体亮
度。降低vignetting至0.5，可以减
少相机四周的黑色渐变。将white
balance调至D75，可以减少空间中
的蓝色环境色。

9.3 30分钟完成游泳池材质的设置

打开配套光盘中第9章
\max\游泳池-模型.max文件,这是
一个已创建完成的游泳池场景,
如图9-6所示。

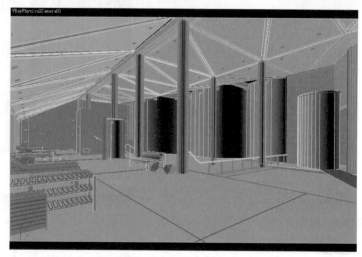

图9-6 建模完成的游泳池

以下是场景中的物体赋予材
质后的效果,如图9-7所示。

继续设置游泳池中的一些主
要材质,之前章节讲到的材质本
章就不再重复。

图9-7 赋予材质后的游泳池

9.3.1 20分钟完成场景基础材质的设置

游泳池中的基础材质有墙
面、地面、不锈钢、窗框等材
质,如图9-8所示,下面将说明它
们的具体设置方法。

图9-8 基础材质

1. 顶面乳胶漆材质设置及制作思路

首先分析一下顶面乳胶漆的物理属性，然后依据物体的物理特征来调节材质的各项参数。

- 米黄色的乳胶漆。
- 有一定的反射。
- 模糊感很强烈。

01 在材质编辑器中新建一个 **VRayMtl**（VRay材质），设置顶面乳胶漆的Diffuse（漫射）与Reflect（反射），首先在Diffuse（漫射）中设置颜色数值为R227、G224、B213，并设置顶面乳胶漆的反射颜色为R52、G52、B52，顶面乳胶漆具有较强的模糊反射，这里设定Refl. glossiness（光泽度模糊）值为0.65，Subdivs（细分）值为24，具体参数如图9-9所示。

02 参数设置完成，材质球最终效果，如图9-10所示。

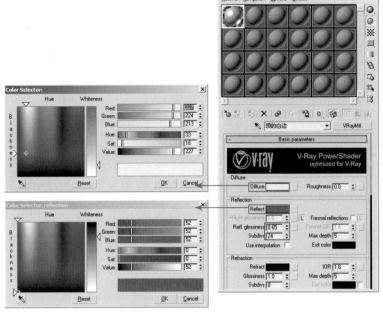

图9-9 设置顶面乳胶漆的漫射与反射

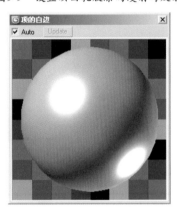

图9-10 乳胶漆材质球

2. 顶面黄漆材质的设置及制作思路

首先分析一下顶面黄漆的特性。然后依据物体的物理特征来调节材质的各项参数。

- 黄色乳胶漆。
- 反射相对较小。
- 模糊反射较大。

01 在材质编辑器中新建一个 **VRayMtl**（VRay材质），设置顶面黄漆的漫射与反射，首先在Diffuse（漫射）中设置颜色数值为R255、G190、B142，并设置顶面黄漆的反射颜色为R30、G30、B30，顶面黄漆具有较强的模糊反射，这里设定Refl. glossiness（光泽度模糊）值为0.62，具体参数如图9-11所示。

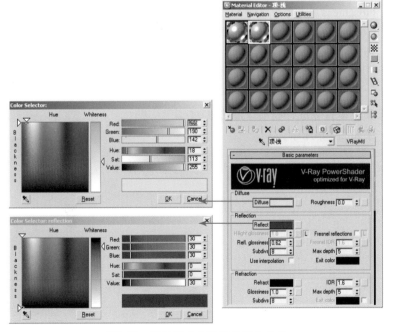

图9-11 设置顶面黄漆的漫射与反射

02 参数设置完成,材质球最终效果如图9-12所示。

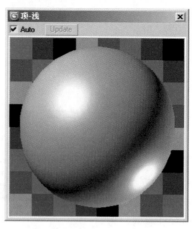

图9-12 顶面黄漆的材质球

3. 柱子材质的设置及制作思路

首先分析一下柱子的特性。然后依据物体的物理特征来调节材质的各项参数。

- 表面蓝色漆材质。
- 反射比较大。
- 模糊感较大。

01 在材质编辑器中新建一个 VRayMtl(VRay材质),设置柱子的漫射与反射,首先在Diffuse(漫射)里设置颜色数值为R115、G136、B159,将Reflect(反射)颜色数值设置为R65、G65、B65。并设置Refl. glossiness(光泽度模糊)值为0.65,设置Subdivs(细分)值为16,具体参数如图9-13所示。

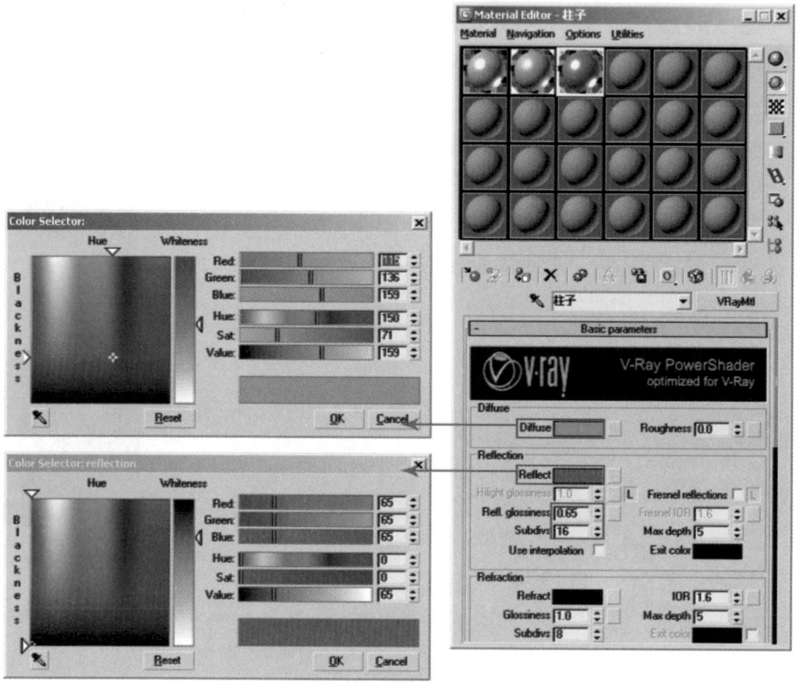

图9-13 设置柱子材质

02 参数设置完成,材质球最终效果如图9-14所示。

图9-14 柱子材质球

4．墙砖材质的设置及制作思路

首先分析一下墙砖的特性。然后依据物体的物理特征来调节材质的各项参数。

- 反射非常小。
- 模糊反射很大。
- 有凹凸纹理。

01 在材质编辑器中新建一个 VRayMtl （VRay材质），设置墙砖的漫射与反射，设置Diffuse（漫射）颜色数值为R190、G195、B199，在这里将Reflect（反射）颜色数值设置为R12、G12、B12。并设置Refl. glossiness（光泽度模糊）值为0.6，具体参数如图9-15所示。

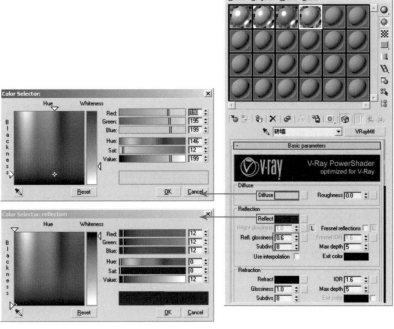

图9-15　设置墙砖的材质

02 要设置墙砖的置换贴图，展开Maps（贴图）卷展栏，在Displace（置换）通道中加载一张贴图，设置Displace的值为4，具体参数如图9-16所示。

提示：

在这里使用置换贴图，可以非常真实的表现出墙砖的凹凸纹理效果。

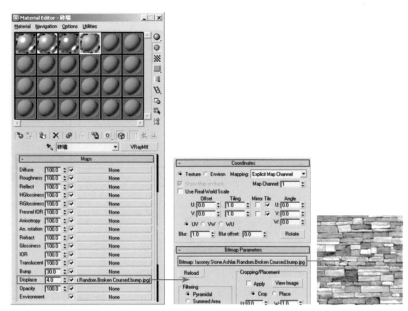

图9-16　设置墙砖的置换贴图

03 参数设置完成，材质球最终效果如图9-17所示。

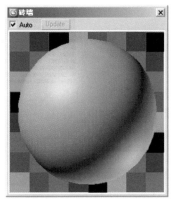

图9-17　墙砖材质球

5．地板材质的设置及制作思路

首先分析一下地板的特性。然后依据物体的物理特征来调节材质的各项参数。

- 木纹理贴图。
- 有一定的反射。
- 模糊反射感较强。

01 在材质编辑器中新建一个 VRayMtl（VRay材质），设置地板的漫射贴图与反射，在Diffuse（漫射）通道中添加一张地板贴图，设置贴图Blur（模糊）值为0.1，以提高贴图的清晰度，在Reflect（反射）中设置颜色数值为R57、G57、B57，并设置Refl.glossiness（光泽度模糊）值为0.68，设置Subdivs（细分)值为16，具体参数如图9-18所示。

02 参数设置完成，材质球最终效果如图9-19所示。

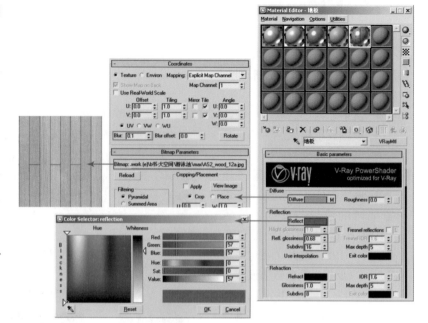

图9-18　设置地板材质

图9-19　地板材质球

6．地漏材质的设置及制作思路

首先分析一下地漏的特性。然后依据物体的物理特征来调节材质的各项参数。

- 表面较光滑。
- 有一定的反射。

01 在材质编辑器中新建一个 VRayMtl（VRay材质），设置地漏的漫射贴图与反射，首先在Diffuse（漫射）通道里添加一张地漏贴图，将Reflect（反射）颜色数值设置为R34、G34、B34。并设置Refl.glossiness（光泽度模糊）值为0.85，设置Subdivs（细分)值为16，具体参数如图9-20所示。

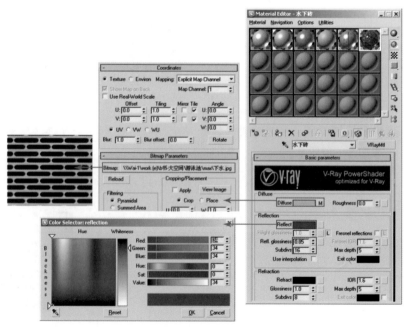

图9-20　设置地漏材质

02 参数设置完成，材质球最终效
果如图9-21所示。

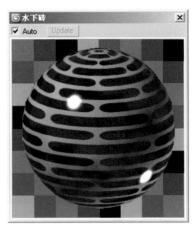

图9-21　地漏材质球

7．石材材质的设置及制
作思路

首先分析一下石材的特性。
然后依据物体的物理特征来调节
材质的各项参数。

● 表面很光滑。

● 表面的反射比较大。

● 较小的高光。

01 材质编辑器中新建一个
VRayMtl（VRay材质），设
置石材的漫射贴图与反射，
在Diffuse（漫射）通道中添
加一张石材贴图，将Reflect
（反射）颜色数值设置为
R57、G57、B57，并设置Refl.
glossiness（光泽度模糊）值为
0.86，具体参数如图9-22所示。

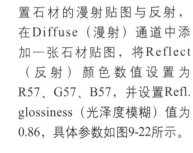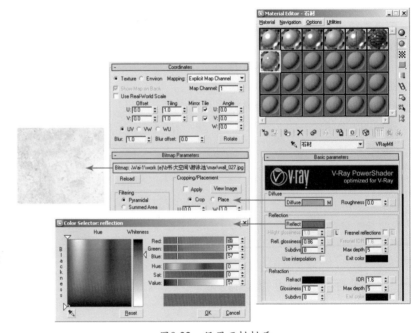

图9-22　设置石材材质

02 参数设置完成，材质球最终效
果如图9-23所示。

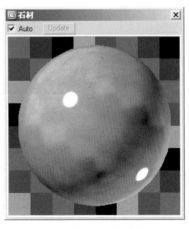

图9-23　石材材质球

8. 金属材质的设置及制作思路

首先分析一下金属的特性。然后依据物体的物理特征来调节材质的各项参数。

● 有金属质感。

● 反射非常大。

● 模糊度很小，高光也比较小。

01 在材质编辑器中新建一个 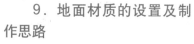（VRay材质），设置金属的漫射与反射，首先设置Diffuse（漫射）颜色数值为R164、G164、B164，金属的反射很大，将Reflect（反射）颜色数值设置为R190、G190、B190。并设置Refl.glossiness（光泽度模糊）值为0.88，具体参数如图9-24所示。

02 参数设置完成，材质球最终效果如图9-25所示。

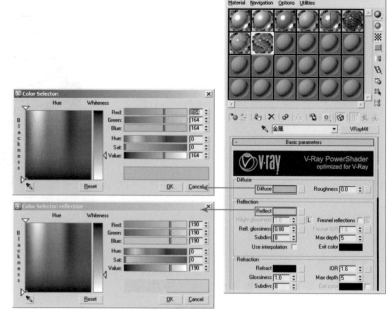

图9-24 设置金属材质

图9-25 金属材质球

9. 地面材质的设置及制作思路

首先分析一下地面的特性。然后依据物体的物理特征来调节材质的各项参数。

● 表面很光滑。

● 表面的反射比较大。

● 较小的高光。

01 在材质编辑器中新建一个 VRayMtl（VRay材质），设置地面的漫射与反射，将Diffuse（漫射）颜色设置为R69、G81、B99，将Reflect（反射）颜色数值设置为R65、G65、B65，并设置Refl.glossiness（光泽度模糊）值为0.84，设置细分值为24，具体参数如图9-26所示。

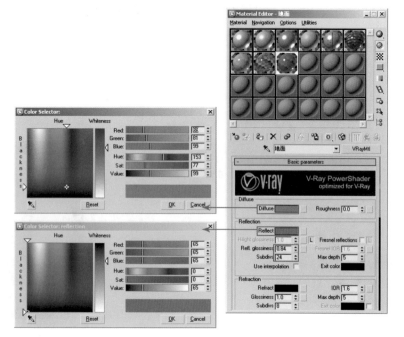

图9-26 设置地面材质

02 参数设置完成，材质球最终效果如图9-27所示。

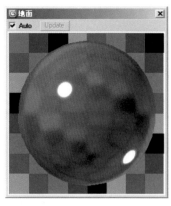

图9-27　地面材质球

10．磨砂玻璃材质的设置及制作思路

首先分析一下磨砂玻璃的物理属性，然后依据物体的物理特征来调节材质的各项参数。

- 玻璃材质属于半透明状态。
- 反射不是镜面反射，有模糊反射。
- 材质为磨砂材质，不是光面透明。

01 在材质编辑器中新建一个 VRayMtl（VRay 材质），设置玻璃的漫射、反射与折射，在 Diffuse（漫射）里将颜色设置为 R181、G241、B225，将 Reflect（反射）颜色数值设置为 R64、G64、B64，并设置 Refl.glossiness（光泽度模糊）值为 0.82，Subdivs（细分值）为 16，在 Refrect（折射）中设置颜色数值为 R190、G190、B190，并设置 Refl.glossiness（光泽度模糊）值为 0.7，设置细分值为 16，勾选 Affec shadows（影响阴影）与 Affec alpha（影响 Alpha）选项，并设置玻璃的折射率为 1.5，具体参数如图 9-28 所示。

02 参数设置完成，材质球最终效果如图9-29所示。

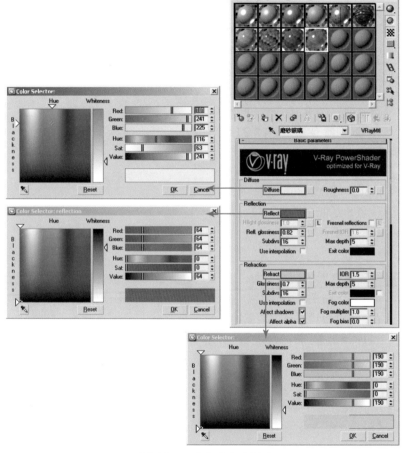

图9-28　设置磨砂玻璃材质

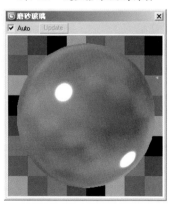

图9-29　磨砂玻璃材质球

11．水材质的设置及制作思路

首先分析一下水的物理属性，然后依据物体的物理特征来调节材质的各项参数。

- 颜色为淡蓝色。
- 有一定的反射。
- 有水波纹。

01 在材质编辑器中新建一个 ⦿VRayMtl （VRay材质），设置水上材质Diffuse（漫射）、Reflect（反射）与Refrect（折射），在Diffuse（漫射）颜色中设置参数分别为R213、G235、B253，设置Reflact（反射）颜色数值为R146、G146、B146，勾选菲涅尔反射选项，在Refrect（折射）中设置颜色数值为R215、G215、B215，勾选Affec shadows（影响阴影）与Affec alpha（影响Alpha）选项，并设置水的折射率为1.33，其他参数如图9-30所示。

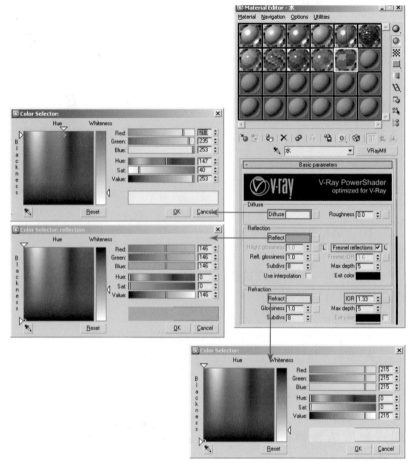

图9-30　设置水材质

02 要设置水面的凹凸贴图，展开Maps（贴图）卷展栏，在凹凸（Bump）通道中加载Noise（噪波）命令，设置Sise为800，具体参数如图9-31所示。

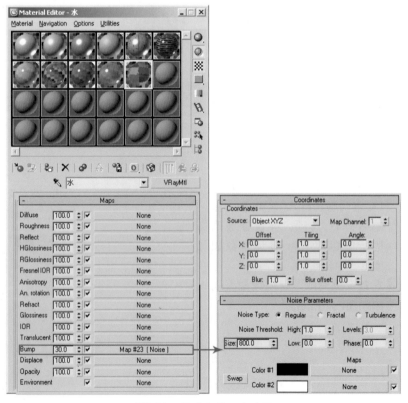

图9-31　设置水的凹凸贴图

03 参数设置完成，材质球最终效
果如图9-32所示。

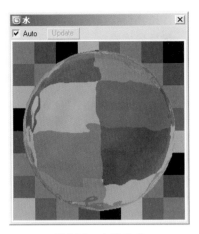

图9-32 水材质球

到这里，场景的基础材质已
经设置完毕，查看基础材质渲染
效果，如图9-33所示。

图9-33 基础材质的渲染效果

9.3.2 用10分钟完成家具材质的设置

本场景中家具沙发与装饰物。

1．沙发材质的设置及制
作思路

沙发材质包括三种材质：坐
垫、木材与不锈钢，如图9-34所示。

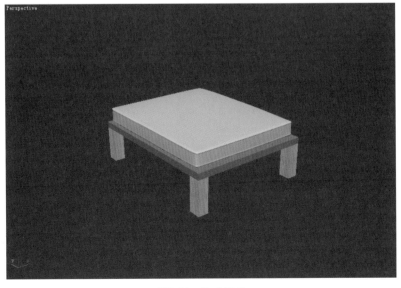

图9-34 沙发材质

设置坐垫材质。首先分析一下坐垫的物理属性，然后依据物体的物理特征来调节材质的各项参数。

● 表现为布材质。
● 反射很小。
● 有很大的高光。

[01] 在材质编辑器中新建一个 ● VRayMtl （VRay材质），设置坐垫材质Diffuse（漫射）与Reflect（反射），首先在Diffuse（漫射）里添加Falloff（衰减）命令，设置通道1的颜色为R209、G199、B177，设置通道2的颜色为R234、G234、B234，由于沙发的反射较小，将Reflect（反射）颜色数值设置为R26、G26、B26，设定Refl.glossinss（光泽度模糊）值为0.66，设置Subdivs（细分）值为16，其他参数如图9-35所示。

[02] 在材质编辑器的Maps（贴图）卷展栏中设置Bump（凹凸）贴图，Bump（凹凸）中添加 ▦ Bitmap （位图）贴图，设置凹凸数值为45，具体参数如图9-36所示。

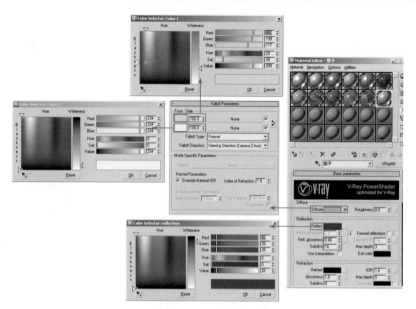

图9-35　设置坐垫材质

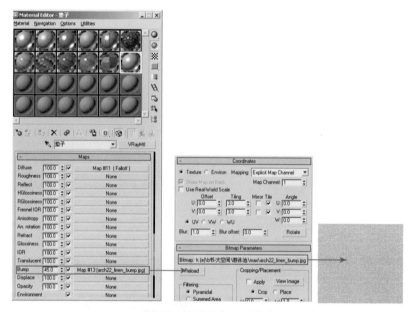

图9-36　设置坐垫凹凸材质

[03] 参数设置完成，材质球最终效果如图9-37所示。

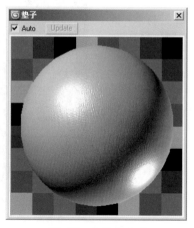

图9-37　坐垫材质球

设置木材材质。首先分析一下木材的物理属性，然后依据物体的物理特征来调节材质的各项参数。

- 为木纹理材质。
- 表面很光滑。
- 有一定的高光。
- 表面有凹凸纹理。

01 在材质编辑器中新建一个 VRayMtl（VRay材质），设置木材材质Diffuse（漫射）与Reflect（反射），首先在Diffuse（漫射）通道中添加一张木材贴图，由于木材的反射较小，将Reflect（反射）颜色数值设置为R25、G25、B25，设定Refl.glossinss（光泽度模糊）值为0.82，Hilight glossiness（高光光泽度）值设置为0.75，设置Subdivs（细分）值为16，其他参数如图9-38所示。

02 在材质编辑器的Maps（贴图）卷展栏中设置Bump（凹凸）贴图，Bump（凹凸）中添加 Bitmap（位图）贴图，设置凹凸数值为20，其他参数如图9-39所示。

03 参数设置完成，材质球最终效果如图9-40所示。

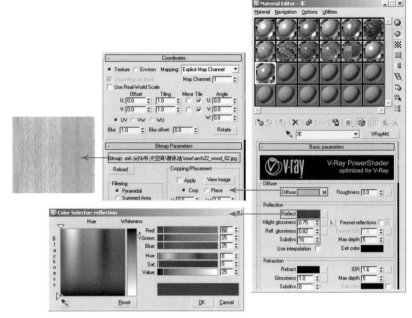

图9-38 设置木材材质

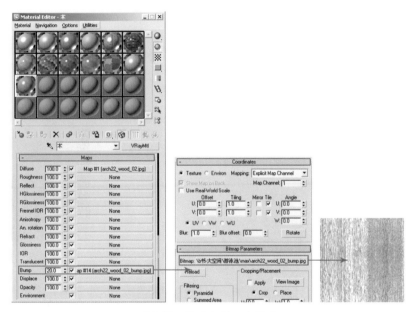

图9-39 设置木材凹凸材质

图9-40 木材材质球

设置不锈钢材质。首先分析一下不锈钢的物理属性，然后依据物体的物理特征来调节材质的各项参数。

● 表面很光滑。

● 有一定的高光。

● 反射比较大。

01 在材质编辑器中新建一个 VRayMtl（VRay材质），设置不锈钢材质Diffuse（漫射）与Reflect（反射），首先在Diffuse（漫射）中设置颜色数值为R82、G82、B82，将Reflect（反射）颜色数值设置为R117、G117、B117，这里设定Refl.glossinss（光泽度模糊）值为0.75，其他参数如图9-41所示。

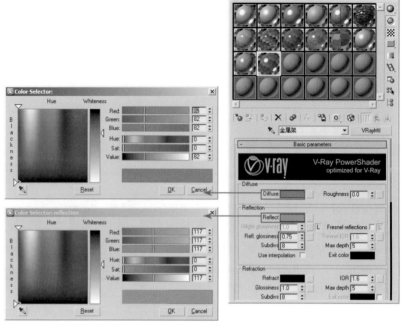

图9-41　设置不锈钢材质

02 参数设置完成，材质球最终效果如图9-42所示。

图9-42　不锈钢材质球

沙发的材质已经设置完毕，查看沙发材质渲染效果，如图9-43所示。

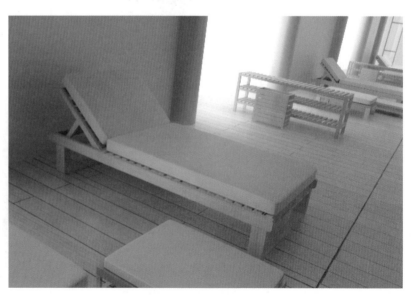

图9-43　沙发材质的渲染效果

2．装饰物材质的设置及制作思路

装饰物材质效果如图9-44所示。

图9-44 装饰物材质

首先分析一下装饰物材质的物理属性，然后依据物体的物理特征来调节材质的各项参数。

● 表面很光滑。

● 边缘反射要大些。

● 有一定的高光。

01 在材质编辑器中新建一个 VRayMtl（VRay材质），设置装饰物的漫射与反射，在Diffuse（漫射）里将颜色分别设置为R18、G18、B18，由于装饰物的反射边缘较大，勾选 Fresnel reflections（菲涅尔反射），分别将Reflect（反射）颜色数值设置为R221、G221、B221，Hilight glossiness（高光光泽度）值设置为0.8，并设置Refl. glossiness（光泽度模糊）值为0.92，具体参数如图9-45所示。

02 参数设置完成，材质球最终效果如图9-46所示。

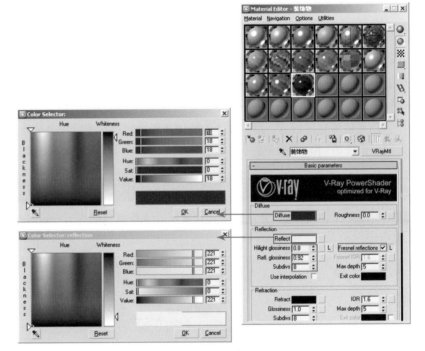

图9-45 设置装饰物材质

图9-46 装饰物材质球

装饰物的材质已经设置完毕，查看装饰物材质渲染效果，如图9-47所示。

图9-47　装饰物材质的渲染效果

9.4　8分钟完成灯光的创建与测试

材质设置完成以后，接下来讲叙如何为场景创建灯光，以及VRay参数面板中的各项设置，在渲染成图之前，要先将VRay面板中的参数设置得低一点，从而提高测试渲染的速度。

9.4.1　2分钟完成测试渲染参数的设定

01 在 V-Ray:: Color mapping （颜色映射）卷展栏中设置曝光模式为Exponential（指数）类型，其他参数如图9-48所示。

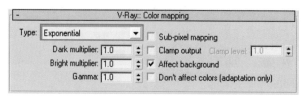

图9-48　设置颜色映射

02 打开 Reflection/refraction environment override （反射/折射环境）选项，设置颜色设置为R174、G216、B255，并设置Multiplier大小为3，具体参数如图9-49所示。

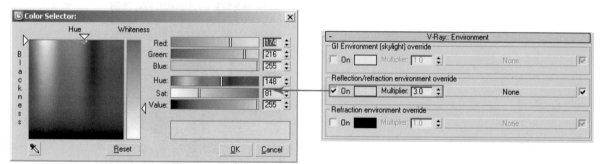

图9-49　设置环境贴图

03 设置测试渲染图像的大小，把测试图像大小设置为600×376，这样不仅可以观察到渲染的大效果，还可以提高测试速度，如图9-50所示。

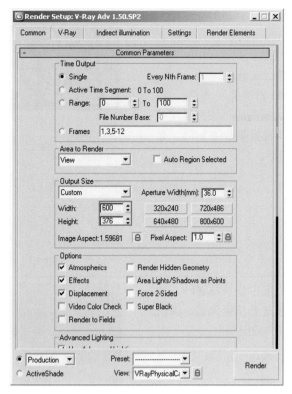

图9-50 设置渲染图像大小

提示：

其他渲染面板的参数具体设置方法请参见第一章中的讲解

9.4.2 4分钟完成室外VRay天光的创建

01 按8键，打开环境和效果面板。在环境贴图面板中添加 VRaySky （VRay天光）贴图，如图9-51所示。

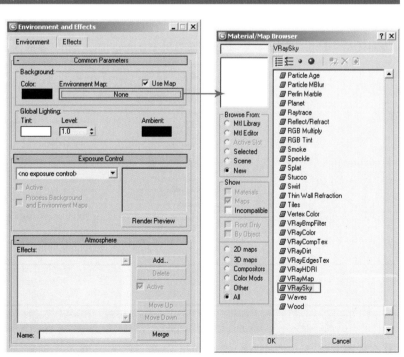

图9-51 创建VRay阳光

02 将VRay Sky（VRay天光）按Instance（实例）方式拖入材质编辑器。勾选VRay Sky参数中的manual sun node（手动阳光节点）选项，在 `sun intensity multiplier`（阳光强度倍增器）中设置参数值为0.5，如图9-52所示。

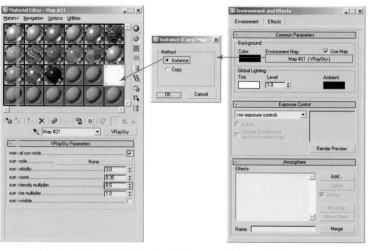

图9-52　以实例方式复制VRay天光到材质编辑器

03 在相机视图中按快捷键F9，对相机角度进行渲染测试，测试效果如图9-53所示。

图9-53　测试渲染效果

> **提示：**
>
> 在测试本场景时，一定要将 `V-Ray:: Global switches` 中的Default lights关闭，否则会出现灯光渲染错误。如图9-54所示。
>
>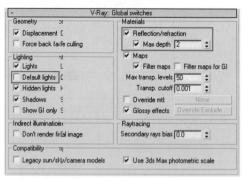
>
> 图9-54　关闭Default lights

9.4.3　2分钟完成VRay灯光的创建

01 在视图右侧空间上方创建 VRay Light（VRay灯光），单击 创建命令面板中的 图标，在 VRay 类型中单击 `VRayLight`（VRay 灯光）按钮，将灯光的类型设置为 Plane（面光源）创建灯光，设置灯光的 Color（颜色）为 R255、G185、B109，Multiplier（强度）值为20，在Optison（选项）设置面板中勾选 Invisible（不可见）选项，为了不让灯光参加反射，勾选掉Affect reflections（影响反射）选项，具体参数如图9-55所示。

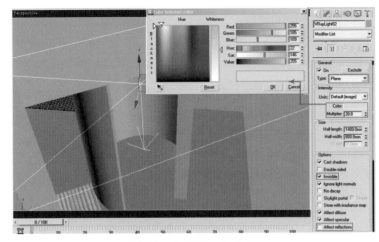

图9-55　设置VRay灯光参数

提示：

勾选VR灯光的Invisible（不可见）选项，可以让相机看不见VR灯光，但VR灯光对室内还是照明。取消VR灯光的Affect reflections（影响反射），可以让室内有反射的物体反射室外的天光。增加Subdivs（细分）值，可以提高VR灯光产生的阴影质量，让阴影更丰富细腻，但渲染时间会大幅增加。

02 在相机视图中按快捷键F9，对相机角度进行渲染测试，测试效果如图9-56所示。

图9-56　最终测试渲染效果

03 使用渲染测试的图像大小进行发光贴图与灯光缓存的计算。设置完毕后，在相机视图按快捷F9进行发光贴图与灯光缓存的计算，计算完毕后即可进行成图的渲染。成图的渲染设置方法请参见第一章中的讲解。这是本场景的最终渲染效果，如图9-57所示。

图9-57　最终渲染效果

9.5 1分钟完成色彩通道的制作

将文件另存一份，然后删除场景中所有的灯光，单击菜单栏 `MAXScript` ，单击 `Run Script...` ，运行beforeRender.mse插件，制作与成图的渲染尺寸一致的色彩通道，如图9-58所示。

图9-58 色彩通道图

提示：

彩色通道的详细制作方法，请读者参考本书第2章中的相关章节。

9.6 10分钟完成Photoshop后期处理

最后，使用Photoshop软件为渲染的图像进行亮度、对比度、色彩饱和度、色阶等参数的调节，以下是场景后期步骤。

01 在Photoshop软件中，将渲染出来的最终图像和色彩通道打开，如图9-59所示。

图9-59 打开渲染图

02 使用工具箱中的 ⊹ 移动工具，按住Shift键，将"游泳池td.tga"拖入"游泳池.tga"，并调整餐厅图层关系，如图9-60所示。

图9-60 调整图层关系

03 单击右侧图层面板的 ⊘. 按钮，在弹出的下拉菜单里选择"曲线"选项，并调整曲线参数，提高画面对比度。然后单击"确定"按钮，如图 9-61 所示。

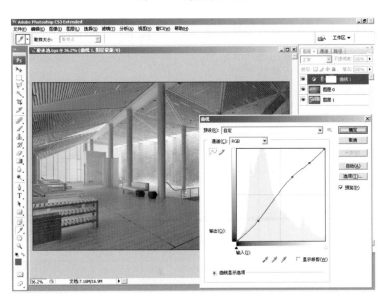

图9-61 添加曲线修改

04 利用色彩通道调整局部单个物体的明暗和色彩关系。单击色彩通道，按快捷键W选择 ⚲ 魔棒工具。把容差值调为10，取消"连续"选项。在木质顶面上单击鼠标，当选区出现时，选择图层0，再按快捷键Ctrl+J，将木质顶面复制一个图层，如图9-62所示。

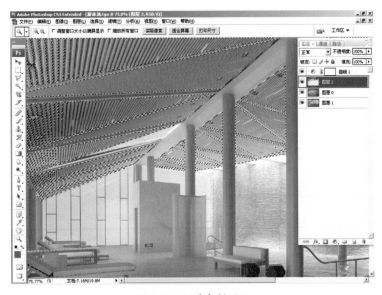

图9-62 调节木制顶面

05 按快捷键Ctrl+J复制一个木
质顶面图层后，再按快捷键
Ctrl+L，调整木质顶面图层的
色阶，让木质顶面显得明亮一
些，如图9-63所示。

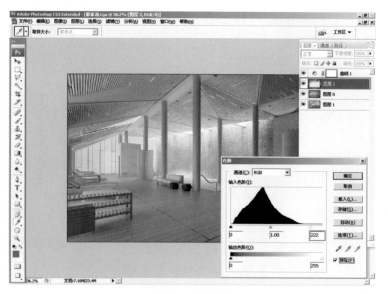

图9-63　调节色阶

06 按照相同的方法依次调整木地
板、柱子、砖墙、桌椅等。再
对整个空间进行整体调整，如
图9-64所示。

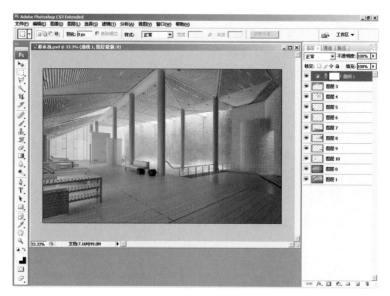

图9-64　调整完成的效果

07 修改完成确认后，最终效果如
图9-65所示。

提示：

本场景的视频讲解教程，请参看光
盘\视频教学\游泳池中的内容。

图9-65　最终效果

第10章
欧式中厅表现技法

本章学习要点

- 掌握VRay物理相机的多项功能设置。
- 掌握VRay阳光和VRay天光的设置方法。
- 掌握VRay渲染器面板的参数设置方法。
- 掌握各类石材的表现手法。

10.1 欧式中厅简介

10.1.1 快速表现制作思路

01 材质阶段：最好在创建模型的时候就赋予相应的材质，并且调整好UVW Map贴图坐标。这样做的目的是为了提高赋材质的效率，同时避免出现某些模型未赋材质。一开始赋材质的时候，可以大概设置一下相应的VRay材质参数，在最后测试时如对某个材质不满意，再做相应细微的调整，在场景中应当使用VRay材质以加快渲染速度。

02 渲染阶段：利用VRaySun及VRaySky来模拟阳光与天光的表现。

03 后期阶段：调节图像的原则是先整体后局部，再以局部到整体进行，调节图像的色阶、高度、对比度、饱和度等，修改渲染中留下的缺陷，最终完成作品。

10.1.2 提速要点分析

　　不包括渲染与建模，本场景共用了66分钟完成制作，主要用了以下几个方法与技巧：

01 对于专业效果图设计师来说，电脑中都会收集大量的家具装饰品模型和各类贴图，它们的来源与渠道各不相同。如果疏忽管理这些素材库，那么在制作效果图调用素材时，盲目地到处寻找，浪费了大量的时间和精力。所以层次清晰的素材库也能提升效果图制作效率。

02 看不到的物体不创建。在建模之前，要知道重点表现的对象是什么，以及要表现的摄像机角度，这样在确定角度后，对于看不到的物体就不需要仔细建模了，只要建立封闭的面就可以了，可以节省很多时间，提高工作效率。

03 调节VRaySun需要反复试验多次，调整最佳的日光入射角度。

04 在建模的同时简单赋予相对应的材质并调整UVW Map，这样做可以方便以后调整空间材质，节约很多试测时间。

05 后期阶段调节图像的原则是先整体后局部，选择好的配景是需要强调和重视的，这直接影响到最终效果的表达。利用局部渲染来调整地面局部效果，节省时间。

10.2 5分钟完成创建摄像机

　　VRay 物理相机的参数中包含了许多真实相机的参数设置，如光圈、快门、感光度、白平衡等，这是前所未有的技术突破。

　　当模型都创建好以后，要为空间创建摄像机，在本实例中用到了 VRay 渲染器提供的 PhySicalCamera（物理相机）。同时还用到了摄像机 ditortion（失真）效果。下面将具体介绍本场景中的摄像机创建方法。

01 单击 选项下的 ayPhysicalCam 按钮，如图10-1所示。

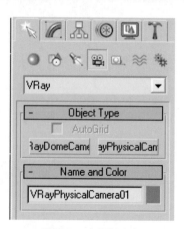

图10-1 选择摄像机

02 切换到 Top（顶）视图中，按
住鼠标在顶视图中创建一个摄
像机，具体位置如图 10-2 所示。

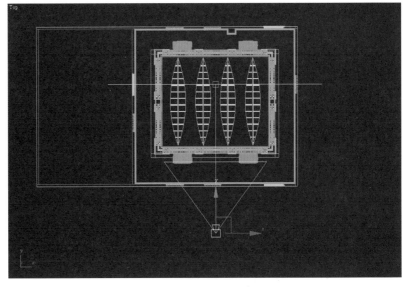

图10-2　摄像机顶视图角度位置

03 切换到 Front（前）视图中调
整摄像机位置，如图 10-3 所示。

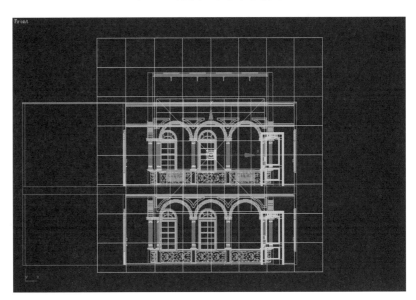

图10-3　前视图摄像机位置

04 切换到 Left（左）视图中调整
摄像机位置，如图10-4所示。

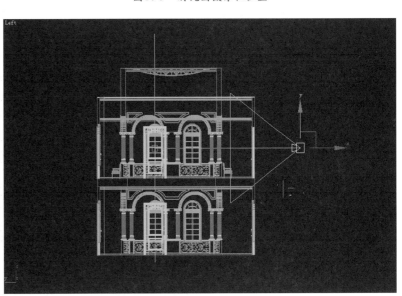

图10-4　左视图摄像机位置

05 在修改器列表中设置摄像机的参数，具体设置如图10-5和图10-6所示。

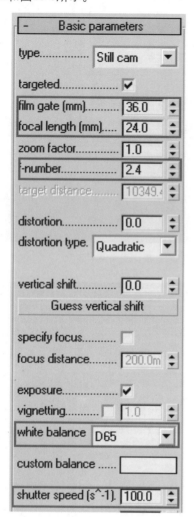

图10-5　摄像机参数

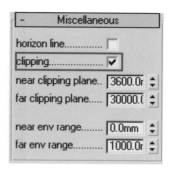

图10-6　摄像机参数

技术点评：

在本空间中由于VRay物理相机放置在空间之外，所以要借助clipping功能。勾选clipping选项后，VRay物理相机只能看到near clipping plane与far clipping plane之间的物体。

06 再次单击 选项下的 myPhysicalCam 按钮，创建另一个VRay物理相机，让这个相机从空间一层往二层看，如图10-7所示。

图10-7　选择摄像机

07 切换到 Top（顶）视图中，按住鼠标在顶视图中创建一个摄像机，具体位置如图 10-8 所示。

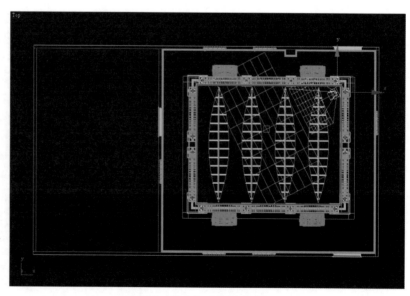

图10-8　摄像机顶视图角度位置

08 切换到 Front（前）视图中调整摄像机位置，如图 10-9 所示。

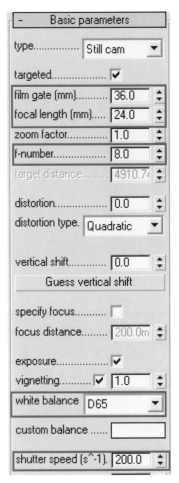

图10-9　前视图摄像机位置

09 在修改器列表中设置摄像机的参数，具体如图10-10所示。

图10-10　摄像机参数

10.3　30分钟完成欧式中厅的材质

打开配套光盘中第10章\max\欧式中厅-模型.max文件，这是一个已创建完成的欧式中厅场景，如图10-11所示。

图10-11　建模完成的欧式中厅

以下是场景中的物体赋予材质后的效果，如图10-12所示。

图10-12　赋予材质后的欧式中厅

创建完成的欧式中厅相机2的场景，如图10-13所示。

继续设置欧式中厅中的一些主要材质。

图10-13　欧式中厅角度2

10.3.1　20分钟完成场景基础材质的设置

欧式中厅中的基础材质有顶面、石材、黄色墙面、木头、白石膏、不锈钢、玻璃等材质，如图10-14所示，下面将说明它们的具体设置方法。

图10-14　基础材质

1．墙面材质的制作思路以及参数调整

光滑的物体反射很强且高光很小，比如金属、瓷器等，越粗糙的物体反射越小，高光范围越大，如织布、粗糙的墙面等等。

首先分析一下墙面的物理属性，然后依据物体的物理特征来调节墙面材质的各项参数。

● 表面纹理 粗糙。

● 有比较小的反射。

● 模糊反射值很大。

● 高光相对较大

01 在材质编辑器中新建一个 VRayMtl（VRay 材质），设置墙面的 Diffuse（漫射）与 Reflect（反射），将 Diffuse（漫射）的颜色设置为 R243、G219、B134。墙面具有较大的光泽度模糊效果，在 Reflect（反射）颜色数值设置为 R20、G20、B20，设定 Refl.glossinss（光泽度模糊）值为 0.58，设置 Subdivs（细分）值为 16，如图 10-15 所示。

02 墙面具有非常强烈的纹理感，展开 Maps（贴图）卷展栏，在 Bump（凹凸）通道中加载一张作为纹理的贴图，为了让贴图变得更加清晰，把 Blur 的数值改为 0.01，这样做的目的是使图片的清晰度更高一些。由于纹理感觉很强烈，设置 Bump 的强度值为 15，具体参数如图 10-16 所示。

03 参数设置完成，材质球最终效果如图10-17所示。

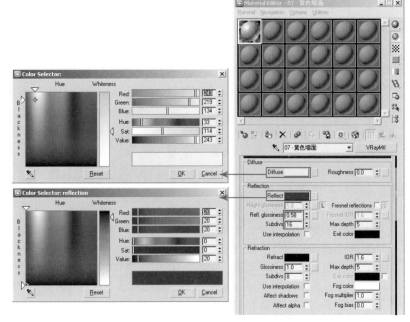

图10-15　设置墙面的漫射与反射

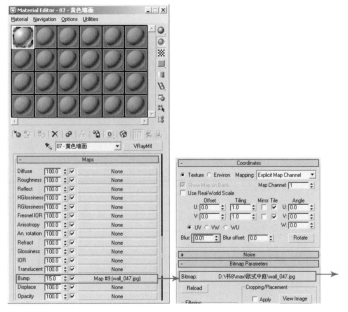

图10-16　设置墙面布的凹凸材质

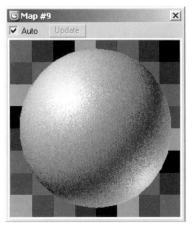

图10-17　墙面材质球

2．白石膏材质的制作思路以及参数调整

首先分析一下白石膏的物理属性，然后依据物体的物理特征来调节白石膏材质的各项参数。

● 表面纹理粗糙。

● 有比较小的反射。

● 模糊值很大。

● 高光相对较大

01 在材质编辑器中新建一个 VRayMtl （VRay材质），设置为白石膏材质，将Diffuse(漫射)的颜色设置为R235、G235、B235，作为表面漫射的颜色。白石膏具有较大的光泽度模糊效果，Reflect（反射）颜色设置为R15、G15、B15，设定Refl.glossinss（光泽度模糊）值为0.55，设置Subdivs（细分）值为16，如图10-18所示。

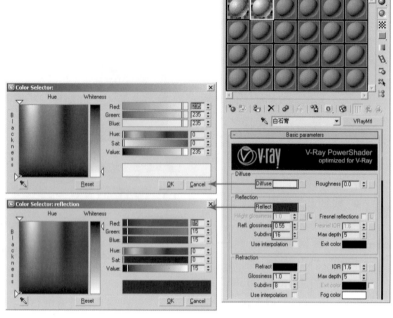

图10-18 设置白石膏的凹凸材质

02 石膏具有非常强烈的纹理感。展开 Maps（贴图）卷展栏，在 Bump（凹凸）通道中加载一张作为纹理的贴图，为了让贴图变得更加清晰，把 Blur 数值改为 0.01，这样做的目的是使图片的清晰度更高一些。由于纹理感觉很强烈，这里设置 Bump 的强度值为 15，具体参数如图 10-19 所示。

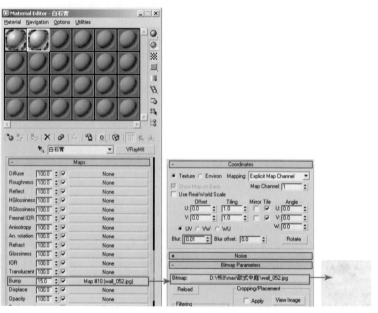

图10-19 设置白石膏的凹凸材质

03 参数设置完成，材质球最终效果如图10-20所示。

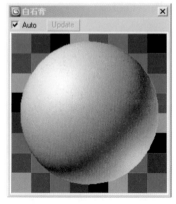

图10-20 白石膏材质球

04 选中所有白石膏物体，在修改器中添加 UVW Mapping（贴图坐标)修改器。在 Parameters（参数）面板中更改为 Box 的贴图方式，设置 Length 1500mm，Width 1500mm，Height 1500mm，如图 10-21 所示。

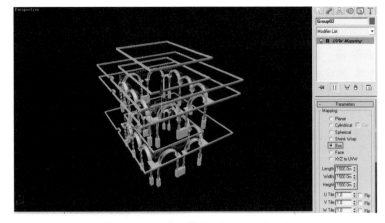

图10-21　设置石材的UVW Mapping发

加速点：

将所有需要赋予石材的模型同时使用一个UVW Mapping，可以提高设置UVW Mapping的准确度和工作效率，避免为每个物体反复设置UVW Mapping而浪费时间。

3．铁艺材质的设置及制作思路

在这里要制作的是一种铁艺，它不同于铝合金的质感，铝合金比铁艺反射要强烈一些，而且铁艺的表面没有铝合金平整，它具备以下几种特性。

● 高光比较大，模糊度比较大。

● 颜色较深。

● 有比较小的反射。

● 表面有凹凸现象。

01 在材质编辑器中新建一个 VRayMtl （VRay材质），设置铁艺的Diffuse（漫射）贴图与Reflect（反射），首先在Diffuse（漫射）通道里添加一张作为铁艺的贴图，铁艺的反射稍微比较小，将Reflect（反射）颜色数值设置为R15、G15、B15，并设置Refl.glossiness（光泽度模糊）值为0.65。具体参数如图10-22所示。

02 参数设置完成，材质球最终效果如图10-23所示。

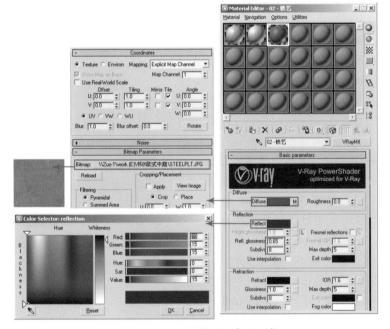

图10-22　设置铁艺的漫射与反射

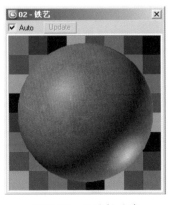

图10-23　铁艺材质球

03 选中铁艺护栏，在修改器中添加UVW Mapping（贴图坐标）修改器。在Parameters（参数）面板中更改为Box的贴图方式，并设置Length 600mm，Width 600mm，Height 600mm，如图10-24所示。

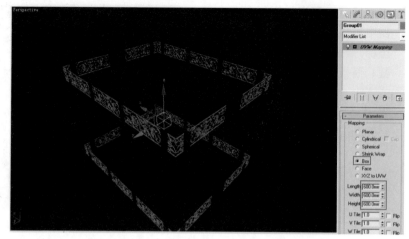

图10-24 设置石材的UVW Mapping

4．石材材质的设置及制作思路

可以先分析一下石材的基本特征，然后再在材质面板中合理的设置材质的各项参数。

- 表面很光滑。
- 有比较小的反射。
- 模糊反射较小。

01 在材质编辑器中新建一个 VRayMtl（VRay材质），设置地板的漫射贴图与反射，首先在Diffuse（漫射）通道里添加一张石材贴图，为了让贴图变得更加清晰，把Blur的数值改为0.01。石材的反射稍微比较小，将Reflect（反射）颜色数值设置为R50、G50、B50。并设置Refl.glossiness（光泽度模糊）值为0.96，设置Subdivs（细分）值为24，具体参数如图10-25所示。

02 参数设置完成，材质球最终效果如图10-26所示。

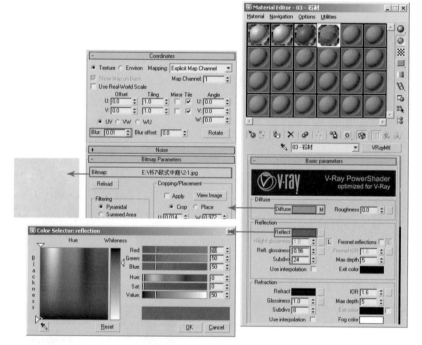

图10-25 设置石板材质

图10-26 石材材质球

03 选中地面物体在修改器中添加
UVW Mapping（贴图坐标）修
改器。在Parameters（参数）
面板中更改为Box的贴图方
式，并设置Length 800mm，
Width 800mm，Height
800mm，如图10-27所示。

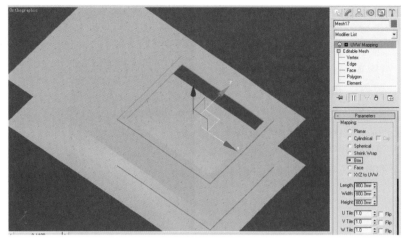

图10-27　设置石材的UVW Mapping

5．木门材质的设置及制作思路

首先分析一下木门的基本特
征，然后再在材质面板中合理的
设置材质的各项参数。

- 表面很光滑。
- 有比较小的反射。
- 模糊反射较小。
- 高光相对较小

01 在材质编辑器中新建一个
● VRayMtl（VRay材质），设置
木头的漫射贴图与反射，首先
在Diffuse（漫反射）通道里添
加一张木材贴图，木头的反射
稍微比较小，将Reflect（反射）
颜色数值设置为R40、G40、
B40。并设置Refl.glossiness（光
泽度模糊）值为0.85，设置
Subdivs（细分）值为24，具
体参数如图10-28所示。

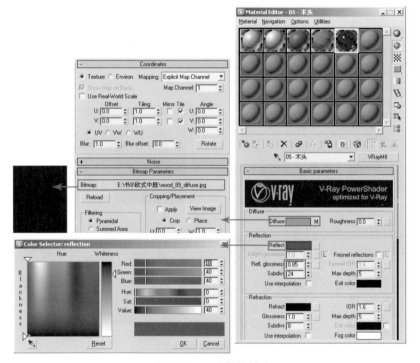

图10-28　设置木材材质

02 参数设置完成，木门材质球最
终效果如图10-29所示。

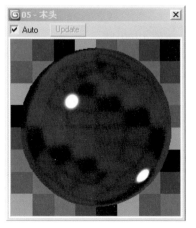

图10-29　木门材质球

03 选中木材物体在修改器中添加设置地面的UVW Mapping，选中地面物体在修改器中添加UVW Mapping（贴图坐标）修改器。在Parameters（参数）面板中更改为Box的贴图方式，并设置Length 800mm，Width 800mm，Height 800mm，如图10-30所示。

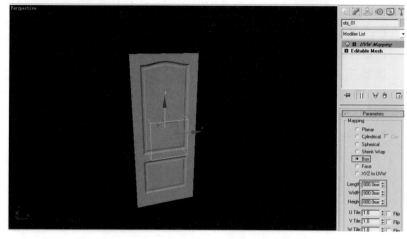

图10-30 设置木门的UVW Mapping

6. 不锈钢材质的设置及制作思路

首先分析一下不锈钢的基本特征，然后再在材质面板中合理的设置材质的各项参数。

- 表面很光滑。
- 表面的反射很大。
- 较小的高光。

不锈钢本身是颜色很难描述，因为它表面非常光亮，平时所观察到的效果，都是其反射周围环境所得到的效果。

01 在材质编辑器中新建一个 VRayMtl （VRay材质），设置不锈钢的漫射与反射，在Diffuse（漫射）里将颜色设置为R161、G161、B161，由于不锈钢的反射很大，将Reflect（反射）颜色数值设置为R176、G176、B176，并设置Refl.glossiness（光泽度模糊）值为0.8，设置Subdivs（细分）值为24，具体参数如图10-31所示。

02 参数设置完成，材质球最终效果如图10-32所示。

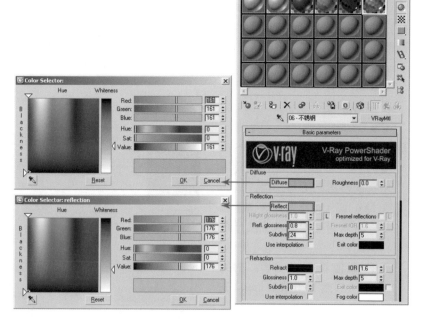

图10-31 设置不锈钢材质

图10-32 不锈钢材质球

7．玻璃材质的设置及制作思路

首先分析一下玻璃的基本特征，然后再在材质面板中合理的设置材质的各项参数。

● 表面很光滑。

● 表面的反射很大。

● 透明的。

01 在材质编辑器中新建一个 VRayMtl（VRay材质），设置玻璃材质的 Diffuse（漫射）、Reflect（反射）与 Refract（折射），在 Diffuse（漫射）颜色中设置参数为 R39、G39、B39，Reflect（反射）颜色为 R40、G40、B40，Refract（折射）颜色为 R238、G238、B238，在 Refraction(折射)中勾选 Affec shadows（影响阴影）与 Affec alpha（影响 Alpha）选项，并设置玻璃的折射率为1.5，其他参数如图 10-33 所示。

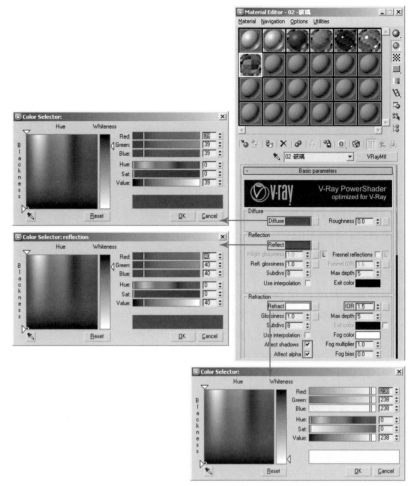

图10-33　设置玻璃漫射与反射

> 提示：
>
> 设置玻璃材质时，勾选Affec shadows（影响阴影）选项后，可以让室外的光线穿透玻璃影响到室内的环境。而勾选Affec alpha（影响Alpha）选项，则可以让窗户上的玻璃留下一个通道，供后期制作时使用。

02 参数设置完成，材质球最终效果如图10-34所示。

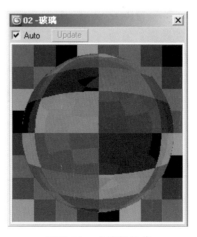

图10-34　玻璃材质球

8．设置波打线材质的制作思路以及参数调整

首先分析一下波打线的基本特征，然后再在材质面板中合理的设置材质的各项参数。

● 表面很光滑。

● 有两个不同的纹理材质组成。

● 有比较强的反射。

● 较小的高光。

将波打线的材质设置为VRay混合材质。利用VRay混合材质可以很方便地模拟出有雕花的地面材质。

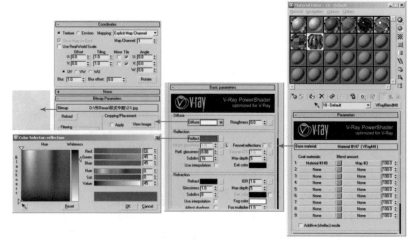

图10-35　设置波打线的基本材质

01 在VRay材质的编辑器中新建一个 VRayBlendMtl（VRay混合材质），设置波打线基本材质，在基本材质中将标准材质转换为VRay材质，单击Diffuse（漫射）通道里添加一张波打线贴图，设置Reflect（反射）颜色数值设置为R45、G45、B45，波打线具有较小的模糊反射效果，设定Refl.glossinss（光泽度模糊）值为0.88，设置Subdivs（细分值）值为16，如图10-35所示。

02 设置 Coat materials:（镀膜材质），在镀膜材质中新建一个 VRayMtl（VRay材质），设置波打线的漫射与反射，在Diffuse（漫射）里将漫射颜色设置为R0、G0、B0，将Reflect（反射）颜色数值设置为R59、G59、B59，并设置Refl.glossiness（光泽度模糊）值为0.88，设置Subdivs（细分）值为16，参数如图10-36所示。

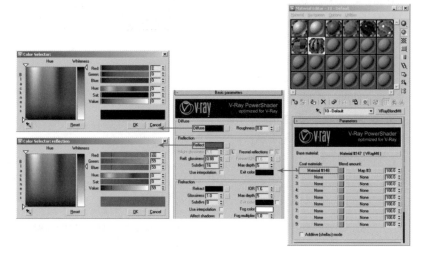

图10-36　设置自发光材质

03 设置 Blend amount:（混合数量）材质，在混合数量通道中加载一张波打线材质贴图。具体设置如图10-37所示。

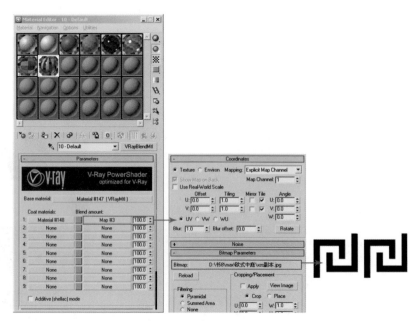

图10-37　设置混合数量材质

04 参数设置完成，材质球最终效果如图10-38所示。

图10-38　波打线材质球

9．白色墙面材质的制作思路以及参数调整

首先分析一下白色墙面的基本特征，然后再在材质面板中合理的设置材质的各项参数。

- 表面很粗糙。
- 有比较小的反射。
- 模糊值很大。

01 在材质编辑器中新建一个 VRayMtl （VRay材质），设置白色墙面材质，设置Diffuse（漫射）的颜色为R220、G220、B200，作为表面漫射的颜色。白色墙面具有较大的光泽度模糊效果，这里设定Refl.glossinss(光泽度模糊)为0.58，Reflect（反射）颜色数值设置为R20、G20、B20，设置Subdivs（细分）值为16，如图10-39所示。

02 在材质编辑器的Maps（贴图）卷展栏中设置Bump（凹凸）贴图，Bump（凹凸）中添加 Bitmap （位图）贴图，为了让贴图变得更加清晰，把Blur的数值改为0.01，具体参数如图10-40所示。

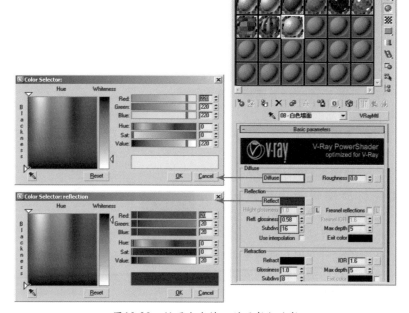

图10-39　设置白色墙面的漫射与反射

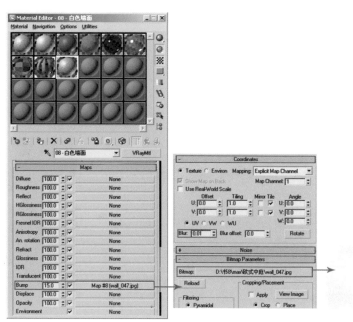

图10-40　设置白墙面的凹凸材质

03 参数设置完成，材质球最终效果如图10-41所示。

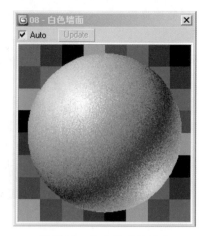

图10-41　白色墙面材质球

10. 黑色石材的设置及制作思路

首先分析一下黑色石材的基本特征，然后再在材质面板中合理的设置材质的各项参数。

● 表面很光滑。

● 有比较小的反射。

● 模糊反射较小。

01 在材质编辑器中新建一个 VRayMtl （VRay材质），设置木材的漫射贴图与反射，首先在Diffuse（漫射）通道里添加一张石材贴图，石材的反射稍微比较小，将Reflect（反射）颜色数值设置为R15、G15、B15。并设置Refl.glossiness（光泽度模糊）值为0.85，设置Subdivs（细分）值为16，具体参数如图10-42所示。

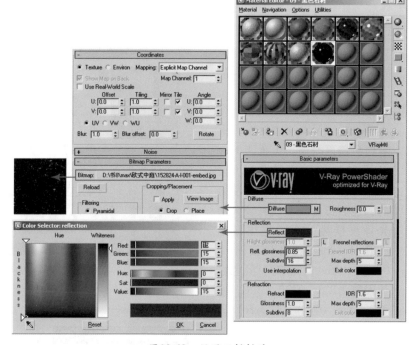

图10-42　设置石材材质

02 参数设置完成，黑色石材材质球最终效果如图10-43所示。

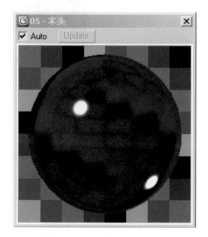

图10-43　黑色石材材质球

11．窗框材质的制作思路以及参数调整

首先分析一下窗框的基本特征，然后再在材质面板中合理的设置材质的各项参数。

● 表面很光滑。

● 有比较小的反射。

● 模糊值较小。

01 在材质编辑器中新建一个 ●VRayMtl（VRay材质），设置窗框材质，设置Diffuse（漫射）的颜色为R226、G226、B226，作为表面漫射的颜色，设定Refl.glossinss(光泽度模糊)值为0.8，Reflect（反射）颜色数值设置值为R39、G39、B39，设置Subdivs（细分）值为16，如图10-44所示。

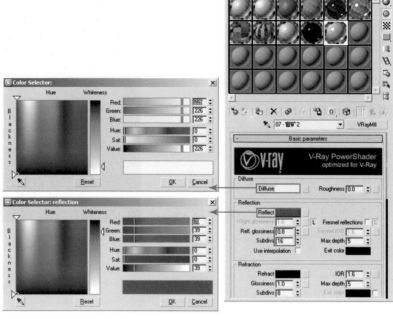

图10-44　设置窗框材质

02 参数设置完成，窗框材质球最终效果如图10-45所示。

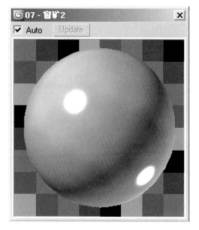

图10-45　窗框材质球

到这里，场景的基础材质已经设置完毕，查看基础材质渲染效果，如图10-46所示。

图10-46　基础材质的渲染效果

10.3.2 10分钟完成场景家具材质的设置

椅子材质包括两部分：椅子布与椅子腿，椅子腿是木头材质，如图10-47所示。

1. 椅子布材质的设置及制作思路

首先分析一下椅子布的基本特征，然后再在材质面板中合理的设置材质的各项参数。

- 表面较粗糙。
- 有比较小的反射。
- 模糊反射较大。

01 在材质编辑器中新建一个 **VRayMtl** （VRay材质），设置椅子布的漫射贴图与反射，在Diffuse（漫射）通道里添加一个Falloff（衰减）程序纹理贴图，设置Falloff的类型为Fresnel，衰减颜色分别为R0、G0、B0、和R255、G243、B216，在Falloff（衰减）通道里添加一个布纹贴图，为了让贴图变得更加清晰，把Blur的数值改为0.1。布纹的反射稍微比较大，将Reflect（反射）颜色数值设置为R35、G35、B35。并设置Refl.glossiness（光泽度模糊）值为0.65，设置Subdivs（细分）值为16，参数如图10-48所示。

02 在材质编辑器的Maps（贴图）卷展栏中设置Bump（凹凸）贴图，在Bump（凹凸）中添加一张 **Bitmap** （位图）贴图，把Bump（凹凸）数值设置为10。参数如图10-49所示。

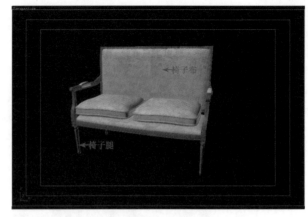

图10-47 沙发材质

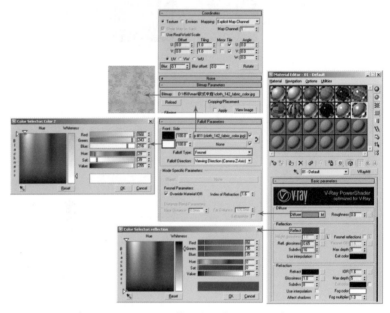

图10-48 设置椅子布漫射贴图与反射

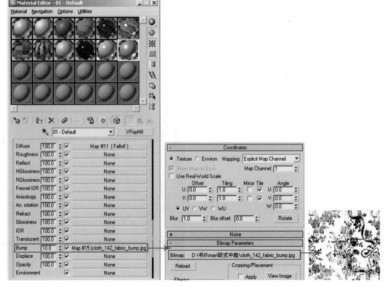

图10-49 设置椅子布的凹凸贴图

03 参数设置完成，材质球最终效果如图10-50所示。

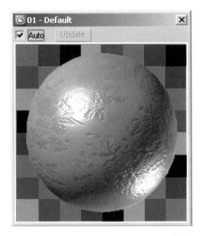

图10-50 椅子布材质球

2.椅子腿材质的设置及制作思路

首先分析一下椅子腿的基本特征，然后再在材质面板中合理的设置材质的各项参数。

● 表面很光滑。

● 有比较小的反射。

● 模糊反射较小。

01 在材质编辑器中新建一个 ⊙VRayMtl（VRay材质），设置木材的漫射贴图与反射，首先在Diffuse（漫射）通道里添加一张木材贴图，木材的反射稍微比较小，将Reflect（反射）颜色数值设置为R40、G40、B40。并设置Refl.glossiness（光泽度模糊）值为0.85，设置Subdivs（细分）值为16，具体参数如图10-51所示。

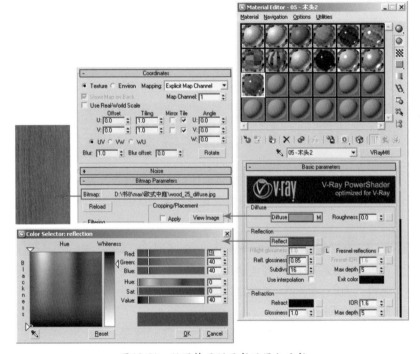

图10-51 设置椅子腿漫射贴图与反射

02 参数设置完成，材质球最终效果如图10-52所示。

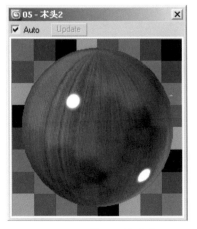

图10-52 椅子腿材质球

椅子的材质已经设置完毕，查看椅子材质渲染效果，如图10-53所示。

图10-53　沙发材质的渲染效果

10.4　10分钟完成灯光的创建与测试渲染

材质设置完成以后，接下来讲叙如何为场景创建灯光，以及VRay参数面板中的各项设置，在渲染成图之前，要先将VRay面板中的参数设置低一点，从而提高测试渲染的速度。

10.4.1　2分钟完成测试渲染参数的设定

01 在 V-Ray:: Color mapping （颜色映射）卷展栏中设置曝光模式为Exponential（指数）类型，其他参数设置如图10-54所示。

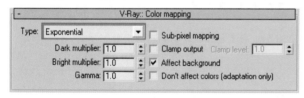

图10-54　设置颜色映射

02 设置测试渲染图像的大小，把测试图像大小设置为600×390。如图10-55所示。

图10-55　设置渲染图像大小

10.4.2 4分钟完成室外VRay阳光及天光的创建

01 在🔲面板中单击🔲图标，在下拉列表中选择VRay选项，如图10-56所示。

图10-56　VRay灯光创建面板

02 单击 VRaySun （VRay阳光）按钮，在视图中创建VRay的阳光系统，并在弹出的对话框中单击"是"按钮，VR阳光的角度如图10-57所示。

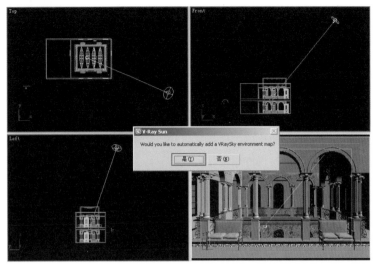

图10-57　创建VRay阳光

> **提示：**
>
> 当创建 VRaySun （VRay阳光）时，系统会提示是否自动添加一个VRaySky（VRay天光），单击"是"即可。这时，在环境面板里就会出现一个VRaySky的环境贴图。

03 按快捷键8，在环境面板里就会出现一个VRaySky的环境贴图，如图10-58所示。

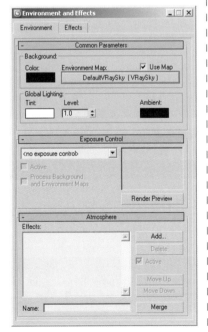

图10-58　以实例方式复制VRay天光到材质编辑器

04 在相机视图中按快捷键F9，对相机角度进行渲染测试，测试效果如图10-59所示。

图10-59　最终测试渲染效果

> **提示：**
>
> 当在间接照明中使用发光贴图与灯光缓存的组合时，必须先用小尺寸的图像进行计算。一般情况下，计算发光贴图所用的图像尺寸为最终渲染尺寸的1/4左右即可。

05 使用渲染测试的图像大小进行发光贴图与灯光缓存的计算。设置完毕后，在相机视图按快捷F9进行发光贴图与灯光缓存的计算，计算完毕后即可进行成图的渲染。成图的渲染设置方法请参见第一章中的讲解。这是本场景的最终渲染效果，如图10-60所示。

图10-60　最终渲染效果

10.5　1分钟完成色彩通道的制作

将文件另存一份，然后删除场景中所有的灯光，单击菜单栏 ，单击 Run Script... ，运行beforeRender.mse插件，制作与成图的渲染尺寸一致的色彩通道，如图10-61。

图10-61　色彩通道图

提示:

彩色通道的详细制作方法，请参考本书第2章厨房的相关章节。

10.6　5分钟完成Photoshop后期处理

最后，使用Photoshop软件为渲染的图像进行亮度、对比度、色彩饱和度、色阶等参数的调节，以下是场景后期步骤。

01 在Photoshop软件中，将渲染出来的最终图像和色彩通道打开，如图10-62所示。

图10-62　打开成图

02 使用工具箱中的 ▶️ 移动工具，按住Shift键，将"游泳池td.tga"拖入"游泳池.tga"，并调整餐厅图层关系，如图10-63所示。

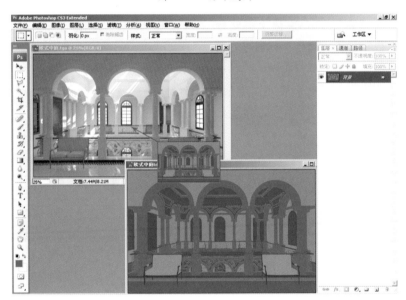

图10-63　调整图层关系

03 利用色彩通道调整局部单个物体的明暗关系，色彩关系。单击色彩通道，按快捷键W选择 ✨ 魔棒工具。把容差值调为10，取消"连续"选项。在黄色墙面上单击鼠标，当选区出现时，选择图层0，按快捷键Ctrl+J，将黄色顶面复制一个图层，如图10-64所示。

图10-64　选择黄色墙面

04 按快捷键Ctrl+J复制一个黄色墙面图层后，再按快捷键Ctrl+L，调整木质顶面图层的色阶，让暗部的黄色墙面显得深一些，以提高空间的层次关系，如图10-65所示。

> **提示：**
>
> 在后期调整时，并非一味将空间的物体往亮调，必要时也需要将物体调暗。调节的目的都是通过明暗色彩对比提高整体空间关系。

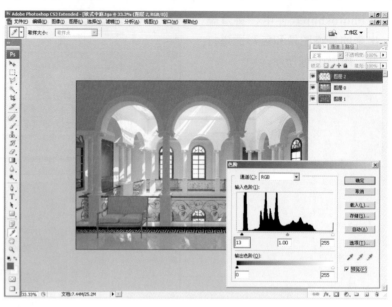

图10-65　调节色阶

05 按照相同的方法依次调整地板、柱子、椅子、门窗等。再对整个空间进行整体的调整，如图10-66所示。

图10-66　调整后的效果

06 修改完成确认后，感觉中空的区域光感不够，利用矢量蒙版提高区域光感。如图10-67所示。

图10-67　调整区域光感

07 在图层最上层利用矩形选框工具，并按住Shift键，同时选出三个需要提亮的区域。如图10-68所示。

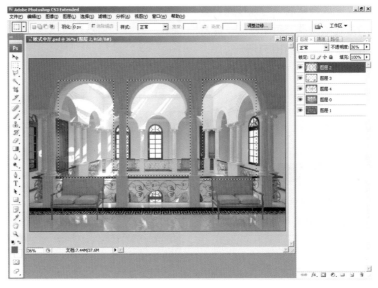

图10-68 框选提亮区域

08 将选择的区域进行羽化。按快捷键Ctrl+Alt+D，并将羽化半径设置为60，单击"确定"按钮，如图10-69所示。

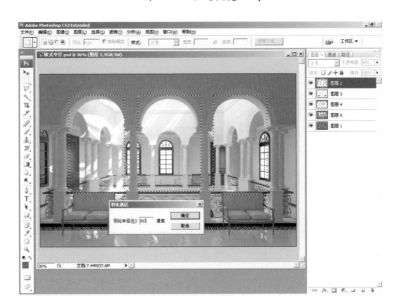

图10-69 羽化选区

09 保持选区的状态，在色阶调整图层之上单击右侧图层面板中的，在弹出的下拉菜单里选择"色阶"选项，调整区域亮度参数。调节的原则是不让画面过于曝光，保留更多的画面细节。如图10-70所示。

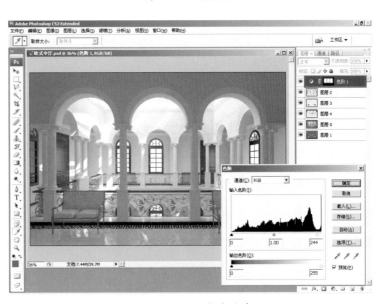

图10-70 添加色阶图层

⑩ 修改完成确认后，可以按照以往的方式细微调节每个图层，健身房最终效果如图10-71所示。

提示：

本场景的视频讲解教程，请参看光盘\视频教学\欧式中厅中的内容。

图10-71　最终效果

第11章
印象派展示空间表现技法

本章学习要点

- 掌握VRay混合材质的设置方法。
- 利用VRay灯光材质对环境进行照明。
- 灵活使用VRay灯光以及光域网文件。

11.1 展示空间制作简介

11.1.1 快速表现制作思路

01 建模阶段：在创建模型时，要充分考虑到模型的面数，尽量精简建模，在本空间中创建筒灯的方法是非常省面的，比如在创建圆柱体的时候，默认的高度参数是5段，为了省面，而且在不影响模型本身要求下，可以不要分段数就可不要，因为这个空间中顶面全是筒灯，面数太多的话，操作会非常缓慢，而且渲染速度也不高。

02 材质阶段：最好在创建模型的同时就赋予相应的材质，并且调整好UVW Map贴图坐标。这样做的目的是为了提高赋材质的效率，同时避免出现未赋材质的模型在空间出现。一开始赋材质时，可以大体的设置一下相应的VRay材质参数，最后在测试时如有某个材质不满意，再做相应调整。

03 布光阶段：空间中灯光的布置一般是按照实际灯光的位置创建光源，在本场景中，顶面有很多筒灯，而这时就不能每个筒灯下方都创建一面光源，这样不仅浪费时间，而且渲染出来的效果也不会理想，所以可以用面光源来代替筒灯光源。

04 后期阶段：调节图像的原则是先整体后局部，再以局部到整体的步骤进行。主要调节图像的色阶、亮度、对比度、饱和度以及色彩平衡等，修改渲染中留下的瑕疵，最终完成作品。

11.1.2 提速要点分析

本场景共用了49分钟完成的，主要用了以下几种方法与技巧：

01 相机背面的物体不建立，对于看不到的物体就不需要仔细建模了，只要建立封闭的面即可，这样做可以节省时间，提高工作效率。

02 整个场景中全部使用VRay标准材质，会比其他材质的渲染速度快很多，效果也更理想。

03 使用面光源来代替大面积的筒灯光源，方法简单，又节省时间提高效率。

11.2 4分钟完成筒灯模型的创建

在这里，不过多阐述空间的建模过程了，主要来讲叙如何快速的创建筒灯模型。

01 在TOP（顶）视图中创建一个 `Cylinder` （圆柱），并且设置Cylinder的 `Radius:` （半径）数值为30mm， `Height:` （高度）数值为300mm，如图11-1所示。

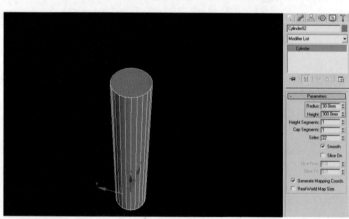

图11-1　挤压出墙体

加速点：

将高度分段设置为1段，减少模型的面数，同样设置边数为22也是为了减少模型的面数，提高工作效率。模型的边数，可以跟据实际情况而定，比如本场景中顶面全是筒灯模型，每个筒灯模型的表现并不是特别细致，所以不需要设置太多的边数。

02 选择Cylinder（圆柱）物体，单击鼠标右键，在弹出的快捷键菜单中选择Conver to→Conver to Editabie Poly (转化为可编辑多边形)命令，如图11-2所示。

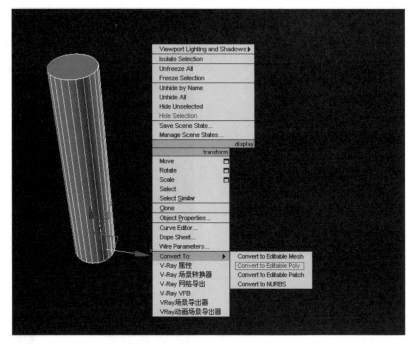

图11-2　创建踢角线

03 在编辑多边形的多边形级别中，选择顶面，单击 Inset （插入）命令右侧的□（设置）按钮，设置插入量为3mm。如图11-3所示。

图11-3　创建窗框

04 单击 Extrude （挤出）命令右侧的□（设置）按钮，设置挤出量为−4mm。如图11-4所示。

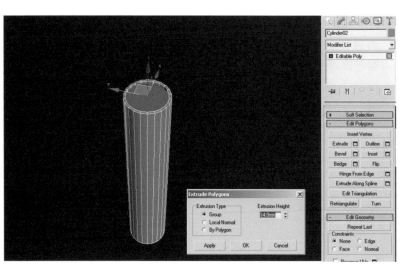

图11-4　挤出命令

05 单击Detach（分离）按钮，如图11-5所示。

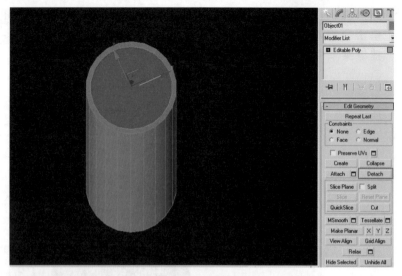

图11-5　分离

06 在编辑多边形的边级别中，选择柱体的边缘线，单击 （切角）命令右侧的 ▣（设置）按钮，设置切角量为2mm。如图11-6所示。

提示：

展厅筒灯的制作方法比较巧妙，可以参考光盘\视频教学\展厅\筒灯的创建.wmv进行学习。

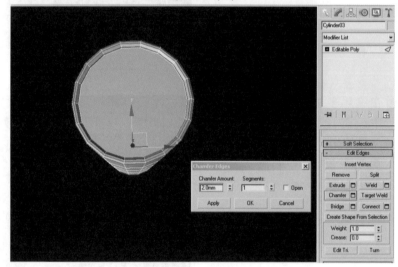

图11-6　创建窗框

11.3　6分钟完成模型的导入

01 在大的框架建立以后，就可以调用模型了，对于复杂的模型，能调用就调用，以方便工作。下面是要调用的桌椅模型，如图11-7所示。

图11-7　要导入的模型

02 依次调入模型并将它们移动相
应的位置上，注意尺寸尽量和
图纸保持一致，模型调入后的
具体位置如图11-8所示。

图11-8　模型调入后的场景

11.4　2分钟完成摄像机创建

01 单击🎥选项下的 Target 按
钮，如图11-9所示。

图11-9　选择摄像机

02 切换到Top（顶）视图中，按
住鼠标在顶视图中创建一个摄
像机，具体位置如图11-10所示。

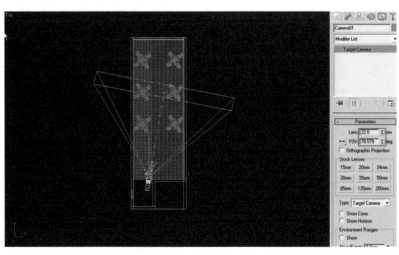

图11-10　摄像机顶视图角度位置

03 切换到 Front（前）视图中调整摄像机位置如图 11-11 所示。

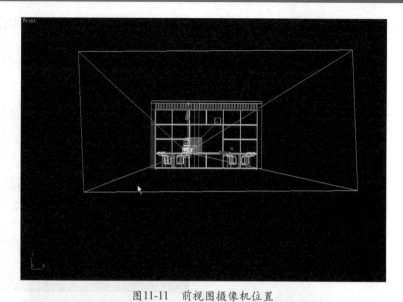

图11-11　前视图摄像机位置

04 在Front（前）视图中调整摄像机，并加入相机校正，让相机视角内的物体垂直向下，如图11-12所示。

图11-12　前视图摄像机位置

11.5 20分钟完成展厅材质设置

打开配套光盘中第11章\max\展厅-模型.max文件，这是一个已创建完成的展厅场景，如图11-13所示。

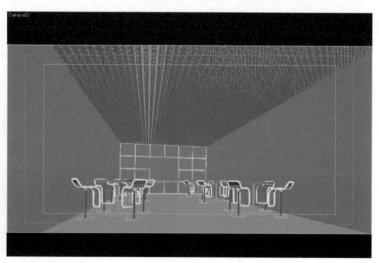

图11-13　建好的场景

以下是场景中物体赋予材质后的效果，如图11-14所示。

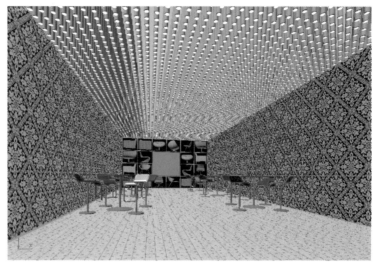

图11-14 赋予材质后的展厅

11.5.1 10分钟完成场景基础材质的设置

展厅中的基础材质有顶面、地面、墙面壁纸、装饰面等材质，如图11-15所示，下面将说明它们的具体设置方法。

1. 墙面壁纸材质的设置及制作思路

首先分析一下墙面壁纸的物理属性，然后依据物体的物理特征来调节墙面壁纸材质的各项参数。

- 有发光材质的花纹。
- 表面相对光滑。
- 有比较强的反射。
- 较小的高光。

将墙面壁纸的材质设置为 ●VRayBlendMtl（VRay 混合材质）。利用 VRay 混合材质可以很方便地模拟出有雕花的墙面材质。

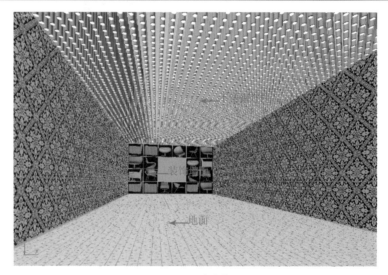

图11-15 基础材质

01 在材质编辑器中新建一个 ●VRayBlendMtl（VRay 混合）材质，设置墙面壁纸基本材质，在基本材质中将标准材质转换为 VRay 材质，设置 Diffuse（漫射）的颜色为 R74、G74、B74，作为表面漫射的颜色。Reflect（反射）颜色数值设置为 R40、G40、B40，墙面具有较小的光泽度模糊效果，设定 Refl. glossinss（光泽度模糊）值为 0.95，设置 Subdivs（细分）值为 16，如图 11-16 所示。

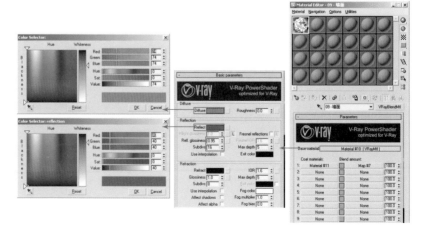

图11-16 设置墙面壁纸的基本材质

02 设置 Coat materials: （镀膜材质），在镀膜材质中添加 VRayLightMtl（VR灯光）材质，单击 Color:（颜色）选项分别选取R255、G255、B255，具体参数如图11-17所示。

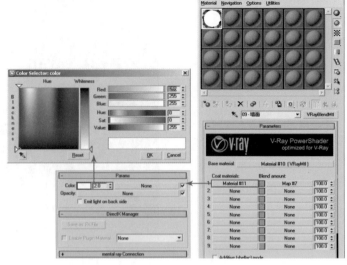

图11-17　设置自发光材质

03 接下来设置 Blend amount （混合数量）材质，在混合数量通道中加载一张壁纸材质贴图。具体参数如图11-18所示。

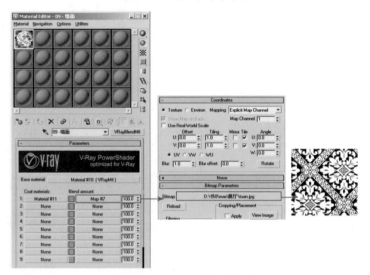

图11-18　设置混合数量材质

技术点评：

● **VR混合材质**主要用于表现两种材质叠加后的效果。如上面讲叙的材质，本身材质是一个深灰色的漆。镀膜材质为发光材质。混合数量可以设置雕花的样式，在混合数量中添加的壁纸贴图白色部分应为镀膜材质是发光材质，黑色部分为基础材质是黑色漆材质，但是看到材质球显示效果不是这样的，贴图白色部分成为了基础材质中的黑色漆，而黑色部分为发光材质。这是因为要表现的白色花纹为黑色漆，而添加的贴图如果按照常规的设置方法就不是黑色漆，而是发光材质，所以要将添加的贴图设置一下。

---

04 在混合数量卷展拦下选择 Output（输出）选项，具体参数如图11-19所示。

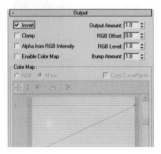

图11-19　设置输出参数

技术点评：

通过一个对比说明Invert
选项的作用，如图11-20
所示。

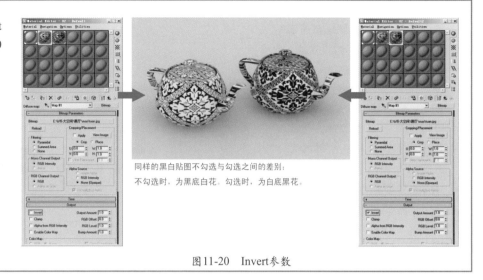

同样的黑白贴图不勾选与勾选之间的差别：
不勾选时，为黑底白花。勾选时，为白底黑花。

图11-20　Invert参数

05 参数设置完成，材质
球最终效果如图11-21
所示。

图11-21　墙面材质球

06 选中墙面物体在修改
器中添加UVW Mapping
（贴图坐标）修改器。
在Parameters（参数）
面板中更改为Box的贴
图方式，设置Length
600mm，Width 600mm，
Height 600mm，如图
11-22所示。

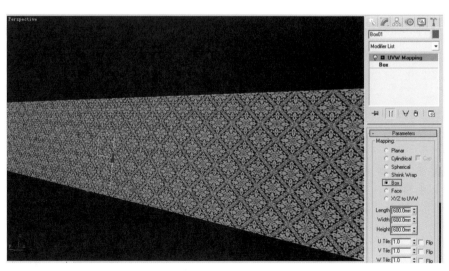

图11-22　设置墙面的UVW Mapping

提示：

设置材质贴图的UVW Mapping大小，一般是按照现实尺寸大小设置的。

2. 地面材质的设置及制作思路

首先分析一下地面的物理属性，然后再对其进行参数设定。

- 表面很粗糙。
- 表面有很明显的凹凸纹理。
- 高光相对较小。

根据上述的基本原理，也可以先分析一下地面材质的基本特征，然后再在材质面板中合理的设定材质的各项参数。

01 在材质编辑器中新建一个 （VRay材质），设置地面的Diffuse（漫射）与Reflect（反射），地面的反射较大，将Diffuse（漫射）颜色数值设置为R85、G89、B95，Reflect（反射）颜色数值设置为R65、G65、B65，并设置Refl.glossiness（光泽度模糊）值为0.88，同时设置Subdivs（细分）值为24。具体参数如图11-23所示。

02 因为地面会有一些凹凸不平的地方，所以给Bump（凹凸）通道里设置一张地面贴图，设置Bump的值设置为40，让它有较强的凹凸效果，地面的贴图及参数如图11-24所示。

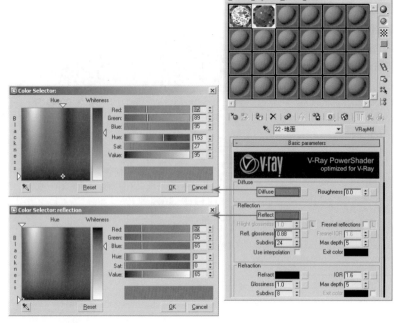

图11-23 设置地面的漫射与反射

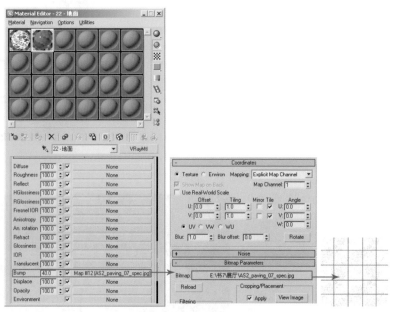

图11-24 设置地面凹凸材质

03 参数设置完成，材质球最终效果如图11-25所示。

图11-25 地面材质球

04 选中地面物体在修改器中添加 UVW Mapping（贴图坐标）修改器。在 Parameters（参数）面板中更改为 Box 的贴图方式，设置 Length 400mm，Width 400mm，Height 1000mm，如图11-26所示。

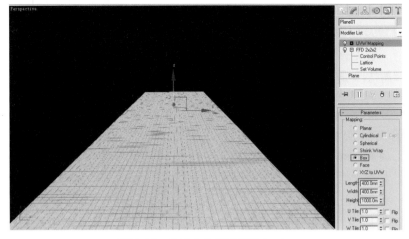

图11-26　设置地面的UVW Mapping

3．不锈钢灯柱材质的设置及制作思路

● 表面很光滑。

● 表面的反射很大。

● 较小的高光。

不锈钢本身是颜色很难描述，因为它表面非常光亮，平时所观察到的现象，都是反射周围环境所得到的。

01 在材质编辑器中新建一个 VRayMtl（VRay 材质），设置不锈钢的漫射与反射，在 Diffuse（漫射）里将设置颜色为 R201、G210、B210，由于不锈钢的反射很大，将 Reflect（反射）颜色数值设置为 R40、G40、B40，并设置 Refl.glossiness（光泽度模糊）值为 0.78，其他参数如图 11-27 所示。

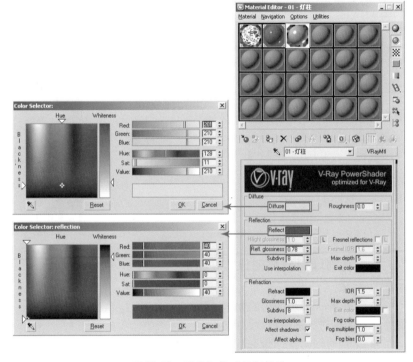

图11-27　设置灯柱不锈钢材质

02 参数设置完成，材质球最终效果如图11-28所示。

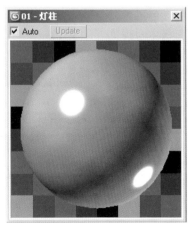

图11-28　灯柱材质球

4. 白色发光灯片材质的设置及制作思路

首先分析一下发光灯片的物理属性,然后再对其进行参数设定。

- 颜色为白色。
- 自身发出白色的光。

01 在材质编辑器中新建一个 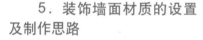 (VRay灯光) 材质,鼠标单击 Color: (颜色) 分别选取R255、G255、B255,设置颜色倍数为5,具体参数如图11-29所示。

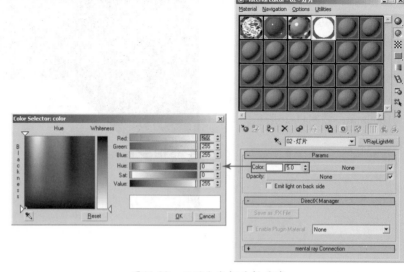

图11-29 设置白色灯片材质球

提示:

> VRayLightMtl 的材质是可以对环境生产照明的,照明的颜色主要取决于 VRayLightMtl 的颜色或添加的贴图。

02 参数设置完成,材质球最终效果如图11-30所示。

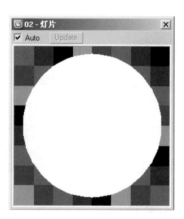

图11-30 灯片材质球

5. 装饰墙面材质的设置及制作思路

首先分析一下装饰墙的物理属性,然后再对其进行参数设定。

- 表面有很明显的凹凸纹理。
- 高光相对较大。
- 有微弱的模糊反射。

根据上述的基本原理,也可以先分析一下地面材质的基本特征,然后再在材质面板中合理的设定材质的各项参数。

01 在材质编辑器中新建一个 VRayMtl (VRay 材质),设置装饰墙面的Diffuse(漫射)与Reflect(反射),装饰墙面的反射较大,分别将 Diffuse (漫射) 颜色数值设置为R230、G230、B230,Reflect(反射) 颜色数值设置为R20、G20、B20,并设置 Refl.glossiness(光泽度模糊)值为0.68,具体参数如图11-31所示。

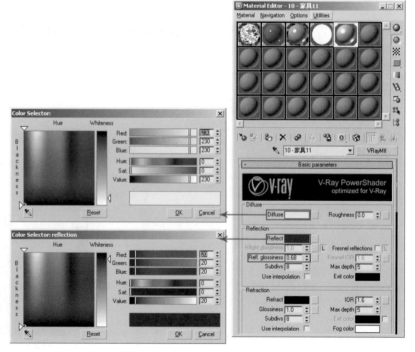

图11-31 设置装饰墙漫射与反射

02 因为装饰墙面会有一些凹凸不平的地方，所以给Bump（凹凸）通道里设置一张装饰贴图，设置Bump的值为15，使其拥有较小凹凸效果，装饰墙的贴图及参数如图11-32所示。

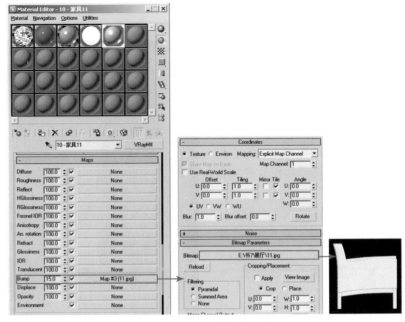

图11-32　设置装饰墙材质球

提示：

在展厅空间里的装饰墙面一共有20种块不同的装饰板，这里只讲叙其中的一块。其他的装饰板跟上面讲叙的唯一不同就在凹凸贴图里。

03 参数设置完成，材质球最终效果如图11-33所示。

图11-33　装饰墙面材质球

到这里，场景的基础材质已经设置完毕，查看基础材质渲染效果，如图11-34所示。

图11-34　基础材质的渲染效果

11.5.2 10分钟完成场景家具材质的设置

本场景中家具包括电视屏幕
与圆桌

**1．电视材质的设置及制
作思路**

首先分析一下电视屏幕的
物理属性，然后再对其进行参数
设定，赋予材质后电视效果如图
11-35所示。

- 电视屏幕为兰色自发光。
- 电视屏幕表面光亮度大但
  是不刺眼。
- 电视屏幕向四周散光。

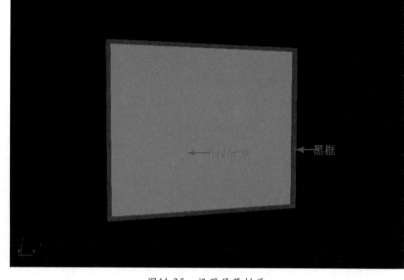

图11-35　设置屏幕材质

01 本场景中的电视是开启的，将
作为场景照明的一部分，使用
的 是 VRayLightMtl（VRay 灯 光 ）
材质，发光强度调整数值为 2.5，
Color（颜 色）为 R35、G117、
B240，如图 11-36 所示。

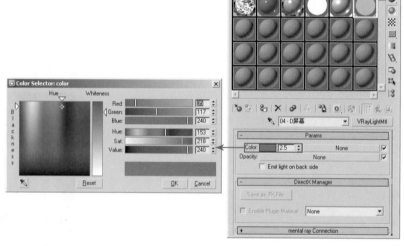

图11-36　设置电视屏幕材质

02 参数设置完成，材质球最终效
果如图11-37所示。

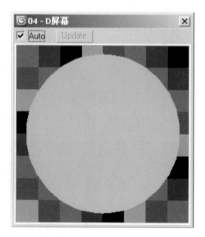

图11-37　屏幕材质球

2．电视黑框材质的设置及制作思路

首先分析一下电视黑框的物理属性，然后再对其进行参数设定。

● 表面平整光滑。

● 高光相对较小。

01 在材质编辑器中新建一个 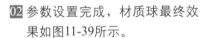（VRay材质），设置电视黑框的Diffuse（漫射）与Reflect（反射），将Diffuse（漫射）颜色数值设置为R40、G40、B40，电视黑框的反射较大，Reflect（反射）颜色数值设置为R50、G50、B50，并设置Refl.glossiness（光泽度模糊）值为0.85，具体参数如图11-38所示。

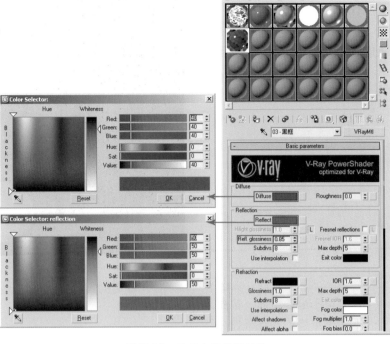

图11-38 设置电视黑框材质

02 参数设置完成，材质球最终效果如图11-39所示。

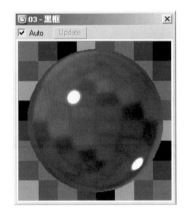

图11-39 黑框材质球

电视材质已经设置完毕，查看电视材质渲染效果，如图11-40所示。

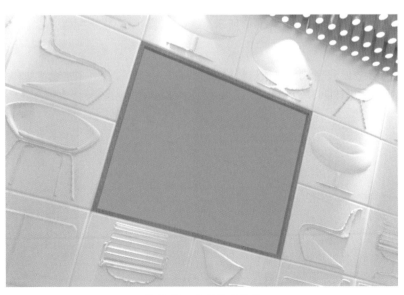

图11-40 电视材质效果

3．椅子坐垫材质的设置及制作思路

材质材质包括两部分：椅子坐垫与不锈钢。如图11-41所示。

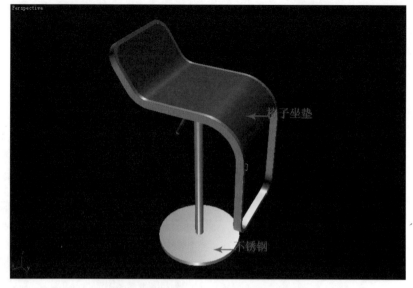

图11-41　设置椅子材质

设置椅子坐垫材质。首先分析一下椅子坐垫的物理属性，然后再对其进行参数设定。

● 皮质的表面有比较柔和的高光。

● 表面有微弱反射现象。

● 表面纹理凹凸感很强。

01 在材质编辑器中新建一个 **VRayMtl**（VRay材质），在Diffuse（漫射）通道中加载一张皮革贴图，为了表现皮革的高光，在Reflect（反射）通道中设置反射的颜色值为R27、G27、B27，并设置Refl. glossiness（光泽度模糊）值为0.65，设置Subdivs（细分）值为8，具体参数如图11-42所示。

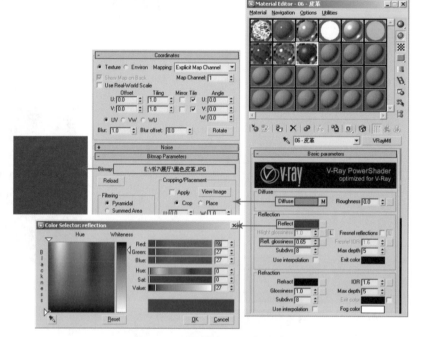

图11-42　设置椅子坐垫材质球

02 参数设置完成，材质球最终效果如图11-43所示。

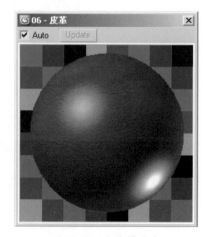

图11-43　皮革材质球

03 选中皮革物体在修改器中添加 UVW Mapping（贴图坐标）修改器。在 Parameters（参数）面板中更改为 Box 的贴图方式，设置 Length 100mm，Width 100mm，Height 100mm，如图 11-44 所示。

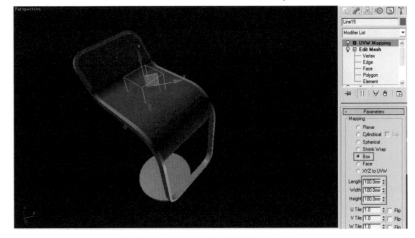

图11-44　设置地面的UVW Mapping

设置椅子不锈钢材质。首先分析一下椅子坐垫的物理属性，然后再对其进行参数设定。

- 表面很光滑。
- 表面的反射很大。
- 较小的高光。

01 在材质编辑器中新建一个 ●VRayMtl（VRay 材质），设置不锈钢的漫射与反射，在 Diffuse（漫射）里将颜色设置为 R92、G92、B92，由于不锈钢的反射很大，将 Reflect（反射）颜色数值设置为 R220、G220、B220，并设置 Refl.glossiness（光泽度模糊）值为 0.8，设置 Subdivs（细分）值为 24，具体参数如图 11-45 所示。

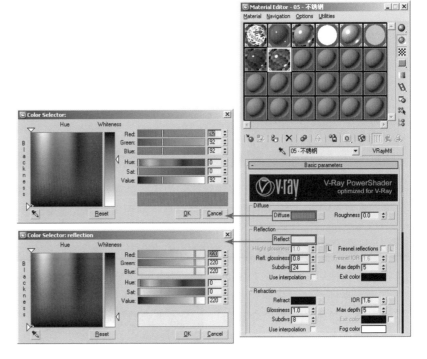

图11-45　设置椅子不锈钢材质

02 参数设置完成，材质球最终效果如图11-46所示。

图11-46　椅子不锈钢材质球

桌面的材质和电视黑框材质是一样的，桌腿材质与椅子腿材质相同，在这里就不重复讲解了。

椅子的材质已经设置完毕，查看椅子材质渲染效果，如图11-47所示。

图11-47　椅子材质效果

11.6　10分钟完成灯光的创建与测试渲染

材质设置完成以后，接下来讲叙如何为场景创建灯光，以及VRay参数面板中的各项设置，在渲染成图之前，要先将VRay面板中的参数设置低一点，从而提高测试渲染的速度。

11.6.1　2分钟完成创建顶面筒灯光源

01 在顶面创建VRay Light（VRay灯光）来模拟筒灯光源对室内的影响，单击创建命令面板中的图标，在VRay类型中单击 VRayLight （VRay灯光）按钮，将灯光的类型设置为Plane（面光源），创建灯光大小与顶面大小一致，设置灯光的Color（颜色）R255、G255、B255，Multiplier（强度）值为3，在Optison（选项）设置面板中勾选Invisible（不可见）选项，为了不让灯光参加反射，勾选掉Affect reflections（影响反射）选项。具体参数如图11-48所示。

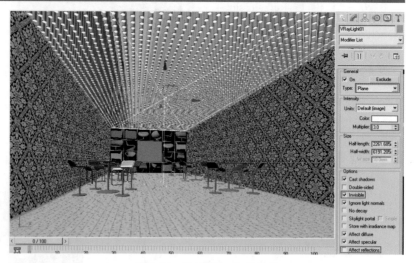

图11-48　设置VRay灯光参数

技术点评：

在本场景中，顶面有很多筒灯，这时就不能每个筒灯下方都创建一面光源，这样不仅浪费时间，而且渲染出来的效果也不会理想，所以可以用面光源来代替筒灯光源。

02 在相机视图中按快捷键F9，对
相机角度进行渲染测试，测试
渲染效果如图11-49所示。

图11-49 测试渲染效果

11.6.2 2分钟完成创建地面灯槽光源

01 在地面与墙面交接处灯槽的位
置创建VRay Light（VRay灯
光），单击 创建命令面板
中的 图标，在VRay类型中
单击 VRayLight （VRay灯光）按
钮，将灯光的类型设置为Plane
（面光源），创建灯光大小与
顶面大小一致，设置灯光的
Color（颜色）R255、G233、
B213，Multiplier（强度）值为
3，在Optison(选项)设置面板
中勾选Invisible(不可见)选项，
为了不让灯光参加反射，勾选
掉Affect reflections（影响反
射）选项。（空间中左右两侧
都有灯槽，右侧的灯光设置与
左侧完全相同在这里就不多作
讲解了）具体参数设置如图
11-50所示。

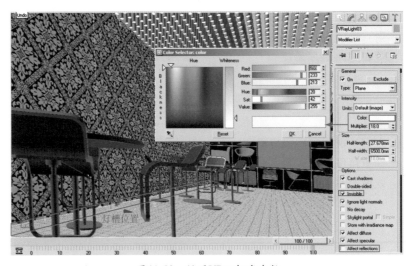

图11-50 设置VRay灯光参数

> **提示：**
>
> 地面灯槽的长度与空间左右两边的墙体长度一样。

02 在相机视图中按快捷键F9键，
对相机角度进行渲染测试，测
试效果如图11-51所示。

图11-51 测试渲染效果

11.6.3　2分钟完成创建电视光源

为了丰富场景光照，我们可以有意识的为电视创建一个蓝色光源。

01 创建电视的照明效果在如图11-52所示的位置创建一个VRay Light（VRay灯光），将灯光的类型设置为Plane（面光源），设置灯光的Color（颜色）为R99、G114、B231，Multiplier（强度）值为3，在Optison（选项）设置面板中勾选Invisible（不可见）选项，为了不让灯光参加反射取消Affect reflections（影响反射）选项的勾选。具体参数设置如图11-52所示。

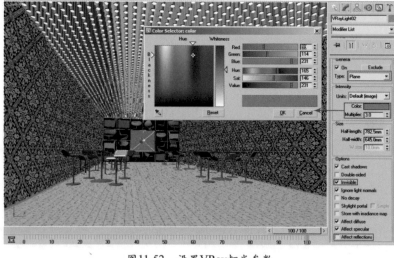

图11-52　设置VRay灯光参数

提示：

电视屏本身为发光材质，对空间是有影响的，周围相对来说是比较亮的，如果不在电视屏前创建光源的话，无法显示出明暗对比，所以在屏前创建面光源来丰富空间的整体效果。

02 在相机视图中按快捷键F9，对相机角度进行渲染测试，测试效果如图11-53所示。

图11-53　测试渲染效果

11.6.4　4分钟完成创建VRay光域网

在靠近装饰墙的上方创建四个射灯，

01 单击创建命令面板中的图标，在VRay类型中单击 VRayIES （光域网）按钮，在左视图中射灯模型位置创建灯光，在V-Ray Adv1.50.SP2渲染器中自带VRay光域网。设置灯光的Color（颜色）为R255、G235、B213，设置参数大小为3500，如图11-54所示。

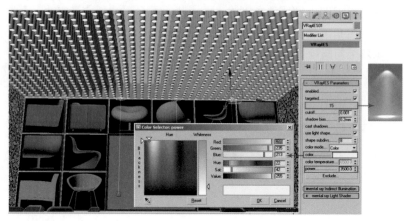

图11-54　创建VRay光域网

02 在相机视图中按快捷键F9，对相机角度进行渲染测试，测试效果如图11-55所示。

图11-55　最终测试渲染效果

03 使用渲染测试的图像大小进行发光贴图与灯光缓存的计算。设置完毕后，在相机视图按快捷F9进行发光贴图与灯光缓存的计算，计算完毕后即可进行成图的渲染。成图的渲染设置方法请参见第一章中的讲解。这是本场景的最终渲染效果，如图11-56所示。

图11-56　最终渲染效果

11.7　1分钟完成色彩通道的制作

将文件另存一份，然后删除场景中所有的灯光，单击菜单栏 MAXScript ，单击 Run Script... ，运行beforeRender.mse插件，制作与成图的渲染尺寸一致的色彩通道，如图11-57所示。

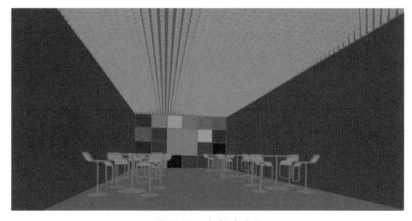

图11-57　色彩通道图

11.8　6分钟完成Photoshop后期处理

最后，使用Photoshop软件为渲染的图像进行亮度、对比度、色彩饱和度、色阶等参数的调节，以下是场景后期步骤。

01 在Photoshop里，将渲染出来的最终图像和色彩通道打开，如图11-58所示。

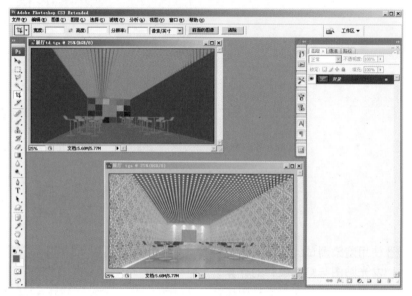

图11-58　打开渲染成图

02 使用工具箱中的 移动工具，按住 Shift 键，将"展厅 .tga"拖入"展厅 td.tga"。让渲染图在上，色彩通道在下，如图11-59 所示。

图11-59　调整图层位置

03 单击右侧图层面板的 按钮，在弹出的下拉菜单里选择"色彩平衡"，并调整色彩平衡参数，让偏黄的画面调节的偏冷一些，然后单击"确定"按钮，如图11-60所示。

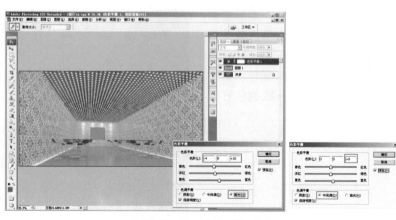

图11-60　添加色彩平衡图层

04 再次单击右侧图层面板的 按钮，在弹出的下拉菜单里选择"色阶"选项，并调整色阶参数，然后单击"确定"按钮，如图11-61所示。

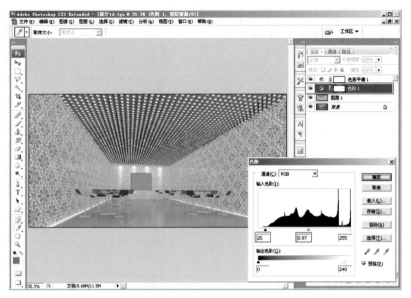

图11-61 添加色阶图层

05 利用色彩通道调整局部单个物体的明暗关系，色彩关系。单击色彩通道图层，按快捷键W选择 魔棒工具。调整容差值为10。在发光墙面上单击鼠标，当选区出现时，选择图层0，再按快捷键Ctrl+J，将发光墙面复制一个图层，如图11-62所示。

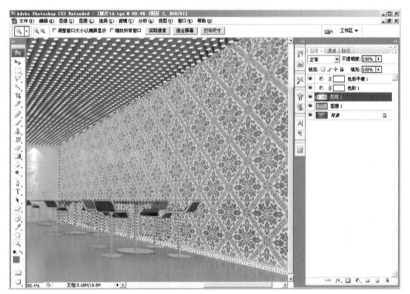

图11-62 修改发光墙面

06 按快捷键Ctrl+J复制一个发光墙面图层后，再选择 "矩形选框"工具，选择远处的发光墙面部分，如图11-63所示。

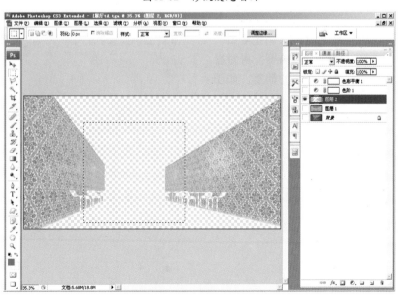

图11-63 选择发光墙面

07 按快捷键 Ctrl+Alt+D 羽化选择
区域,羽化参数如图 11-64 所示。

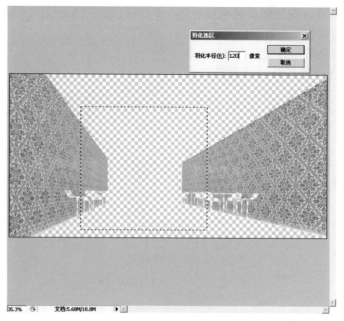

图11-64　设置羽化命令

08 羽化选择区域后，快捷键
Ctrl+L调节远处发光墙面色
阶，让远处的墙面比近处的墙
面亮一些，以获得更好的进深
效果，按如图11-65所示。

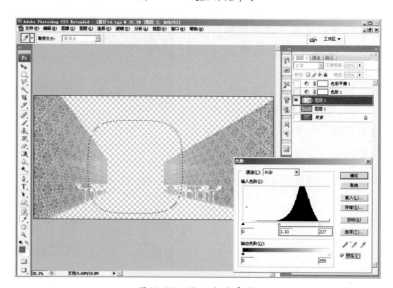

图11-65　添加色阶命令

09 利用色彩通道依次调整地面、
顶面、墙面、桌椅等。再对整
个空间进行整体的调整，如图
11-66所示。

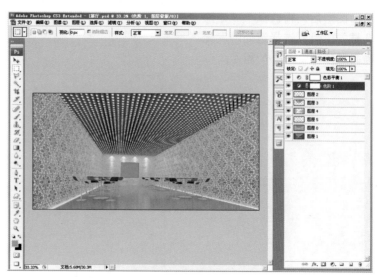

图11-66　修改完成

10 修改完成确认后，最终效果如
图11-67所示。

图11-67　最终效果

提示：

本场景的视频讲解教程，请参看光
盘\视频教学\展厅中的内容。

第12章

室内效果图制作的流程总结

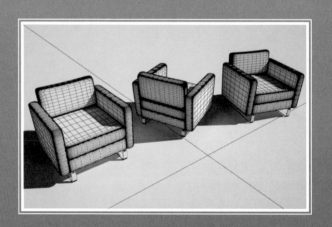

本章学习要点

■ 掌握解决日常工作中的常见问题。

■ 掌握3ds Max的标准操作界面设置。

■ 掌握线框图的渲染。

12.1 素材库与项目文件的管理

在实际工作中，良好的工作习惯往往会直接决定工作效率，我们经常看到很多人忘记了客户提供的资料存放的位置而浪费时间的情况，所以本书特意在此做出强调。

12.1.1 材质库、模型库的整理

每个效果图制作人员都应该收集大量的模型和材质贴图，但是如果不多加管理模型材质库，就会在调用的时候浪费大量的时间和精力。这就要求平时注意对素材库进行归纳分类，方便快速高效的调用。所以应给模型库、材质库分门别类进行管理，如图12-1所示。

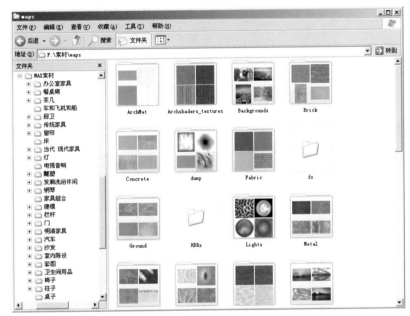

图12-1 材质库与模型库

另外，还需要为每个场景按项目名称和制作的时间来整理归类，并且每个场景都需要统一文件夹，这样使用起来才会方便。笔者一般每制作一个场景就新建一个文件夹，并在其中建立几个子文件夹：Max文件夹是存放场景模型与场景贴图；PSD文件夹用来存放所有的PSD文件；jpg文件夹存放jpg成图文件；tga文件夹存放tga格式的文件。养成良好的工作习惯同样是在为自己的工作提速，如图12-2所示。

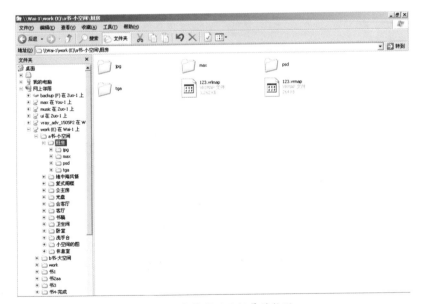

图12-2 文件管理及场景的整理

12.1.2 重新设置贴图路径

在实际工作中，场景中的物体材质贴图都是从材质库中调入的，这些贴图往往散布在不同的文件夹甚至不同的电脑硬盘当中，这样会为以后的工作带来很多麻烦。

01 单击 T 按钮，进入Utilities面板，然后单击More按钮，选择Bitmap/Photometric Paths选项，单击OK按钮确定，如图12-3所示。

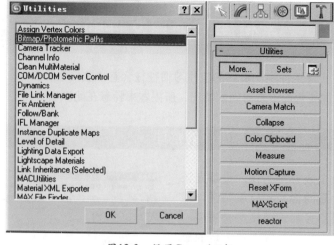

图12-3　设置General面板

02 在工具面板的路径编辑器卷展栏中单击 Edit Resources... 按钮，弹出路径编辑器，选中所有的贴图文件，如图12-4所示。

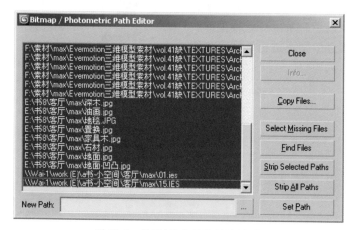

图12-4　位图/光度学路径编辑器

03 在选中的状态下单击 Copy Files... 按钮，同时弹出选择新路径对话框，如图12-5所示。

图12-5　选择新路径

04 在系统桌面创建一个Map文件夹，进入Map文件夹后，单击 Use Path 按钮，3ds Max会自动将场景使用过的文件复制到桌面下的Map文件夹里，如图12-6所示。

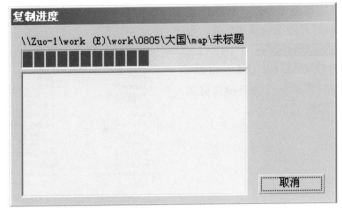

图12-6　复制贴图

05 再选择所有的贴图，单击 ... 按钮，弹出路径设置对话框。设置新的路径到桌面Map文件夹中，然后单击 Set Path 按钮，如图12-7所示。

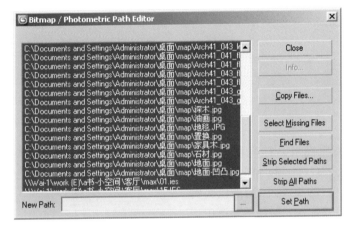

图12-7　重新设置贴图路径

12.2　场景的线框图渲染

线框渲染效果是一种非常实用的表现方式，主要用于空间结构的表现，让观众更直观的查看空间的结构与模型的布线情况。

01 打开光盘 \ 第 12 章 \ 线框图 \ 线框渲染 .max 文件。这是一个简单的家具模型文件，如图12-8 所示。

图12-8　打开场景文件

02 设置线框渲染参数。按快捷键
F10，打开渲染场景对话框，设
置 V-Ray:: Global switches 下的参数，
单击 Override mtl（覆盖材质）
按钮，添加一个 VRayMtl 材质
球，如图12-9所示。

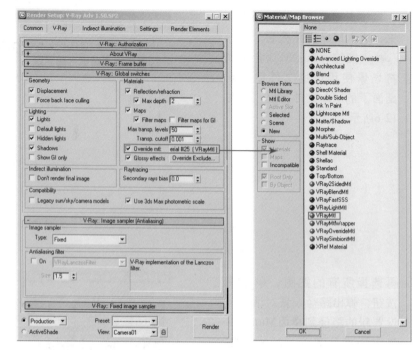

图12-9　覆盖材质

03 按快捷键M，打开材质编辑
器，将Override mtl（覆盖材
质）后的 VRayMtl 材质以实例
的方式拖入到材质编辑器中，
如图12-10所示。

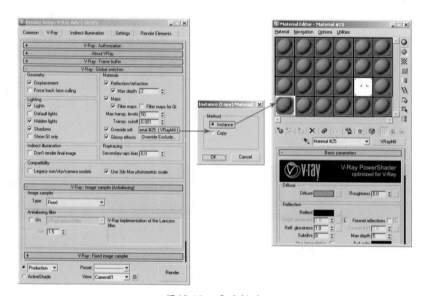

图12-10　覆盖材质

04 设置VRay漫射贴图，将漫射
中的颜色改为白色，再在漫射
通道中添加一张 VRayEdgesTex
贴图，将颜色改为黑色，如图
12-11所示。

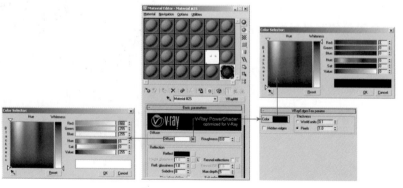

图12-11　设置线框材质

05 此时的材质球是线框形的，如
图12-12所示。

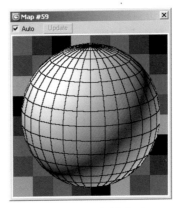

图12-12　线框材质球

06 按照前面讲过的成图渲染方法
进行渲染，最终渲染效果如图
12-13所示。

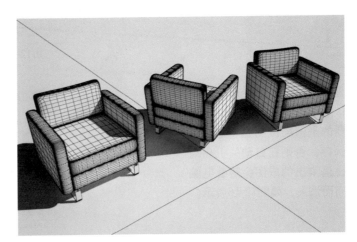

图12-13　线框渲染效果

提示：

在进行室内线框渲染的时候，如果
场景窗口有玻璃模型，可以在渲染
线框图时隐藏。这样不至于让线框
材质覆盖场景材质时将室外光阻挡。

12.3 自动关机

在实际工作中经常遇到通
宵渲染的项目，而部分效果图会
在凌晨结束渲染。如果不在电脑
旁边，电脑只能白白浪费大量电
能，为了能够节电又不影响休
息，在这里介绍一款非常实用的
小脚本。

01 打开需要渲染成图的场景文
件，按快捷键F10，在Common
（命令）面板里选择脚本栏，
如图12-14所示。

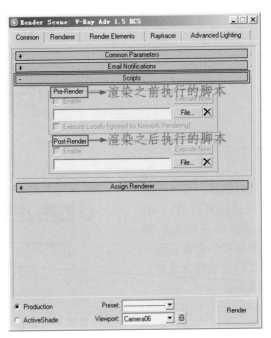

图12-14　脚本栏

02 在Post-Render后单击 File... ，载入"renderautooff.ms"的脚本文件，如图12-15所示。

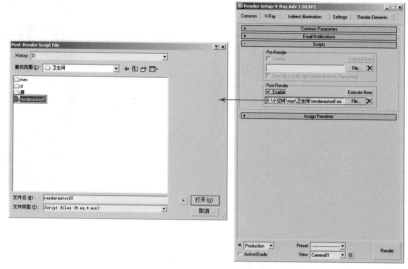

图12-15 载入自动关机脚本

03 在渲染前，一定要确定3ds Max的场景文件已经保存，更重要的是渲染成图也一定要自动保存，否则在自动关机启动后，渲染出的成图会随着电脑关闭而消失，如图12-16所示。

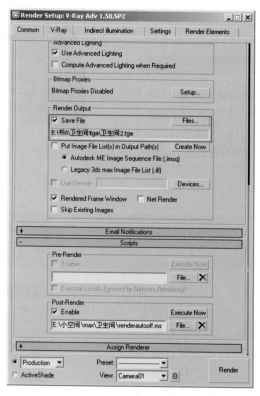

图12-16 保存文件设置

04 一切设置完成以后，可以开始渲染。当渲染结束以后，3ds Max会自动执行自动关机脚本，最终屏幕正中央会出现一个20秒倒计时关机的对话框，如图12-17所示。

图12-17 自动关机面板

提示：

此插件只有在渲染完光子图和发光贴图后，正式出成图时才用。万一遇到还需测试渲染修改的地方，将Post-Render里Enable勾选掉即可。此插件在光盘/第12章/自动关机/renderautooff.ms文件。

12.4 适当的渲染尺寸

制作效果图最终一般都是要印刷或打印出来的。所以，在一开始的时候就要清楚客户的最终输出尺寸，它直接影响到渲染时间。了解合适的渲染大小可以减少渲染时间，提高工作效率。

大尺寸效果图都用喷绘机打印，喷绘机的分辨率为72像素/英寸，所以A1尺寸（841×594mm），应渲染的尺寸为2384×1684，但考虑到可能会出现裁减，建议渲染尺寸在2800~3000像素之间。

- A4尺寸效果图最佳渲染尺寸：842×595。
- A3尺寸效果图最佳渲染尺寸：1191×842。
- A2尺寸效果图最佳渲染尺寸：1684×1191。
- A1尺寸效果图最佳渲染尺寸：2384×1684。
- A0尺寸效果图最佳渲染尺寸：3368×2384。

加速点：

确定好需要的出图尺寸，可以避免不必要的渲染时间浪费，提高工作效率。

12.5 本章小结

在实际的工作中，还要掌握一些提高效率的方法，减轻工作量。本章所列举的都是非常实用的知识，希望大家认真领会。

掌握本章的内容，会让繁重复杂的工作轻松很多，也会发现工作的乐趣。总之，笔者认为，实用最好，希望在工作中有意识的去了解、接触、尝试一些新的工作思路及方法，这样做大家一定会有很大的收获。

读者意见反馈表

感谢您选择了清华大学出版社的图书，为了更好的了解您的需求，向您提供更适合的图书，请抽出宝贵的时间填写这份反馈表，我们将选出意见中肯的热心读者，赠送本社其他的相关书籍作为奖励，同时我们将会充分考虑您的意见和建议，并尽可能给您满意的答复。

本表填好后，请寄到：北京市海淀区双清路学研大厦A座513清华大学出版社　陈绿春　收（邮编100084）。也可以采用电子邮件（chenlch@tup.tsinghua.edu.cn）的方式。

书名：_____

个人资料：

姓名：_____ 性别：_____ 年龄：_____ 所学专业：_____ 文化程度：_____

目前就职单位：_____ 从事本行业时间：_____

E_mail地址：_____ 电话：_____

通信地址：_____ 邮编：_____

(1)下面的渲染软件哪一个您比较感兴趣
①VRay　　②Lightscape　　③Brazil　　④Mental Ray
⑤Maxwell　　⑥FinalRender　　⑦Max　　⑧其他
多选请按顺序排列 _____
选择其他请写出名称 _____

(2)效果图的书您最想学的部分包括
①建模　　②材质　　③贴图　　④灯光
⑤渲染　　⑥后期　　⑦综合　　⑧其他
多选请按顺序排列 _____
选择其他请写出名称 _____

(3)图书的表现形式，您更喜欢哪些类型
①实例类　　②综合类　　③大全类
④基础类　　⑤理论类　　⑥其他
多选请按顺序排列 _____
选择其他请写出名称 _____

(4)本类图书的定价，您认为哪个价位更加合理
①58左右　　②68左右　　③78左右
④88左右　　⑤98左右　　⑥其他
多选请按顺序排列 _____
选择其他请写出范围 _____

(5)您购买本书的因素包括
①封面　　②版式　　③书中的内容
④价格　　⑤作者　　⑥其他
多选请按顺序排列 _____
选择其他请写出名称 _____

(6)购买本书后您的用途包括
①工作需要　　②个人爱好　　③毕业设计
④作为教材　　⑤培训班　　⑥其他
多选请按顺序排列 _____
选择其他请写出名称 _____

(7)您对本书封面的满意程度
○很满意　　○比较满意　　○一般　　○不满意
○改进建议或者同类书中你最满意的书名
_____

(8)您对本书版式的满意程度
○很满意　　○比较满意　　○一般　　○不满意
○改进建议或者同类书中你最满意的书名
_____

(9)您对本书光盘的满意程度
○很满意　　○比较满意　　○一般　　○不满意
○改进建议或者同类书中你最满意的书名
_____

(10)您对本书技术含量的满意程度
○很满意　　○比较满意　　○一般　　○不满意
○改进建议或者同类书中你最满意的书名
_____

(11)您对本书文字部分的满意程度
○很满意　　○比较满意　　○一般　　○不满意
○改进建议或者同类书中你最满意的书名
_____

(12)您最想学习此类图书中的哪些知识
_____

(13)您最欣赏的一本VRay的书是
_____

(14)您的其他建议（可另附纸）
_____

注：用电子邮件回复的读者，请将个人资料和书名填写完整，其他项目填序号和答案即可。本页复印有效。